陕西国际商贸学院学术著作出版基金资助出版

宝石学与宝石文化

张丽倩　唐维乾　著

图书在版编目(CIP)数据

宝石学与宝石文化 / 张丽倩，唐维乾著. -- 天津：津大学出版社，2023.10

ISBN 978-7-5618-7604-6

Ⅰ.①宝… Ⅱ.①张… ②唐 Ⅲ.①宝石－基本知识 Ⅳ.①P578

中国国家版本馆 CIP 数据核字(2023)第 187206 号

BAOSHIXUE YU BAOSHI WENHUA

出版发行 天津大学出版社
地　　址 天津市卫津路 92 号天津大学内（邮编：300072）
电　　话 发行部：022-27403647
网　　址 www.tjupress.com.cn
印　　刷 北京盛通数码印刷有限公司
经　　销 全国各地新华书店
开　　本 787mm×1092mm 1/16
印　　张 18.25
字　　数 385 千字
版　　次 2023 年 10 月 1 日第 1 版
印　　次 2023 年 10 月 1 日第 1 次
定　　价 58.00 元

目 录 contents

第一章

概　论

第一节 珠宝玉石概念

自古以来，珠宝玉石就受到人们的喜爱与珍视，珠宝玉石文化这一概念也逐渐被广泛提及。历史长河里，有人对珠宝玉石充满迷恋与崇拜，有人对珠宝玉石充满渴望与贪婪，从而演绎出无数个悲欢离合的故事。珠宝玉石与财富、威望、地位和权力联系在一起，形成了形形色色的历史画卷。世界上不同的国家与地区由于历史文化背景的差异，对珠宝玉石的概念、内容、范围等方面的认识存在着较大的差异，从而形成与建立了各自不同的概念、内涵、范围与识别标志，因而也就形成了不同的珠宝玉石衡量标准。

我国是世界上历史最悠久的国家之一，也是人类历史上最早建立、认识与掌握珠宝玉石知识的国家，特别是建立与掌握玉石的概念、内涵及识别标志的国家之一，并且形成了历史悠久的珠宝玉石文化，这对我国人民的思想、文化、价值、审美的形成起着巨大的影响和决定作用。中国自新石器时代起就形成了自己的玉石文化及其传统，其后的数千年及今，玉石文化绵延不绝，成为中国文化重要的内容和特征之一。整个中国玉石文化的历史传统分为远古传统、古典传统和现代传统。玉石文化传统的永恒性、价值性、社会文化身份与权力形式并存，远古传统以神人结体与宗法结构为基础，而古典传统则以权力意志与比德理念作为特质，所谓现代传统则是大众消费与时尚意象的产物。

对珠宝玉石的科学内涵及科学概念的建立是在1980年以后。为了珠宝玉石贸易的需要，我国政府在1996年对珠宝玉石的概念进行了科学规范，初步形成了我国的国家珠宝玉石标准（GB/T），它起到了规范我国珠宝玉石市场的作用。在2003年、2010年对这个标准又分别进行了两次修改，形成了我国珠宝玉石的国家标准。近年来，随着市场的迅猛发展，出现很多天然宝石品种、新的优化处理方法、新的人工合成方法，同时珠宝玉石鉴定的技术手段也不断更新，为了更好地规范和推动我国珠宝市场的发展，更好地适应和满足珠宝业的实际情况和需求，国家珠宝玉石质量检验检测中心（NGTC）组织开展《珠宝玉石 鉴定》（GB/T 16553—2017）标准的补充和修订，新修订的《珠宝玉石 鉴定》国家标准于 2018 年 5 月 1 日正式实施。

（1）广义的概念，珠宝玉石是指可以用来做装饰品、工艺品或纪念品的各种（含）岩石矿物材料，是对天然珠宝玉石（包括天然宝石、天然玉石和天然有机宝石）和人工宝石（包括合成宝石、人造宝石、拼合宝石和再造宝石）的统称，简称宝石。

（2）狭义的概念，在传统概念中宝石仅指天然珠宝玉石，即指自然界产出的，具有色彩瑰丽、晶莹剔透、坚硬耐久，并且稀少及可琢磨、雕刻成首饰和工艺品的矿物、岩石和有机材料，天然珠宝玉石是目前珠宝玉石行业的主流产品。

这两种概念的区别为：前者的材料来源比较广泛，包括了天然形成的和人工制造合成出来的材料；后者的材料来源仅限于天然条件下形成的产物。

随着世界珠宝玉石贸易市场的广泛建立，各国珠宝玉石贸易来往增加，使得世界上各个国家与地区对珠宝玉石的概念及内涵有了一定的认识。目前各国的珠宝玉石标准都不一样，相信有一天会形成国际统一的珠宝玉石标准。

第二节　天然珠宝玉石具备的条件

天然条件下形成的矿物、岩石及有机材料在自然界的分布是十分广泛的，但并不是所有的矿物、岩石及有机材料都可以称为珠宝玉石，珠宝玉石必备的条件主要有以下几个方面。

1. 瑰丽

“瑰，奇也。丽，美也。”瑰丽，指奇特绚丽，是人类的一种感觉，也是人类思想感情的一种反映，表现在不同的对象及事物上会形成不同的客观标准。虽然会随着不同的地区、不同的民族、不同的国家而发生改变，形成不同的审美标准，但人类在某些审美标准方面还是具有共性的，这种共性使我们有相同或相似的审美标准。

目前在珠宝玉石行业中形成的对美丽的感受及内容要求如下。

（1）构成珠宝玉石的天然矿物、岩石及有机材料的内部纯净度要高，即内部所含的杂质要少。宝石作为自然界各种地质作用和其他自然作用的产物，肯定含有相当多的杂质，但是这些杂质必须限制在一定的范围内。不同的珠宝玉石对杂质的种类、含量等其他特征的要求是不相同的，但一般要求杂质含量要低，材料纯度要高。

（2）作为珠宝玉石的天然矿物、岩石及有机材料的颜色要艳丽。颜色是光线照射在人的眼睛里引起的一种感觉，它与照射的光源和材料的性质有关，同时由于它是一种感觉，它的艳丽也与人的思想感情有关，所以，在世界上，不同国家、不同地区与不同民族之间形成不同的评价颜色艳丽的标准。尽管有差异，但还是形成了一些人类共有的对颜色艳丽评价的客观标准，即人们衡量颜色艳丽的三个标准：一是颜色的类别，指的是颜色的种类，如红、橙、黄、绿、蓝、青、紫等；二是颜色的饱和度，指的是颜色的鲜艳程度；三是颜色的亮度，即色彩的明亮程度。珠宝玉石颜色艳丽的要求是色调要纯正、亮度要大、饱和度要高。

（3）珠宝玉石的光泽要好。光泽是物体表面对光的反射能力。珠宝玉石的表面对光的反射能力是不相同的，导致不同的珠宝玉石对光泽的要求各不相同。例如，钻石要具有金刚光泽，祖母绿要具有玻璃光泽，珍珠则要具有珍珠光泽，软玉则要具有油脂光泽等。

（4）珠宝玉石要具有特殊的光学效应。光学效应是一种特殊的光学现象，是宝石中含有的杂质或包体作规则排列时对光所产生的一种反射效应，它的特征取决于宝石中所含杂质的种类及排列方式。当宝石具有特殊光学效应时则显得更美丽、更漂亮。例如红宝石呈现六射星光效应，猫眼石呈现猫眼效应等。

（5）珠宝玉石要有火彩。火彩是宝石表面在光的照射下对光的一种色散能力，即白光在宝石的表面呈现出一种五颜六色的彩带现象。宝石具有强的火彩就显得更美丽。例如钻石在白光照射下由于其火彩强而显得更加美丽。

2. 耐久

作为珠宝玉石的天然矿物、岩石及有机材料要耐久，即这些天然材料要经受住时间和环境条件变化的考验，要求其物理、化学性质稳定，能经受住自然界中各种作用的破坏与改造，要相对抗酸、抗碱、抗腐蚀、耐高温、耐低温，要能较长久地保存。例如钻石因为抗酸、抗碱、抗腐蚀、耐高温、耐低温，在自然界能长久保存而成为高档宝石。

3. 稀少性

作为珠宝玉石在自然界的存世数量要少，符合物以稀为贵的原则。但是珠宝玉石的稀少是相对的，某一种珠宝玉石在今天看来数量相当多，一点儿不稀少，但随着人们的开采利用会越来越少，到了将来可能就变为稀少。而今天有些稀少宝物，随着人们发现新的矿产，可能变成不稀少了。但总的看来，自然界产出的珠宝玉石资源大多数是一次性形成的，随着人们的开发利用会越来越稀少，从而变得越来越珍贵。

4. 无害

珠宝玉石是一种贵重的商品，在人与人之间进行贸易交换，参与着重要的商业活动。同时它也是一种首饰，起着美化人们生活的作用。作为一种天然的资源应该是对人体、物体、环境无伤害与无副作用的。

第三节　珠宝玉石的特性

珠宝玉石，以下简称珠宝，是自然界向人类提供的一种物质资源和文化精神财富。在经过了长期的社会历史演变和变迁后，人们为珠宝赋予了不同的特有性质，使其产生了不同的社会意义。珠宝给人们生活带来了很大的变化，在历史上也演绎出无数的曲折故事。人们总结出珠宝的特有性质如下。

1. 珠宝的商品性

珠宝是取之自然界的材料，又经过人们的智慧与劳动创造出来的物品，它可以在人与人之间进行以物换物，而获得有使用价值的东西，可实现以货换货的交易目的，从而具有一般商品的属性，它符合商品的内涵与定义，所以具有商品性。

2. 珠宝的货币性

珠宝不仅可以进行以物易物的交换，也可以通过买卖关系实现货币交换。珠宝是一种硬货币，它可以不随所属国家或地区的货币政策、货币形式、货币种类的改变而改变，而可以直接参与任何国家或地区的货币交易，它是人类的一种通用货币，具有通用的特性。它的通用货币性体现了全球性和公共性。

3. 珠宝的艺术性

珠宝是美丽的象征，它的美丽体现在自然界提供了原料，通过人们的智慧与劳动创造而成为艺术品。在它的身上寄托了人类的思想感情，体现人类的信念，表达了人类的心愿，同时也体现了社会的发展与进步。每一件珠宝都是历史的见证物，它记录着人类科学社会的进步与发展。珠宝，尤其是玉石工艺品，体现了中华民族的文明进程，也成为中华文明的标志，是中华民族对世界文明所作出的巨大贡献。每一件玉器所表达的主题思想、加工工艺水平都是中华民族对人类文明的贡献。

4. 珠宝的经济实力性

珠宝作为“硬货币”，不仅是一种人类的通用货币，同时它也是一个国家、一个地区经济实力的象征，它的特征与拥有的数量对稳定一个国家或地区的经济发展起着较大的作用。它作为国家经济实力的象征，在国际经济舞台上也常扮演着重要的角色，有时可作为安邦定国的信物。例如，我国春秋战国，就曾发生过“和氏璧”的故事。

5. 珠宝的权力象征

珠宝既是一种艺术品，也是一种权力的象征，往往成为人类争夺的对象。从中国历史上各朝各代的帝王将相到今天世界许多国家的国王与王后，无一不以占有著名的珠宝作为最高追求。考古证明，中国的历代皇帝不仅生前占有大量珠宝，死后还要陪葬大量珠宝。英国女王的皇冠和权杖镶嵌着世界上最大的钻石。无数事实证明，权力与珠宝是连在一起的，占有著名珠宝，则成为权力的象征。

6. 珠宝的易于转移性

珠宝作为一种巨大财富，由于体积小，容易携带和保护，不仅成为许多商人追求的对象，而且它的易于转移性使之也成为许多政局动荡、不稳定的国家民众追求的对象。

7. 珠宝的保值性

珠宝作为自然界特殊环境条件下形成的产物，由于形成的环境条件复杂，周期长，多数为自然界地质作用一次性形成的，所以在自然界的存世量随着人类不断地开发而呈现出越来越少的趋势，尤其是质量特别高的珠宝的数量会越来越少，出现的概率越来越低，这必然会使高档珠宝的价值越来越高。

第四节 珠宝玉石的分类

珠宝是一种特殊的商品，在人们的日常生活中扮演着重要的角色。同时它又是一种自然产物，它的特点与性质既具有自然科学的属性，也带有强烈的社会学、价值学等属性。它的分类以自然科学属性为基础，以商品及商业价值特征作为主要分类依据。按其不同的分类依据与要求可分为以下层次。

一、第一层次

这个层次是以珠宝原材料产出环境特征及自然属性作为划分依据的，以产出环境的不同将珠宝划分为宝石（即天然珠宝玉石）、人工宝石、仿宝石。

1. 宝石（即天然珠宝玉石）

宝石由自然界产出，具有美观性、耐久性、稀少性，具有工艺价值，可加工成装饰品的矿物单晶体（可含双晶），例如钻石、红宝石等。天然玉石，即由自然界产出，具有美观性、耐久性、稀少性，是具有工艺价值的矿物集合体，少数为非晶体，例如翡翠、软玉等。天然有机宝石，即由自然界生物生成，部分或全部由有机物质组成，可用于首饰及装饰品的材料，例如珍珠、琥珀等。

2. 人工宝石

全部或部分由人工生产、实验室合成或制造出来用于制造首饰及装饰品的材料称为人工宝石，它包括合成宝石、人造宝石、拼合宝石、再造宝石。合成宝石，即完全或部分通过人工制造且自然界有已知对应物的晶质或非晶质体，其化学成分、晶体结构及物理化学性质与对应的天然珠宝基本相同，例如合成红宝石、合成钻石等。人造宝石，即由人工通过实验室合成，自然界无对应物的晶质或非晶质体的可作为宝石的材料，例如钇铝榴石、立方氧化锆等晶体材料。拼合宝石，即人工把天然或合成的相同或异同的宝石材料通过黏结的方法组合在一起，且给人以整体印象的珠宝玉石，例如二拼合欧泊石、三拼合欧泊石。再造宝石，即通过人工手段把天然珠宝玉石的碎块或碎屑熔接或压结成具有整体外观的珠宝玉石，例如再造琥珀等。

3. 仿宝石

用于模仿天然珠宝玉石的颜色、外观和特殊光学效应的人工宝石以及用于模仿另外一种天然珠宝玉石的天然珠宝玉石，例如用立方氧化锆代替或冒充钻石的被称为仿钻石。

二、第二层次

这个层次的划分是以天然产出珠宝的特点结合其价值标准为划分依据，它是在天然珠宝玉石分为天然宝石、天然玉石、天然有机宝石的基础上的进一步详细划分。

1. 天然宝石

天然宝石按天然的存世量和价值分为高档宝石、中档宝石、低档宝石、稀少宝石。

（1）高档宝石，在自然界产出数量极少，且价值极高的宝石。目前主要有钻石、红宝石、蓝宝石、祖母绿宝石、金绿宝石五大宝石品种。

（2）中档宝石，在自然界产出数量较多，且价值中等的宝石。目前主要有电气石、绿柱石、橄榄石、黄玉、石榴石、尖晶石等宝石品种。

（3）低档宝石，在自然界产出数量较大，且价值比较低的宝石，目前主要有长石、石英等宝石品种。

（4）稀少宝石，在自然界产出数量特少，无法进行商业贸易的宝石，只是作为各个博物馆、私人收藏展览或进行科学研究的宝石。目前它的种类比较多。

2. 天然玉石

天然玉石按其天然的存世量和价值分为高档玉石、中档玉石、低档玉石、雕刻石等。

（1）高档玉石，在自然界产出数量极少，且价值极高的玉石。目前主要有翡翠、软玉、欧泊等品种。

（2）中档玉石，在自然界产出数量较多，且价值中等的玉石。目前主要有岫玉、独山玉、绿松石等品种。

（3）低档玉石，在自然界产出数量极多，且价值较低的玉石。目前主要有玉髓、丁香紫玉、汉白玉、蓝田玉等品种。

（4）雕刻石，在自然界产出数量较大，且价值变化较大的石头。目前主要有寿山石、鸡血石、青田石等品种。

3. 天然有机宝石

天然有机宝石按天然的存世量和价值分为高档有机宝石、中档有机宝石、低档有机宝石等。

（1）高档有机宝石，在自然界产出数量极少，且价值极高的有机宝石。目前主要有珍珠、象牙。

（2）中档有机宝石，在自然界产出数量中等，且价值中等的有机宝石。目前主要有珊瑚、琥珀。

（3）低档有机宝石，在自然界产出数量较大，且价值较低的有机宝石。目前主要有龟甲、牛角、墨精等品种。

第五节　珠宝玉石的命名

珠宝是一种来自自然界又经过人们劳动智慧创造出来的商品，它的名字体现了人们的科学发现研究过程、宝石的经历和人类的贸易历史。它的名字及内容又影响和决定着人们的商品交换、商品贸易原则和商品价值观念。由于历史原因，不同的国家和地区在长期的珠宝认识、交换和商业贸易中形成了各自的珠宝玉石名字及内涵，也形成各自的命名原则，这些均不利于珠宝贸易的世界化和全球化。目前在我国珠宝界及珠宝贸易中遵循以“GB”形式出现的命名法则。

1. 颜色命名

用颜色命名具有很古老的历史，人们在早期的珠宝认识与贸易中无法了解珠宝的本质及科学内涵，而以表面的颜色进行命名，如红宝石、蓝宝石等。这些命名尽管不科学，但由于贸易历史悠久，早已被人们熟悉与接受。今天这种珠宝名字还在使用，但对其内涵已有了科学界定，例如红宝石必须是由 Cr 离子形成的红色刚玉晶体。

2. 特殊光学效应命名

因为宝石具有特殊光学效应，一些个别宝石可用特殊光学效应直接命名，如金绿宝石中出现有特殊光学效应者则直接被命名为猫眼变石；其他宝石中出现有特殊光学效应者则应在特殊光学效应名称前或后加上相应的宝石名字，如祖母绿猫眼、星光红宝石等。特殊光学效应中一般只有猫眼效应、星光效应、变色效应参与宝石命名，其余特殊光学效应不单独参与命名。

3. 产地命名

用产地命名宝石具有悠久的历史，它可以起到与珠宝玉石商标一样的作用，在珠宝行业中具有特殊的意义。而且产地也是珠宝玉石的质量标志，是在人们长期的鉴别与交流中树立起来的商业品牌，如坦桑石、和田玉、岫玉、独山玉等珠宝名称。

4. 矿物岩石名称命名

用矿物岩石名称命名是珠宝命名中最科学的方法，这是因为矿物岩石的命名具有国际性和唯一性。这个命名特点就决定了它的命名具有全球性，便于人们进行科学研究和全球商业贸易，便于全人类接受，如橄榄石、黄玉、尖晶石等宝石的名字与其矿物名字完全一样。

5. 古代传统命名

在珠宝玉石发展的历史长河中，一些珠宝玉石受当时的科学技术条件的限制而无法被人类识别，加上人们对其带有美好的祝愿，往往给其命一些特殊的名字，且这个名字经过人们长期的贸易活动逐渐得到认可被保留下来，如翡翠名字就是这样流传下来的。

6. 人工宝石的命名

国标规定，禁止使用生产厂、制造商或生产方法的名称直接参与命名，禁止使用易混淆或含混不清的名词命名，人工宝石在其对应宝石名称前加“合成”或“人造”，如合成红宝石、人造立方氧化锆等。

7. 拼合宝石的命名

国标规定，拼合宝石的命名须逐层写出组成材料的名称，在组成材料之后加“拼合石”三字，例如蓝宝石、合成蓝宝石拼合石。由同种材料组成的“拼合”石，在组成材料之后加“拼合石”，例如锆石拼合石。对于分别用天然珍珠、珍珠、欧泊或合成欧泊作为主要材料组成的拼合石，在组成材料之前加“拼合”二字，如拼合天然珍珠、拼合珍珠、拼合欧泊或拼合合成欧泊。

8. 处理宝石的命名

国标规定，对处理珠宝玉石，须在珠宝玉石名称后加括号注明“处理”二字或注明处理方法，如蓝宝石（处理）、蓝宝石（扩散）、翡翠（处理）。又规定，经处理的人工宝石可直接使用人工宝石的名称。

9. 仿宝石的命名

国标规定，在所模仿的天然珠宝玉石名称前加“仿”字，例如仿蓝宝石、仿珍珠等，应尽量确定出具体珠宝玉石的名称及采用的表示方式。仿宝石不代表珠宝玉石的具体类别，不是所仿的珠宝玉石，具体模仿每一种珠宝的材料有许多种，即使用的材料不确定。

随着我国改革开放的深入及加入世界贸易组织，我国参加了世界商品贸易活动，这些均促使我国珠宝玉石贸易走向世界，这就要求我国的珠宝玉石的命名原则、珠宝玉石的名字及内涵必须与国际珠宝玉石的命名原则、珠宝玉石的名字及内涵接轨。珠宝玉石的名字及内涵的国际化，有利于我国的珠宝玉石走向国际贸易舞台，为我国的经济发展和国家强盛作出贡献。

第六节　珠宝玉石鉴定、赏析与市场

1. 鉴定

珠宝玉石鉴定的含义包括两层：一是鉴定的内容，鉴定的内容可分为鉴别与定级；二是鉴定过程所采用的方法。

（1）鉴别。珠宝玉石的鉴别内容按其特点分为三个层次，每一个鉴别层次根据要求不同，其难易程度也不同。

第一层次是真品与赝品的鉴别。按照每一种珠宝玉石的基本特征区分什么是真品，什么是赝品。这是珠宝玉石鉴定中最基本的要求。真品与赝品的差异很大，一般比较容易识别，如红宝石与红玻璃的鉴别。

第二层次是天然品与合成品的鉴别。合成品是按照天然的化学成分与结构，人工在实验室制造出来的材料，它的物理性质、化学性质与天然品基本相同，一般不容易鉴别。但由于合成品是人们从实验室制造与生产的，与天然品相似，但生长的速度很快，并且在生产的过程中，要加入大量在自然界生长过程中没有的、起催化作用的元素。另外，不同的生产厂商或实验室所采用的合成方法也不相同，在这些生产过程中会留下与天然品不同的生长痕迹，即不同的生长纹。同时天然品中一般会存在大量的其他矿物包体，这些均构成了合成品与天然品的区别标志。但这个标志的识别与第一层次的识别标志相比要困难得多。如焰熔法合成的蓝宝石呈弧形生长纹，天然蓝宝石呈六边形生长纹，二者是不相同的。

第三层次是天然品是否经过处理。由于自然界环境条件的差异，所形成的大部分珠宝玉石质量都比较差，仅有少部分的质量水平较好。质量差的珠宝玉石价值比较低，人们为了提高珠宝玉石的质量，追求更高的经济效益，会对大部分的珠宝玉石进行处理与改良。由于不同珠宝玉石的物理化学性质差异较大，人们采用不同的处理方法，会得到不同的处理结果。这些处理方法大部分会对珠宝玉石造成伤害，也会形成虚假的美丽，这些都需要鉴别，但这个鉴别过程及识别的难度均比上两个层次要高。

（2）定级。珠宝玉石的定级就是对天然品的珠宝玉石进行质量分级与价格评价。显然，定级首先是对天然品进行定级，其次对不同的珠宝玉石按不同的质量标准与要求进行分级，按级别进行价值评价。如钻石按 4C 法则[①] 进行评价。

（3）鉴定方法。珠宝玉石的鉴定过程常采用两种方法。第一种方法是利用常规和非常规的仪器鉴定，称作仪器鉴定。它以测试出珠宝的物理数据及观察到的现象为依据，来判断、分析珠宝玉石的种类、特征与质量，准确率较高，常被用来为珠宝玉石的鉴定报告或鉴定证书提供法律依据。这个鉴定过程需要较长时间，且需要一定的实验环境、仪器设备和能够熟练操作仪器的专门人员，实验的成本较高。另一种方法是常用的简单仪器（放大镜）结合肉眼进行观察识别，利用珠宝玉石的一些容易观察的现象，如颜色、光泽、透明度等进行识别。其特点是观察速度快、观察方法简单、容易掌握、比较大众化，缺点是准确性较低。这种方法是本教材介绍的主要方法。

2. 欣赏

一件珠宝玉石本身原料之间就已经存在着档次、质量的差异，再经过人们的艺术加工而变成一件艺术作品，这个作品既体现着自然界神奇的创造力，又体现出人们的智慧及思想感情，给人们带来了想象的空间和不同的精神食粮。如人们欣赏钻石的坚硬、纯洁、美丽；红宝石的火焰色彩；蓝宝石像天空一样神奇的颜色等。特别在玉石身上，充分体现了人们的思想感情，展示出艺术的魅力。它的加工工艺水平即作品的构思、雕刻水平、俏色运用等无不体现出我国人民对世界珠宝艺术的巨大贡献。同时我国又是玉石大国，玉石及玉文化历史悠久，欣赏一件古代玉器，就是在温习与了解中国历史文明。所以珠宝玉石的欣赏是一种精神享受与思想教育，也是培养与提高人们的美学文化和文明素质的一种方式。

3. 市场

珠宝玉石的市场表现特征：一是体现市场贸易的方式与方法；二是表达珠宝玉石的交易价值规律。目前世界各地的珠宝贸易方式表现有两种：一种是在各种商品贸易市场上公开销售的方式，包括各种商场、专卖商店、贸易市场等的销售，这样交易的

---

① 4C 法则，颜色（Color）、重量（Carat）、净度（Clarity）和切工（Cut）。

珠宝一般档次较低，交易数量较大，是珠宝玉石的主要大众消费形式，占珠宝玉石市场的主流；另一种是某些专门的拍卖市场，它的交易方式是以拍卖的形式进行交易，这种珠宝玉石一般交易价格较高，交易数量较小，主要作为收藏增值。但从总的方面分析，天然高质量珠宝玉石的数量会越来越少，人们的需求量会越来越大，这就造成了明显的供需不平衡。所以珠宝玉石的价格与价值会越来越高，交易价格会处于上升的趋势。

第二章

珠宝玉石鉴定的基础知识

珠宝玉石是自然界提供给人类的一种价值较高的资源，每一种珠宝玉石都是自然界的化学元素在各种环境条件下形成的物质，都有比较确定的晶体特征与物理化学性质，而珠宝玉石的这些物理化学性质则构成了人们科学鉴定其的依据。因此，了解与熟悉这些物理化学知识是人们鉴定珠宝玉石的基础。

第一节　晶体知识

珠宝玉石，大部分是单晶体或晶体的集合体，如红宝石、黄玉、翡翠等，还有少部分是非晶体或非晶集合体。宝石则几乎全部为晶体。

一、晶体的概念

人类认识与了解晶体经历了漫长曲折的过程，伴随着科学的发展、技术的进步，经过了无数次的观察、研究与实验，形成了对晶体本质的认识，也形成了晶体的科学概念。晶体是大量的微观物质单位（原子、离子、质子等）在三维空间作周期性重复排列而形成的固体，或是具有格子状构造的固体。

二、晶体的性质

晶体是具有格子状构造的固体，这一特殊的构造使晶体具备不同于一般物质的性质，这一特有性质也构成区别晶体与其他物质的依据。晶体特有的性质如下。

（1）晶体的自限性，晶体在自由生长状态下能自发地形成规则的几何多面体形状，这表示晶体在理想的条件下会自发地生长成规则的几何多面体形状。如绿柱石晶体可生长成规则六方柱状。所有晶体在自发条件下都有形成规则几何形状体的可能，不同的晶体形成的几何形状不同。

（2）晶体的均一性，这一性质反映出同种晶体虽然产地、大小、形状等不同，但整体的物理、化学性质是均一的，包括密度、熔点等均相同。如世界不同产地产出的金刚石晶体的物理、化学性质是相同的。而非晶体的均一性是统计的平均近似均一性，其不同产地的同种材料的性质是有差异的。

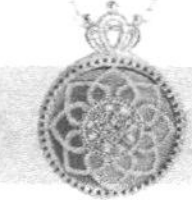

（3）晶体有随方向而变化的异向性，晶体在形成格子构造的过程中，由于在格子的不同方向上，其质点（即化学元素）的排列方式及相互之间距离的不同，会引起晶体在不同方向上的物理、化学性质的不同。如红宝石晶体在不同的方向上，呈现的颜色明显不同；蓝晶石晶体在不同的方向上呈现的硬度不同。

（4）晶体具有外形和性质的对称性，有些晶体在形成不同的格子构造的过程中，在某些特殊的方向上，其质点（即化学元素）的排列方式及相互之间距离是相同的，导致晶体在这些方向上的物理、化学性质是相同的。如石榴石晶体在*a*、*b*、*c*（三维空间）方向上晶面的发育程度及物理、化学性质是完全相同的。

（5）晶体具有最小内能性与稳定性，组成晶体的化学元素质点（包括原子、离子、离子团等）在晶体结构中都处于化学键平衡状态，其质点之间的距离最小，导致晶体的内能最小，而晶体的稳定性也就最强，使得晶体能长久地保存下来。

三、晶体的分类

自然界形成的晶体数量大、种类多，非常复杂，给人们的识别与研究造成了一定的困难。而人们为了正确地认识与研究晶体，必须对晶体进行科学分类。而晶体分类的科学依据则是利用了晶体的对称性。按晶体的对称特点将晶体分为七大晶系，每一个晶系的晶体都有其特有的物理、化学性质及其相近的生长特点。各晶系晶体特点如下。

1. 等轴晶系晶体

等轴晶系晶体的对称规律是晶体中含有最高的对称特点，晶体的质点构成在三维空间的许多方向上，尤其在三个主要的结晶方向*a*、*b*、*c*上组成完全相同，即这三个方向上化学元素的排列规律完全一致。这个特点决定了等轴晶系的晶体呈现出特有的规律。

（1）晶体空间生长特点。等轴晶系晶体在三维空间的方向上生长的速率相同，晶体在空间的延伸方向相同。

（2）晶体形态特征。晶体呈现三维空间各延伸方向相同的几何形态，既包括了简单的单体形态，如立方体、八面体、菱形十二面体、五角十二面体、四角三八面体（石榴子形状）等，也包括几何形态复杂的聚形形态，如球状晶体、粒状晶体等。

（3）宝石种类。在等轴晶系中分布的宝石种类主要有钻石、石榴石、尖晶石、萤石、方钠石等。这些宝石品种在宝石中的地位、档次等各不相同，如钻石是高档宝石；石榴石、尖晶石则是主要的中档宝石；而萤石、方钠石则是不常见的宝石品种。

2. 四方晶系晶体

四方晶系晶体的对称规律是晶体在空间一个方向上的化学元素（离子、离子团）的组成明显不同，而在与其垂直的其他两个方向上的离子、离子团的组成规律相同，这个组成特点导致了四方晶系晶体呈现出其特有的规律。

（1）晶体空间生长特点。四方晶系晶体在三维生长空间上有一个方向的生长速率大于或小于其他两个方向的基础生长速率，使晶体在空间的延伸上总有一个方向大于或小于其他两个方向。

（2）晶体形态。四方晶系晶体的横断面呈现为正方形，晶体常生长成四方柱、四方双锥等单形状体，如锆石、方柱石等；也常生长成柱状或板状等聚形形状，如金红石、锡石、符山石等。

（3）宝石种类。四方晶系中出现的宝石与玉石种类有锆石、方柱石、金红石、锡石、符山石等，这些宝石、玉石在珠宝行业中大部分是中档，如锆石晶体；一部分是稀少宝石品种，如金红石、锡石、符山石等。

3. 三方晶系晶体

三方晶系晶体的对称规律是晶体在空间一个方向上的化学元素（离子、离子团）的组成明显不同，而在与其垂直的平面的三个方向上的离子、离子团的组成规律相同，这个组成特征形成了三方晶系晶体特有的规律。

（1）晶体空间生长特点。三方晶系晶体在三维生长空间上有一个方向的生长速率大于或小于垂直于它的平面上三个方向的生长速率，使晶体在空间的延伸总有一个方向小于或大于垂直于它的平面上三个延伸方向。

（2）晶体形态。三方晶系晶体的横断面呈正三角形，晶体常生长成三方柱、六方柱、菱面体等单形状体，也有生长成由这几种单形组成的柱状聚形体，如红宝石、蓝宝石、石英等。

（3）宝石种类。三方晶系中出现的宝石与玉石种类有红宝石、蓝宝石、碧玺、石英、菱锰矿、方解石等，这些宝石、玉石中，既有在珠宝行业中档次很高的宝石，如红宝石、蓝宝石；也有在珠宝行业中处于中档的宝石，如碧玺；也有在珠宝行业中档次较低的宝石，如石英、菱锰矿、方解石等。

4. 六方晶系晶体

六方晶系晶体的对称规律是晶体在空间一个方向上的化学元素（离子、离子团）的组成明显不同，而在与其垂直平面的六个方向上的离子、离子团的组成规律完全相同，这个化学元素在三维空间的组成特征构成了六方晶系晶体特有的规律。

（1）晶体空间生长特点。六方晶系晶体在三维生长空间有一个方向的生长速率大于或小于垂直于它的平面上的六个方向的生长速率，使晶体在空间的延伸上总有一个方向小于或大于垂直于它的平面上的六个延伸方向。

（2）晶体形态。六方晶系晶体横断面呈正六边形，晶体常生长成六方柱、六方双锥、六方偏方面体等单形状体，也有生长成由这几种单形组成的柱状聚形体，如祖母绿、海蓝宝石、磷灰石等。

（3）宝石种类。六方晶系中出现的宝石与玉石种类有祖母绿、海蓝宝石、黄色绿柱石、铯柱石、磷灰石、蓝锥矿等，这些宝玉石中，既有在珠宝行业中档次很高的宝石，如祖母绿；也有在珠宝行业中处于中档的宝石，如海蓝宝石、黄色绿柱石、铯柱石；还有一部分是稀少宝石品种，如蓝锥矿；也有在珠宝行业中档次较低的宝玉石，如磷灰石等。

5. 斜方晶系晶体

斜方晶系晶体的对称规律是晶体在空间三个方向上的化学元素（离子、离子团）的排列规律不同，每个主要方向上化学元素的排列有较显著的差异，这种化学元素在三维空间的组成特征构成了斜方晶系晶体特有的规律。

（1）晶体空间生长特点。斜方晶系晶体在三维空间上的生长速率各不相同，三个主要方向上的生长速率有的大于或小于其他两个或一个方向上的生长速率，使晶体在空间的延伸方向上发生较大的变化，但生长较规律。

（2）晶体形态。斜方晶系晶体呈现横断面为菱形的几何形，晶体常生长成斜方柱、斜方双锥、平行双面等单形状体或常生长成由这几种单形组成的柱状、锥状的聚形体。

6. 单斜晶系晶体

单斜晶系晶体对称规律是晶体在空间三个方向上的化学元素（离子、离子团）的排列规律明显不同，每个主要方向上化学元素的排列有显著的差异，化学元素在三维空间的组成排列特征导致了单斜晶系晶体特有的规律。

（1）晶体空间生长特点。单斜晶系晶体在三维生长空间上的生长速率明显各不相同，三个主要方向上的生长速率有的大于或小于其他两个或一个方向的生长速率，使晶体在空间的延伸方向及特征发生较大的变化,从而引起晶体的生长特征明显不规则。

（2）晶体形态。单斜晶系晶体横断面呈现不规则的几何形态，晶体常生长成斜方柱，斜方单锥，斜方双锥，平行双面、单面等单形状体组成的柱状、锥状的聚形体，但晶体形态整体较规范，如正长石、锂辉石、透辉石等，也有呈隐晶集合体出现的翡翠、软玉、孔雀石等玉石。

（3）宝石种类。单斜晶系中常出现的宝石品种有正长石、锂辉石、透辉石、翡翠、软玉、孔雀石等，这些宝石中，既有在珠宝行业中地位处于中等的宝石，如正长石、锂辉石；也有在珠宝行业中档次较低的宝石，如透辉石等；也有在玉石行业中档次很高的玉石，如翡翠、软玉；也有在玉石行业中处于中档的玉石，如岫玉；还有在玉石行业中档次较低的玉石，如孔雀石等品种。

7. 三斜晶系晶体

三斜晶系晶体的对称规律是晶体在空间三个方向上的化学元素（离子、离子团）的排列规律明显不同，每个主要方向上化学元素的排列有特别明显的差异。这种化学元素在三维空间的组成排列特征，形成了三斜晶系晶体特有的规律。

（1）晶体空间生长特点。三斜晶系晶体在三维生长空间的生长速率明显不相同。三个主要方向上的生长速率有的远大于或远小于其他两个或一个方向的生长速率，使晶体在空间的延伸方向及特征发生很大的变化，从而呈现很明显的生长特征。

（2）晶体形态。三斜晶系晶体横断面呈现特别不规则的几何形状，晶体常生长成斜方柱，斜方单锥，平行双面、单面等单形围成的不规则的各种板状、柱状的聚形形状，而晶体形态极不规范，如斜长石、斧石等呈不规则聚形晶体形态；也有呈隐晶集合体出现的绿松石、蔷薇辉石等玉石。

（3）宝石种类。三斜晶系中，常出现的宝石与玉石种类有斜长石、斧石、绿松石、蔷薇辉石等，这些宝玉石中，既有在珠宝行业中档次为中低等的宝石，如斜长石等；也有在珠宝行业中档次较低的宝石，如斧石等。在玉石行业中有档次中等的玉石，如绿松石；也有在玉石行业中档次较低的玉石，如蔷薇辉石（粉翠）等品种。

第二节　珠宝玉石的物理、化学性质

珠宝玉石的物理、化学性质是由其组成的化学元素种类有规律地排列，即晶体结构特征所决定的。因此，不同的珠宝玉石各自具有不同的物理、化学性质，这些性质一方面构成了鉴定、评价珠宝玉石的科学依据；另一方面也为珠宝玉石的加工、保护提供了科学的方法。特别是珠宝玉石的鉴别是非破坏性的鉴别，了解与掌握这些物理、化学性质对鉴别，特别是肉眼鉴别显得特别重要。

一、珠宝玉石的光学性质

1. 颜色

颜色是光作用于人眼的视神经时，在人的头脑中所产生的一种生理感觉。颜色是光与物体反射、投射及相互作用所产生的，颜色特征首先取决于观察时所用光源。观察物体一般所用的光源是白光，而白光是一种混合光，它是由七色光混合而成的。而光具有能量和波长。人的眼睛能感觉到的光称为可见光。在可见光的范围内，各种颜色光的波长如下：红 700~780 nm；橙 630~700 nm；黄 550~590 nm；绿 490~550 nm；蓝 440~490 nm；紫 400~440 nm。

一般所说珠宝玉石的颜色，指在白光照射下所呈现出来，并被人们的肉眼所识别的颜色。当白光照射在珠宝玉石上时，珠宝玉石对光会产生下列现象。

当珠宝玉石对白光产生全反射，基本上一点儿不吸收或吸收的比例太小时，人们所看到的珠宝玉石颜色呈现白色或无色；当珠宝玉石对白光产生同等程度均匀全吸收时，根据吸收程度的大小，人们所看到的珠宝玉石颜色呈黑色（吸收程度大）或灰色（吸收程度适中）；当珠宝玉石从白光中只是选择性吸收特定的某些波长范围的色光时，人们看到珠宝玉石呈现的颜色是彩色。所呈现颜色的色种取决于透射色光和反射色光的波长，即相当于除了吸收某些波长光波以外的所有可见光波的混合色。其主颜色是透射光所呈现的颜色，这种现象则称为光的吸收，即有色珠宝玉石吸收了可见光中的某些波长的光，身上反射出来的则是未被吸收波长光的混合色。

在自然界还有一种光学现象，即两种色光均匀混合后会形成白色的光，当珠宝玉石吸收了其中一种色光后，则呈现出另一种未被吸收色光的颜色，就构成被吸收了波长色光的补色，这种现象称为光的互补，即两种光均匀混合后呈白色，当物体吸收其中某一种色光时，物体上看到的则是未吸收光波颜色。

2. 颜色的分类

珠宝玉石中，颜色可分为以下三类。

（1）自色，与珠宝玉石的主要化学组成及形成环境直接有关的颜色。例如橄榄石呈绿色因为含有 Fe^{2+}。自色是珠宝玉石本身固定的而且具有特征性的颜色，在珠宝玉石的鉴别与评价中占有很重要的地位。

珠宝玉石的自色都是在可见光的作用下，其晶体内部的化学离子发生了某种电子跃迁造成的。这种电子跃迁产生的颜色很容易发生在含有过渡型离子的晶体身上，这些过渡型离子被称为色素离子或致色离子。在珠宝玉石中主要的呈色元素种类和形成的主要珠宝玉石品种如下：Fe^{2+}（红色，石榴石）（绿色，橄榄石）；Cr（红色，红宝石）（绿色，翡翠）；T（蓝色，蓝宝石）；Co（蓝色，蓝尖晶石）；Cu（天蓝色，绿松石）（绿色，孔雀石）；Mn（蔷薇色，芙蓉石）；Ni（绿色，绿玉髓）；V（绿色，钙铝榴石）（紫蓝色，黝帘石）；Fe（红色，翡翠）。

从以上可以看出，不同种类、不同价态的离子形成的颜色可以不相同，也可以相同。这是由于不同种类或同种离子在不同的晶体中所处的环境不同，导致离子外层电子的跃迁规律不同，也就造成在晶体上呈现出相同或不同的颜色现象。

（2）他色，非珠宝玉石本身固有因素所引起的颜色。他色可以由类质同象代替关系而进入晶格的杂质离子所产生，例如祖母绿的绿色是 Cr 离子进入绿柱石晶体代替 Al 离子所引起的；也可以由晶格中存在缺陷而引起，如水晶的紫色是因晶体中存在离子空位所引起的。他色在珠宝玉石的鉴别与评价中也占有相当重要的地位。

（3）假色，由光的干涉、衍射等物理光学现象所引起的珠宝玉石的颜色。主要有锖色，即在某些珠宝玉石表面上由氧化薄膜所引起的颜色：晕色，即在无色透明的珠宝玉石晶体内部，沿裂隙或解理面所呈现的类似于彩虹般的色彩。晕色中不同的色彩呈串珠状分布，严格按一定的色序排列，如晕色长石晶体。变彩在珠宝玉石中不均匀地分布着蓝、绿、红、黄、紫等彩斑，并随观察角度的变化而呈现出闪烁变幻或徐徐变化的彩色，如欧泊就是具有变彩现象的典型玉石。

3. 颜色三要素

珠宝玉石的颜色质量和评价标准是由以下因素决定的。

（1）色质，指的是珠宝玉石自身所表现出的色彩种类。不同珠宝玉石所表现出来的颜色种类可以是相同的，也可以是不相同的，如红宝石呈现红色，蓝宝石呈现蓝色，翡翠主要呈现绿色，等等。颜色的种类对珠宝玉石的评价与价值起着重要的决定作用，它决定着许多珠宝玉石的价格、价值。如在钻石中，彩色钻石的价格远远高于白色钻石的价格。

（2）饱和度，指的是珠宝玉石颜色的纯净度（即色品）。珠宝玉石是由自然界的各种自然作用所形成，不同产地的珠宝玉石由于形成环境条件的差异，会造成各种离子的侵入、混入及杂质的混染等，从而引起珠宝玉石颜色纯净度的降低，造成不同颜色同时存在或颜色相互混染，形成主次不同的颜色系列。如翡翠的颜色可以具有从绿色占主要地位到绿色占次要地位的特点，从而影响与决定珠宝玉石的价值。

（3）亮度，指珠宝玉石颜色上的明亮程度（色强）。由于珠宝玉石在自然界形成的地方的差异及各种环境条件的差别，造成珠宝玉石中的各种元素含量、种类的不同及各种杂质、包裹体的种类含量的差异等，这些均会引起其颜色的明亮程度不同。如翡翠的绿色可以形成像玻璃瓶底的亮绿色，也可以形成如老葱叶子般的暗绿色。珠宝玉石颜色的明亮程度决定着其价值和美观，最终也会影响其市场价值。

4. 透明度

透明度是物体透过可见光的能力。影响珠宝玉石透明度（玉石行业中称为水头）的因素包括以下几点。首先取决于组成珠宝玉石化学元素的化学键的性质：具有金属键的晶体呈不透明状态，如自然金就不透明；具有离子键的晶体则透明，如水晶呈透明状态；具有共价键的晶体呈透明状态，如金刚石。在玉石集合体中透明度除了与化学元素的化学键有关外，还与其集合体中个体之间的结合方式有关，纤维交织结构者呈半透明状态，如翡翠呈半透明状态；粒状结构者呈不透明状态，如绿松石呈不透明状态。此外，珠宝玉石的透明度还与其晶体或集合体的厚度有关，即块体厚度越大，其透明度越差。也与晶体颜色的深浅有关，颜色越深的珠宝玉石，其透明度也越差。

5. 折射率与双折射

折射率是珠宝玉石一个重要的性质，是使用仪器鉴定中的一个重要科学数据，也是珠宝玉石的“身份证”。折射率是光通过空气的速度与光通过珠宝玉石的速度之比值，

即折射率 =*1*（空气）/*v*（宝石）。这个比值数据用 *n* 表征，具有特殊的意义。由于光在空气中的速度是一个常数，即约 30 万 km/s，所以珠宝玉石折射率的大小取决于珠宝玉石中元素的化学键及晶体结构的特征。它是晶体的一个重要特征常数，在珠宝玉石的科学鉴定中具有十分重要的地位。在晶体结构中，离子排列得越紧密，即晶体的密度越大，光通过的速度越低，其折射率越大。如钻石中碳原子排列得很紧密，其相对密度为 3.52，而其折射率为 2.412。由共价键、金属键组成的珠宝玉石由于光在其中通过的速度比较低，其折射率也高，如黄金的折射率就很高。

由于不同波长的光通过宝石的速度有差异，得到的折射率有所不同，容易引起折射率的混乱。一般规定使用黄色单色光（即波长为 598 nm）作为测试入射光光源。

双折射率，在宝石晶体中，晶体组成的化学离子在空间不同方向上排列的方式不同，而光通过宝石不同方向时的速度也就不同，导致其折射率具有很多值，并且这个值随着光进入晶体的方向不同而发生变化。将在晶体中出现的折射率最大值与最小值之差称为双折射率（或称为重折率），如红宝石晶体在纵轴方向上的折射率是 1.770，在横轴方向上的折射率是 1.762，其双（重）折射率为 1.770–1.762=0.008。这个数值也是鉴定许多宝石晶体的一个重要依据。

由于光通过宝石晶体不同方向的速度不同，会引起光程差，人们在观察宝石的棱线时会出现重影，这个现象在宝石鉴别中称为刻面棱重影。如观察橄榄石刻面会看到刻面棱重影现象。刻面棱重影现象是宝石具有双折射率的肉眼反映，一般宝石的双折射率越大，这种现象越明显。

在珠宝玉石中，所有的玉石由集合体构成，其折射率仅有一个大概值，如翡翠的折射率大约为 1.66。非晶体宝石的折射率也只有一个值，如一般玻璃宝石的折射率为 1.554。在宝石晶体中，等轴晶系宝石的折射率也只有一个值，如钻石晶体的折射率为 2.415，这类珠宝玉石均无双折射现象。

6. 光泽

光泽为物体表面的反光能力。珠宝玉石的光泽按其晶体特性及组合特征可分为单晶体（宝石）光泽和集合体（玉石）光泽。在宝石晶体中光泽可分为金刚光泽，即晶体表面反光能力特强，透光能力也强，如钻石的光泽；半金刚光泽，即晶体表面反光能力强，透光能力强，如红宝石的光泽；玻璃光泽，即晶体表面反光能力差，透光能力强，如水晶的光泽；金属光泽，即晶体表面反光能力强，不透光，如黄金的光泽。

宝石学与宝石文化

玉石是结晶的集合体，它的光泽可分为油脂光泽，即玉石表面呈现出如脂肪一样的反光现象，如软玉的光泽；树脂光泽，即玉石表面呈现出如松脂一样的反光特征，如琥珀的光泽；瓷状光泽，即玉石表面呈现出如瓷器表面一样的反光特征，如绿松石的光泽；珍珠光泽，即玉石表面呈现出如晕彩一样的反光特征，如珍珠的光泽；蜡状光泽，即玉石表面呈现出如蜡烛一样的反光现象，如岫玉的光泽等。

珠宝玉石的光泽是其固有的性质，主要由其化学组成的元素化学键的性质、晶体结构特征及集合体的结合方式所决定。一般由金属键形成的晶体呈现金属光泽；由共价键形成的晶体呈现金刚光泽；由离子键形成的晶体呈现玻璃光泽；由复合键形成的晶体光泽由成键的主要性质决定。

玉石是由同种或异种矿物组成的集合体，其光泽的成因比较复杂，除取决于组成玉石化学元素的化学键性质外，还与其组成集合体的矿物个体之间的结合方式有关，如翡翠的油脂—玻璃光泽，软玉的油脂光泽就体现了个体呈纤维交织结构的特征。

珠宝玉石的光泽是本身固有的特性，在肉眼鉴别中构成特别重要的识别标志。

7. 色散（火彩）

当白光照射在宝石相邻斜面的表面上时，斜面会分解白光的组成波长，使宝石的表面呈现出五颜六色的色带或色环，给人造成五光十色感觉的现象称为宝石的色散。这是由于光照射在宝石的棱表面，产生了光程差，形成不同波长单色光的缘故。不同的宝石由于其化学组成及晶体结构的差异，白光在其表面照射所形成的光程差也有差异，引起的色散效果也不相同。同时色散的效果也与入射光的波长有关。为了统一表征色散的效果，用色散值来表示。即规定用红光（波长为 687.5 nm）测量某一宝石的折射率，与用紫光（波长为 430.5 nm）测量同一宝石的折射率之差称为色散值，色散值的计算公式如下：

$$\text{色散值}=n（\text{红}）-n（\text{紫}）$$

如钻石的色散值为 0.044，翠榴石的色散值为 0.057，立方氧化锆的色散值为 0.05。一般宝石的色散值越大，宝石表面形成的色散效应越明显，即形成的五颜六色的色带或色环越显著，使得宝石更漂亮，更好看。

8. 多色性与吸收性

多色性是宝石晶体从不同的观察方向上表现出颜色差异的现象，如红宝石晶体在

z 轴方向上呈艳红色（即红色中带黄色调），在 x、y 轴方向上呈紫红色（即红色中带蓝色调）。红宝石的这种随观察方向不同而颜色不同的现象被称为颜色二向性。吸收性是宝石晶体沿不同的方向对光的吸收强度不同而造成宝石在不同方向上呈现颜色深浅变化的光学现象。如黄玉宝石在晶体短轴方向上呈深黄色，在晶体长轴方向上呈浅黄色。宝石产生的多色性和吸收性与宝石晶体的对称性有关。等轴晶系和非晶体宝石由于其化学元素的组成与排列在晶体空间无选择，即在空间的各个方向上化学元素的组成与排列方式完全相同，晶体不产生多色性与吸收性。其他晶系的晶体化学元素的组成与排列方式在空间形成明显的两个或三个方向上的差异，则会引起晶体呈现二色性或三色性，如蓝宝石晶体在 z 轴方向上呈现紫蓝色，在 x、y 轴方向上呈黄绿色的二色性。橄榄石晶体则会呈现黄绿色—深绿色—褐色的三色性。同时也会引起晶体对颜色呈现深浅不同的吸收，即出现颜色吸收性。

9. 特殊光学效应

宝石的特殊光学效应是宝石晶体中呈现的一种特殊光学现象，它的产生与宝石晶体中出现定向排列的杂质包体，或晶体发育的解理，或晶体由特殊结构所组成等现象有关。它的种类包括以下几种。

（1）光彩效应（又称长石月光效应），由一种发育在长石晶体内部呈交互平行排列、相互垂直的具有格子状结构的双晶面，在入射光照射到双晶面上所引起光的反射、散射现象，这种无规律的散射、反射光聚集在一起会造成朦胧状的蔚蓝色、乳白晕色的现象，如月光一样。如长石因具有月光效应被称为月光石。

（2）猫眼效应，弧面宝石在光照射下，在宝石的表面呈现可以平行移动的丝绢状光带，像猫眼睛的闪亮虹膜，所以称为猫眼效应，如猫眼石呈现的猫眼效应。这是由于宝石中含有平行且密集排列的纤维状的气态、液态或固态包裹体。如果宝石的底面沿平行纤维状包体的延伸方向切割，并琢磨成光洁的弧面，光线照射到宝石的包体上，一条纤维就是一个反射光点，无数平行纤维的光点连在一起组成了丝光带，转动宝石时，光带随之平行转动犹如活动的猫眼睛。

（3）星光效应，弧面宝石在光照射下，在宝石的表面呈现相互交合的四射、六射或双六（十二）射星光光带，好像夜空中的星光，这种现象称为星光效应。如红、蓝宝石呈现的六射星光效应。这是由于宝石中含有三组或两组平行且密集排列的纤维状气态、液态或固态包裹体。如果宝石的底面沿平行纤维状包体的伸展平行切割并琢磨成光洁的弧面，光线照射到宝石的包体上会发生定向反射，交汇在一起就会形成星光效应。在宝石中这些包体一般垂直晶体的三次对称轴或六次对称轴排列，因之形成六射或双六射星光效应现象；一般垂直二次对称轴或四次对称轴排列，因之形成四射星光效应现象。

（4）变彩效应，入射光以不同的角度照射在欧泊的界面上可以使欧泊同时显示出多吸收效应，而使宝石呈现不同颜色的色斑，各种色斑的颜色随入射光方向的改变而发生有规律改变的光学现象称为变彩效应。这是由于欧泊由直径在150~400 nm整齐排列的层状球粒组成，球粒之间空洞的形状很相似，且距离相等，当光照射在规则排列的层状球粒上时，球粒层对光发生衍射作用，使之变成波长相同的单色光。球粒的大小决定着衍射光的波长，球粒越大，衍射光波长则越大。因此，小球衍射光呈紫色变彩；大球衍射光呈红色变彩。另外，当入射光以不同的角度照射到球粒衍射层时，衍射的颜色也会改变。

（5）变色效应，宝石在日光照射下呈绿色，在白炽灯光（夜晚）照射下呈紫红色的现象称为变色效应。如变石宝石就具有变色效应。宝石形成变色的原因在于其具有两个透光区，一个呈绿色波段，一个呈红色波段。由于日光成分中绿色偏多，所以在日光下绿色部分加大而使宝石呈绿色；而白炽灯光成分中红色偏多，所以在白炽灯光下红色部分加大而使宝石呈红色。

（6）砂金效应，透明宝石中含有许多不透明的固态包裹体，如细小的云母片、黄铁矿、赤铁矿及其他黄色的金属矿物小片，在光的照射下，由于包裹体表面的反射会呈现出许多星点状反光亮点，犹如水中的砂金现象。如长石宝石呈现砂金效应时则被称为日光石。

二、珠宝玉石的力学性质

珠宝玉石的力学性质指的是在外力作用下表现出来的性质，包括硬度、密度、韧性、脆性等。

1. 硬度

珠宝玉石的硬度是其抵抗其他物体刻划、研磨和腐蚀的能力。其确定方法有三种。

（1）莫氏硬度，莫氏硬度由德国矿物学家莫斯所创，其用自然界十种矿物的硬度组成一个硬度尺度表，表示相对硬度的10个级别：钻石（10）、刚玉（9）、黄玉（8）、石英（7）、长石（6）、磷灰石（5）、萤石（4）、方解石（3）、石膏（2）、滑石（1）。莫氏硬度用 HM 值表示大小，如钻石 HM=10。

以上 10 种矿物硬度等级之间的级差只表示相对大小，各级差之间的绝对硬度的差异不是均等的。如钻石（金刚石）的绝对硬度比刚玉（红宝石）的高 4 倍，而莫氏硬度级差仅为 1 个级别；石膏的绝对硬度仅是滑石的 0.3，但其莫氏硬度级差也为 1 个级别。

（2）工具硬度，利用常用的简单工具对宝石刻划，进行硬度分级。它们代表硬度级别：指甲 HM<2.5；铜针 HM=3；小刀 HM>5.5；钢锉 HM=6.5~7；碳化硅 HM=9.5。

（3）维氏硬度（绝对硬度），维氏硬度是一种压入硬度，是利用金刚石锥在物体的表面上测出的压强来表示的，用 HV 值表示它与莫氏硬度之间的关系：HM=0.675 HV。这个关系式是比较粗略的，而且不适用于金刚石。

珠宝玉石的硬度是其本身固有的性质，它的大小、强弱取决于其晶体组成元素的化学键的种类与强度。一般具有强共价键或主要以共价键为主的宝石晶体，其硬度就高，如金刚石晶体的化学键为强共价键，其莫氏硬度值为 10；而红宝石晶体以共价键为主，离子键为辅，其莫氏硬度值为 9。当晶体以离子键为主时，由于其键强与离子的半径、电荷及离子的堆积密度等有关，其硬度变化较大，当离子为高电荷、半径小时，则离子键的键强大，形成的晶体硬度就大。如黄玉晶体中，由于 Al 为高电荷、半径小的离子，因而莫氏硬度值为 8，HM 等于 8 表明其硬度是比较大的。当晶体中含有分子键或氢键时则硬度明显下降。许多玉石的低硬度就是由于含有分子键或氢键引起的，如寿山石的 HM 值为 1，青田石的 HM 度值也为 1。

宝石由于是单晶体，在晶体的不同方向上硬度具有异向性。即同一宝石晶体在不同的方向上具有不同的硬度，这为宝石进行加工抛光等带来了一定的困难，但为鉴定带来了一定的方便。珠宝玉石是一种特殊的商品，其鉴别原则为非损坏性的鉴别，在鉴别过程中是不允许对珠宝玉石进行刻划、磨损的，其硬度的特点则可通过其加工后的商品特点反映出来。对于刻面宝石，观察其刻面、棱及角顶的完整等特点可以作为判断其硬度相对大小的依据。宝石的硬度越大，其刻面越平滑，抛光效果越好，刻面反射光线的能力则越强，看起来越美丽；其棱线也越直，棱的损伤也越小，对光的散射效果也越好，呈现的色散也越漂亮；其角顶也越尖，越完整、完美。硬度较小的珠宝玉石一般加工特点是面呈曲面，面由于弯曲，光线呈散射效果而使其表现为集合体光泽，大多数无明显的直线棱，多为曲线棱等。

在珠宝玉石的硬度级别中，一般高硬度（HM>7）者的都是中高档的宝石晶体，如钻石，红、蓝宝石，石榴石等宝石种类。一般低硬度（HM<4）者都是中低档的玉石和有机宝石，如孔雀石、汉白玉、蓝田玉等玉石及珊瑚等有机宝石品种。硬度在中间（HM=4~7）者，既有中、低档的宝石晶体，如水晶、长石类宝石；也有高档的玉石集合体，如翡翠、软玉等玉石品种。

2. 相对密度

珠宝玉石的密度为其单位体积内所含物质的量，其单位为 g/cm^3。一般使用相对密度（即比重），其值为较纯净的珠宝玉石在空气中的质量（重量）与其在 4 ℃时同体积水的质量（重量）之比值，单位无量纲。在珠宝玉石鉴别中，一般粗略地分为三级。

（1）轻级别珠宝玉石，一般指相对密度（比重）小于 2.5 的珠宝玉石。用手掂感到有轻飘飘的感觉，如琥珀、煤精等品种。

（2）中等级别珠宝玉石，一般指相对密度（比重）在 2.5~3.5 之间的珠宝玉石。用手掂感到有稍微重的感觉，如水晶、祖母绿、海蓝宝石、碧玺等品种。

（3）重级别珠宝玉石，一般指相对密度（比重）大于 3.5 的珠宝玉石。用手掂有明显重的感觉，有压指深沉的感觉，如钻石（3.52）、红宝石（3.9~4.1）、锆石等品种。

珠宝玉石的相对密度同样是其本身固有的性质，是其物理性质的又一反映，它主要取决于其组成的化学元素的原子量及原子、离子的半径及其堆积的紧密程度。一般组成珠宝玉石的化学元素的原子量越大，则其相对密度值越大，如锆石晶体。由于锆的原子量大，组成宝石的相对密度也大，其值在 3.9 以上。组成珠宝玉石元素离子的半径越大，则其相对密度越小，如长石类宝石由于化学组成中的钠、钾离子半径较大，则其相对密度较小，其相对密度仅为 2.2~2.7。组成珠宝玉石元素的原子或离子堆积越紧密，原子或离子的配位数越大，则其相对密度也越大，如钻石晶体中碳原子的堆积密度大，碳的配位数为 4，其相对密度达到 5.2。由于珠宝玉石形成于自然界的各种不同环境，而不同环境中的条件不同，所含的杂质成分种类与含量也各不相同，对珠宝玉石，特别是同一品种的珠宝玉石的相对密度影响较大，会造成人们利用相对密度鉴别它们时的困难与误差。同时在用手掂珠宝玉石时，由于不同人群的经验、手感的差异，也会形成不同的感觉而引起误差，要特别注意这一点。

3. 韧性与脆性

珠宝玉石的脆性是指在外力作用下，易发生碎裂的性质；而其韧性是指在外力作用下不易碎裂的性质。宝石晶体呈硬而脆的特性，因而怕碰怕摔，易碎；玉石集合体则呈软而韧的特性，相对不怕碰摔。珠宝玉石的这个特性也造就了各自不同的加工方式与加工要求，形成了不同要求的工艺品特征。宝石一般为规范性加工，加工相对比较严格、规范、死板，大多要求成型为刻面、棱、角顶，并要求面、棱、角顶之间具有定夹角，要达到最佳的光学效果才能显示其美丽、漂亮，其价值才能升高。其加工工艺以切割、琢磨为主。

玉石一般为自由式加工，其加工方式和加工过程比较自由，比较个性化与艺术化，为表达一定主题思想，可以采用各种不同的加工工艺，为达到艺术上的最佳审美效果，其价值才能升高。其加工工艺以刻画、雕刻为主，并使用不同形式对材料进行抛光等，其加工过程、形式比较复杂多变。

4. 解理、裂理和断口

珠宝玉石的解理、裂理与断口都是在外力作用下，其应变超过了其弹性形变所发生的破裂现象。引起这三者的原因各不相同，在珠宝玉石上所表现出来的特征也不相同。

（1）解理。解理主要发生在某些宝石晶体上，主要是宝石晶体受外力作用时，沿着晶体结构中一定的结晶学方向而破裂成一系列光滑平面的性质。将发生破裂的这个平面称为解理面。解理是某些宝石固有的特性，其发生的程度和方向严格受其晶体结构的制约，即受组成宝石晶体的晶格类型、化学键类型及其在晶格中的分布强度变化的制约。解理面产生在平行晶格中化学键最弱的方向。不同的宝石晶体所产生解理的特征各不相同，如钻石晶体的{111}解理是由于在垂直{111}方向上碳原子呈层状排列，而层之间的间距不相同，层间距大的面之间的化学键较弱，因而垂直{111}方向产生解理。解理面总是平行某些宝石晶体中特定的面网，它既表现出了晶体的异向性，又反映了晶体的对称性。它以{ }形式与括号中的阿拉伯数字表示解理的观察与描述，根据其解理的方向、组数、夹角和发生的难易程度可以分为如下几种。

①极完全解理，易成薄片，解理面最平滑，在晶体上发育一组。

②完全解理，可裂成多组，解理面平滑，在晶体上发育多组，如长石宝石的{010}与{001}解理。

③中等解理，面不易裂开，解理面中等，在晶体上发育中等，如钻石的{111}解理。

④不完全解理，面极难形成，在晶体上发育最差，如水晶。宝石晶体上一般不发育解理，因为解理的产生影响宝石的稳定与耐久性，容易使宝石发生损伤。但对有些宝石，解理则会带来各种不同的有利效果，如钻石晶体上发育中等的｛111｝解理，人们才能顺利地沿此方向进行切割与加工；长石晶体发育的两种解理会形成各种特殊的光学效应。

（2）裂理。宝石晶体受外力作用时，沿着晶体结构中某些特定的结晶学方向而破裂成一个光滑平面的性质。裂理不是宝石晶体上固有的性质，它沿着晶体的双晶面及某些特殊结构的面发生。在晶体上可以发育，也可以不发育。在某些宝石上可以作为鉴别的标志。如红宝石晶体上常发育有裂理，造成人们“十个红宝石，九个有裂纹”的印象。

（3）断口。宝石晶体受外力作用时，沿任意方向而破裂成各种凹凸不平的断面的性质。断口是宝石固有的性质，不同的宝石会产生不同性质的断口，如水晶会产生贝壳状断口，蓝宝石会产生参差状断口，这些特征成为人们鉴定宝石的标志。

三、珠宝玉石的电学性质

珠宝玉石的电学性质是其与电荷现象有关的特性，本质与珠宝化学组成和晶体结构性质有关。它具有的现象如下。

1. 导电性

在宝石晶体的两端加上电压时，有电流出现的现象称为导电性。大部分珠宝玉石都不导电，仅有极少数宝石晶体具有导电现象。如天然蓝色钻石（Ⅱb），具有半导体性质，这与其所含的杂质微量元素硼有关；而辐照改色的蓝色钻石的蓝色是由色心造成的，没有导电性。用是否具有导电性可以区别它们。

2. 压电效应

在宝石晶体的两端施加压力，宝石内就会有电流产生的现象，只有少数宝石晶体具有压电效应，如水晶晶体就具有这个现象。

3. 热电效应

宝石晶体受热时，则在宝石两端产生电荷。具有热电效应的宝石晶体有电气石、水晶等。电气石晶体在阳光或日光灯的照射下，其晶体表面因受热而出现电荷，在晶体表面产生吸附灰尘现象。

4. 静电效应

宝石晶体受摩擦时，在表面产生静电现象。具有静电效应的宝石晶体是极少数的，如琥珀与塑料可用产生静电的不同进行区别。

四、珠宝玉石的热学性质

珠宝玉石对热的传导能力称为导热性。宝石的传热能力取决于晶体化学特征。各种不同的宝石由于晶体化学特征的不同，所具有的传热能力也不同。以尖晶石晶体的热导率（传热能力的尺度）为 1 时，银的相对热导率为 4.2、铝的相对热导率为 21.7、金的相对热导率为 31、钻石的相对热导率为 70~212、刚玉的相对热导率为 2.6、锆石的相对热导率为 0.48、石英的相对热导率为 0.81、金红石的相对热导率为 0.54、玻璃的相对热导率为 0.088，玻璃是最差的导热材料。

珠宝热学性质可以使用手、舌等来感觉，人体接触导热性强的珠宝时会感到冰凉，如接触钻石感到十分冰凉；人体接触导热性差的珠宝时会感到温和，如接触金红石则感到温和。同样珠宝的热学性质也可作为宝玉鉴别的标志。

第三章

宝石各论

第一节　宝石的共性

从第一章概论中得知，宝石按其价值特征可分为三大类，即高档宝石、中档宝石及低档宝石。每一类宝石由于生长环境条件等方面的差异，形成各自独有的特性。但这些宝石都是晶体，因而具有晶体的共性，这些共性也就构成了宝石的特征标志——宝石共性。宝石共性的具体内容如下。

一、宝石均为单晶体

宝石在自然界主要以单晶体形式出现，个别会出现双晶体。在形成环境比较理想的条件下，会呈现相对完好的晶体形态，如海蓝宝石往往形成完整的六方柱状体。这些完整的晶体形态展示一种独特的魅力，可以供人们欣赏、收藏，但大多数情况下，晶体的形态是不完美的。

二、宝石的颜色具有均匀单一性

宝石是单晶体，其组成的化学元素比较严格地遵守成分组成定律，对杂质离子有相对排他性，化学成分相对均匀、纯净，所以宝石颜色具有单一性，即一种宝石的颜色是由一种或两种比较固定的离子所形成的，如红宝石的颜色是由铬离子引起的，蓝宝石的颜色是由铁与钛离子所形成的。宝石的颜色是相对均匀的，即宝石的颜色基本上分布于整个晶体中，同类宝石由一种或两种色素离子形成一种较均匀的颜色。

三、宝石多呈透明体

宝石是单晶体，其组成的化学元素主要是惰性气体型离子和部分过渡型离子，其化学键主要是离子键、共价键及其二者组成的复合键，这些化学键所形成的晶体呈透明状，因而宝石大部分为透明体。如钻石晶体由碳原子以共价键形成，所以钻石是透明的。

四、宝石的光泽

宝石的光泽是宝石表面反射光所形成，它的特征取决于宝石晶体化学键的性质及晶体的相对密度等因素。不同种类的化学键的宝石晶体引起的光泽不同，如钻石的化学键为典型的共价键，形成的光泽为金刚光泽；锆石晶体的化学键为共价键与离子键的复合键，形成的光泽为亚金刚光泽；水晶晶体的化学键为共价键，但晶体的密度小，光容易通过，所形成的光泽为玻璃光泽；黄金的化学键为典型的金属键，形成的光泽为金属光泽。

五、宝石的密度变化范围缩小

宝石晶体形成环境比较复杂，形成的温度压力相对较高，对其化学元素的组成相对要求严格，成分比较纯净，所以宝石的密度比较稳定，变化范围相对要小得多，如钻石的相对密度为 3.52 左右，变化范围较小，值 3.52 可作为鉴别钻石的标志。

六、宝石的导热性

宝石晶体对热的传导能力相对较强，即传热的速度较快，以宝石制作的首饰佩戴时使人们感到凉爽。不同的宝石受化学组成、化学键及其他因素的影响，它们之间的导热性差异也较大，如钻石晶体是自然界导热能力最强的一种晶体；而水晶晶体的导热能力相对较低。但与非晶体玉石和有机宝石相比，宝石的导热能力要远远大于它们。

七、宝石的加工具有标准性

宝石是由各种晶面组成的几何体，宝石的美丽主要是通过面对光的反射、折射或透射表现出来的。要使光线照在宝石上呈现最佳的光学效果，对宝石刻面的加工则要求特别严格。不同的宝石晶体由于化学组成与化学键的差异，所形成的晶体特征也不同，同时也形成不同光性特征与光学方位。宝石的加工要求则体现在对每一种宝石必须按一定的光学方位来加工，具体反映在对宝石的晶面数目、大小、形状、面之间的夹角等要求上，形成一定的加工标准，这样才能保证其呈现出最佳的光学效果。如钻石的晶面数目要加工成 57 或 58 个，刻面的形状要有八边形、三角形、邻边相等的四边形及三角扇形等，这些面要按照一定方式进行规律的分布，同时还要求各面的大小及面之间的夹角保持一定，即形成了很严格的加工规范。否则，则为加工失误，会影响宝石的美丽与价值。

八、宝石的体积相对要小，重量也轻

宝石由于是单晶体，在自然界的条件与环境下，其生长的速度很慢，生长的时间很长，所形成的晶体体积相对玉石要小得多，其单颗的重量同样也小得多。如钻石晶体在自然界形成 1 ct（克拉）（0.2 g），就被称为大宝石晶体。

九、宝石硬而脆

宝石是单晶体，化学键多为共价键、离子键或二者组成的复合键，这些化学键的特征是键的强度特别大，形成的晶体硬度也大，抗击外力的打击和研磨的能力强，所以宝石的硬度一般都比较大。但由于这些化学键都是离子或原子在晶体结构中呈平衡的结果，其键力大小、离子或原子的位置都是固定不变的，因而其弹性系数低，导致晶体的弹性较差，容易超过弹性界限，使晶体呈现出脆性特征，即怕碰怕摔，容易碎裂。如钻石就是最硬最脆的晶体。

第二节　高档宝石

高档宝石是指一类在价值档次上比较高的宝石品种，在自然界产出极低。它包括的宝石种类有钻石、红宝石、蓝宝石、祖母绿及金绿宝石。这些宝石均具有各自不同的鉴定标志与市场交易特征其价值也各不相同。现分述如下。

一、钻石（Diamond）

钻石是一种特别重要的高档宝石，在高档宝石贸易中占有特别重要的地位，被称为珠宝的“皇帝”。它的特征如下。

1. 基本性质

钻石的基本性质是由其化学组成、晶体结构所决定，具有鉴别的标志意义。

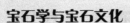

（1）矿物名称，钻石的矿物名称是金刚石。但在自然界，不是所有的金刚石晶体都可被称为钻石，而是能够达到宝石级别（要求）的金刚石晶体才能被称为钻石。

（2）化学成分，钻石主要的化学成分是 C，但其中可含有杂质，包括 N 或 B 等。所含的杂质成分及类型不同，可形成不同的钻石类型。（图 3–1）

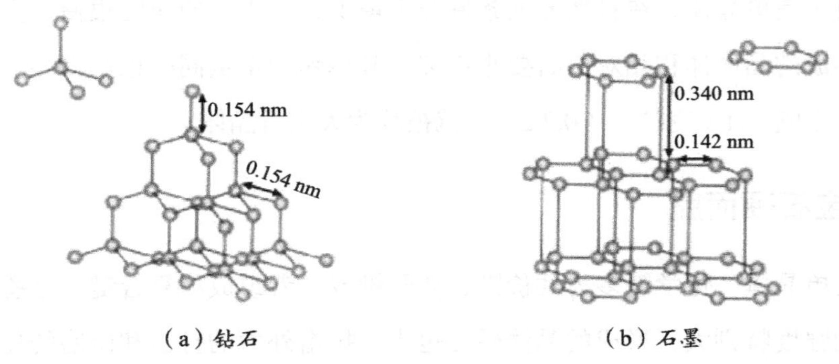

图 3–1　钻石晶体结构和石墨晶体结构

（3）形态，钻石系等轴晶系晶体，其主要的晶形呈四面体、八面体与立方体及菱形十二面体等组成的聚形晶体，也常呈粒状形态。（图 3–2）

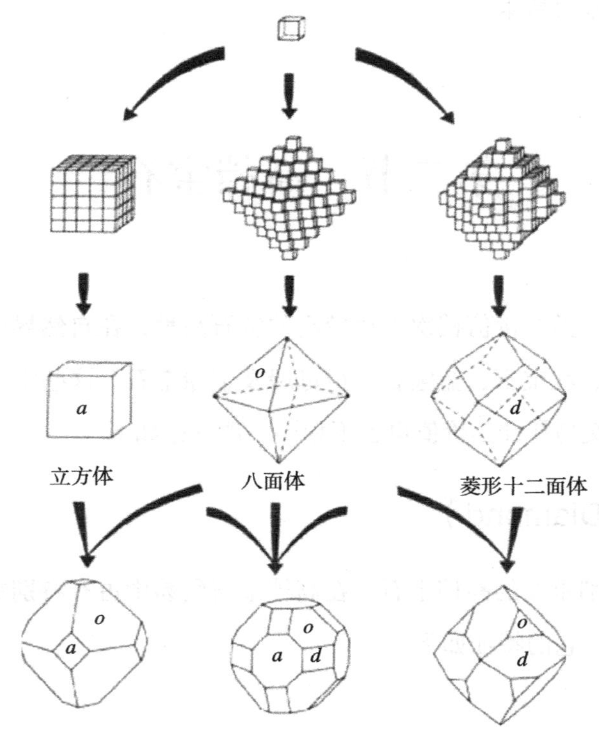

图 3–2　钻石晶体形态

（4）硬度，钻石是自然界硬度最大的一种晶体，它的莫氏硬度 HM=10，为硬度的最高级别。

（5）光泽，钻石晶体由典型的共价键组成，所以呈典型的金刚光泽。

（6）透明度，钻石的化学键是共价键，所以晶体呈透明体。

（7）折射率，钻石的折射率较高，*N*=2.415。

（8）色散，钻石的色散值较高，为 0.044。（图 3–3）

图 3–3　钻石的火彩

（9）相对密度，钻石的密度较大，其相对密度为 3.52。

（10）钻石的导热性极高，为热的最佳传导体。

（11）钻石的化学性质非常稳定，耐酸、耐碱性强，不容易腐蚀与风化，其熔点也高。

（12）吸收光谱，钻石在紫光区 415 nm 处出现吸收带。（图 3–4）

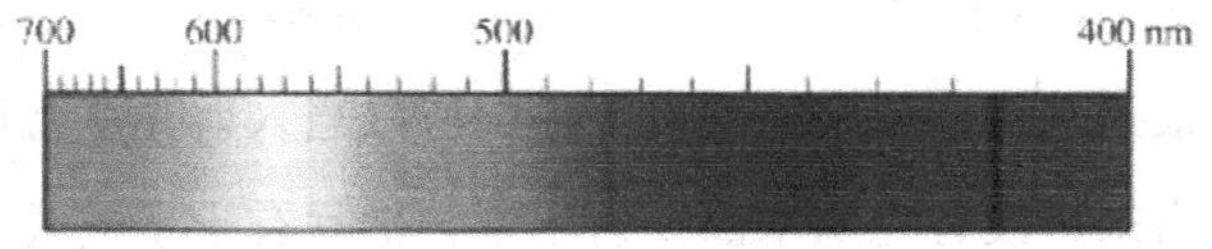

图 3–4　钻石的吸收光谱

（13）颜色，钻石的颜色可分为两个系列，分别为无色系列和彩色系列。无色系列包括无色、白色、黄色、淡黄色、灰色、褐色系列钻石；彩色系列包括紫色、蓝色、绿色、金黄色、粉红色等彩色钻石。

（14）包裹体，钻石中常见的矿物包裹体有石墨、镁铝榴石、铬透辉石、铬尖晶石、磁铁矿、赤铁矿、磁黄铁矿等固态包裹体。

2. 类型

钻石按所含微量元素的种类、特征及含量可分为两大类，四个亚类。

（1）Ⅰ型钻石，含 N 元素，按 N 的存在形式又分为Ⅰa、Ⅰb 型。Ⅰa 型，含 N 率为0.1%~0.3%，而且N以集合体形式存在于钻石中，自然界98%的钻石属于此种类型。Ⅰb型，钻石含N量低，且N以分散状的顺磁性存在于钻石中，这种钻石在自然界特别少见，大量出现在人工合成的钻石中。

（2）Ⅱ型钻石，不含或含极少量的N元素，又可分为Ⅱa、Ⅱb型。Ⅱa型，不含或含极少量的呈自由分布的N，这种钻石具有良好的导热性，在自然界含量极少。Ⅱb型，在钻石中含微量的B，颜色呈天蓝色，形成彩色钻石系列，具有半导体性，可以导电，在自然界产出量极少。

3. 鉴别

钻石的鉴别分为仪器鉴别和肉眼鉴别两种。仪器鉴别需要操作复杂的仪器设备，相对准确，但不方便，故本书将此舍去。肉眼鉴别准确率较低，但速度快，简单方便，适合大学生目前的学习，本书选择其作为主要教学内容。肉眼鉴别钻石包括对正品（真品）的鉴别、处理品的鉴别、合成品的鉴别及主要赝品的鉴别。

1）正品（真品）鉴别

钻石肉眼鉴别的最明显特征是其具有比较强的金刚光泽，呈现非常明亮的光芒。钻石的色散值高，色散现象明显，在平滑的刻面上可呈现出五光十色的闪光彩带，即具有强烈的火彩。钻石的密度较大，为高密度的宝石，手感较重。钻石的粒度小，大于1 ct（0.2 g）者即为大钻，常见者为0.25 ct以下的小钻。钻石的硬度极高，宝石刻面擦痕少，平滑，反光效果极好，棱、角顶一般比较完整。

钻石的款式是根据光的全反射原理设计的，所以当入射光从台面进入钻石后，能够从台面全部反射出来，没有光从亭部反射出来，把写有十字或线条的纸铺在钻石的台面下，从亭部向下方向观察，看不到十字或线条，这种现象称为线条或十字实验（图3–5）。

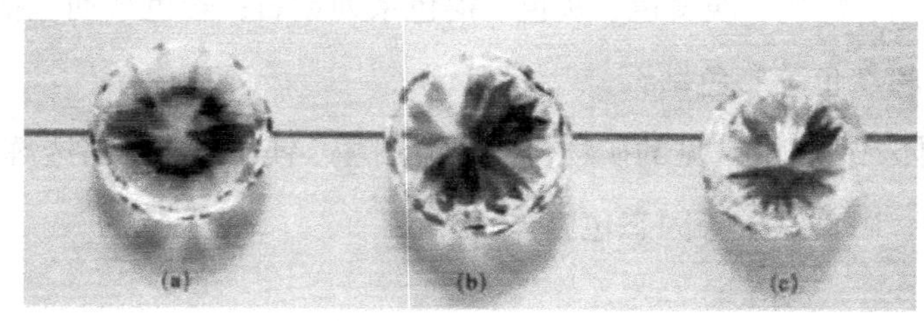

图3–5　钻石的线条实验

将宝石的台面反扣在平滑的平面上，用光线从亭部直接照射会发现在宝石的周围形成一个亮的光环圈，在所有的宝石中以钻石形成的光环圈最大、最亮，这种现象称为光环或光圈实验。

钻石具有很强的吸附油脂性，即具有很强的亲油性，用手触摸其会吸附手上的油脂。将水滴在钻石表面，水会在钻石的表面停留，长时间不散开。用油笔可在钻石的表面书写清楚的字迹，这种现象称为钻石的亲油性实验。

钻石的导热性最强，用嘴对着钻石哈气，会在钻石的表面形成一层露水状的水滴。用手接触钻石的表面会有凉感。

2）处理品鉴别

（1）改色钻石，主要是辐照改色的钻石，蓝色是通过放射源辐照引起晶体形成晶格缺陷而导致的色心效应，改色钻石一般不具有导电性，而天然蓝钻具有导电性。另外，辐照改色的钻石颜色深、均匀，钻石颜色变化大，持续时长短，不稳定。

（2）镀膜钻石，指在钻石的表面上镀一层钻石薄膜，即相当于在钻石表面穿上一层外衣，又称为穿衣钻石。这种钻石表面常呈粒状，并且薄膜易脱落，尤其在钻石的棱及角顶处易表现出明显的脱落。

（3）激光打孔钻石，当钻石中含有以石墨为主的杂质时，影响钻石的颜色和净度，常采用激光打孔到石墨处，促使石墨燃烧成二氧化碳气体排出，用以提高钻石的颜色和净度。由于激光孔需要用玻璃或树脂充填，在钻石的体内留下细如发丝、密集的激光洞可以作为鉴别标志（图 3-6）。

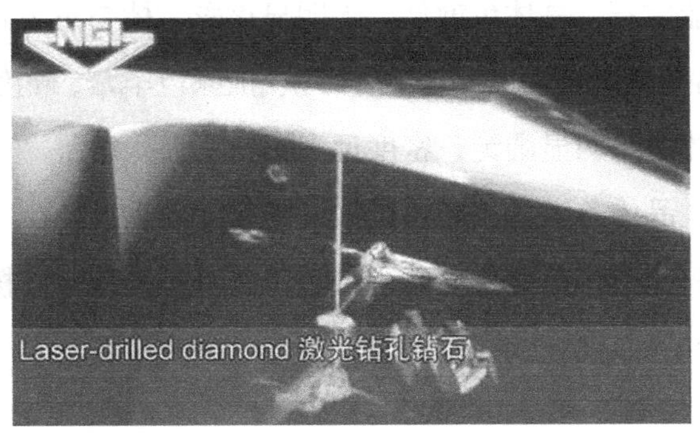

图 3-6　激光钻孔钻石

（4）充填钻石，当钻石有裂隙时会影响钻石的净度，用玻璃或树脂充填裂隙可以提高钻石的净度。由于充填的物质与钻石本身不相同，在二者接触处会由于光的散射及漫反射而呈现闪光彩虹效应（图 3-7），从而构成特有的鉴别特征。而闪光彩虹的范围和大小与钻石的裂隙大小和范围完全相同。

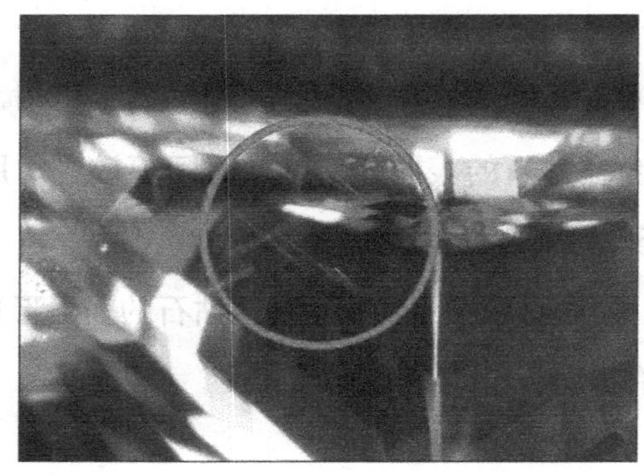

图 3–7　充填处理钻石的闪光效应

3）合成品鉴别

合成钻石的颜色目前常呈淡黄色、浅褐色及浅棕色等。晶体呈小颗粒，常呈八面体与立方体的聚形。晶体中常有晶核，且常含呈不规则金属片状的催化剂，用磁铁可以吸引。合成品目前在市场上比较少见。

4）主要赝品鉴别

钻石真品与赝品的区别主要在色散、密度、硬度等方面。

（1）白色锆石，晶体具有较高的双折射值，可以看到明显的后刻面棱重影，台面观察有漏光现象，硬度低，宝石棱和角顶较圆钝。

（2）合成无色尖晶石，晶体色散低，无明显火彩，棱与角顶圆钝。

（3）合成无色蓝宝石，晶体色散低，无明显火彩，棱与角顶圆钝。

（4）钛酸锶，晶体色散极强，远高于钻石，色散颜色丰富，硬度低，棱角明显圆钝。

（5）GGG，晶体棱角明显圆钝，密度远大于钻石。

（6）钇铝榴石，晶体色散低，棱角圆钝，密度大于钻石。

（7）合成立方氧化锆，晶体色散高，台面观察有漏光现象，棱角圆钝，刻面有擦痕，内部干净，很少见到杂质与缺陷。

4. 经济评价

评价标准，钻石的价值昂贵，价格不菲，目前在世界上有统一的评价标准。其评价的指标有四种，即重量（Carat）、颜色（Colour）、净度（Clarity）、切工（Cut），这四种指标的英文都是以字母“C”开头，所以国际上简称“4C 法则”。

（1）重量（Carat），在钻石的经济评价中，重量占有十分重要的地位，因为粒径大的钻石十分罕见。一般情况下，钻石的价格 = 重量 ^{2} × K（K 是基本价，也就是市场的基础价格）。钻石重量的单位为“ct”（克拉）与“分”，其关系为：1 g=5 ct；1 ct=100 分。

通过钻石的体积可以估算出钻石的重量（钻石呈标准圆形），其公式如下：

标准形钻石的重量 = 腰围的平均直径 ^{2} × 深度 ×0.006 1

椭圆形钻石的重量 = 平均直径 ^{2} × 深度 ×0.006 2

长方形钻石的重量 = 长 × 宽 × 深度 × 调整系数

心形钻石的重量 = 长 × 宽 × 深度 ×0.005 9

榄尖形钻石的重量 = 长 × 宽 × 深度 × 调整系数

梨形钻石的重量 = 长 × 宽 × 深度 × 调整系数

不同类型的钻石的调整系数是不相同的，调整系数与其长宽比有关（见表 3-1）。

表 3-1　不同类型的钻石的调整系数

类型	长：宽	调整系数	长：宽	调整系数
长方形	1:1	0.008	1.5:1	0.009
	2:1	0.010	2.5:1	0.010 6
榄尖形	1.5:1	0.005 65	2:1	0.005 8
	2.5:1	0.005 85	3:1	0.005 95
梨形	1.25:1	0.006 15	1.5:1	0.006 0
	1.66:1	0.005 9	2:1	0.005 75

注：调整系数均是经验数据，与实际可能有出入，仅供读者参考使用。

（2）颜色（Colour），钻石的颜色在国际上有不同的评价术语与尺度，但其内涵基本上已接近统一。由于自然界产出的钻石绝大部分都是白色—浅黄色—褐色系列，颜色评价的标准是为了方便钻石的贸易。目前的评价标准仅仅适用于白色—浅黄色—褐色系列的钻石；而对于彩色钻石，由于数量极少，常为钻石的极品，只能按质评价，目前没有统一的评价标准。

目前各个国家和地区采用的颜色质量分级的标准如下。

美国宝石学院（Gemological Institute of America，GIA）的颜色分级是以英文字母 D 开头，按字母顺序下排分级，即：D、E、F、G、H、I、J、K、L、M、N、…、Z。23 个字母表示 23 级，质量以 D 级为最好，往下类推质量逐渐变差。

中国香港的颜色分级是以“百色级”来表示，以 100 为最佳，往下顺减，即：100、99、98、97、96、95、94、…、90。

IDC（国际钻石委员会）、CIBJO（法国国际珠宝首饰联合会）的颜色分级是以颜色白度为衡量指标，由白至黄进行分级，即：特白 +、特白、上白 +、上白、白、较白、次白、带色调。

另外，具有钻石颜色分级标准的还有英国、德国等国家，这些分级采取的表达形式各不相同，但其内容没有本质的差别，可以进行相互验证。

目前我国（GB）采用的钻石分级标准是 GA 与中国香港的，二者可以同时使用或单独使用。

颜色分级采用的方法：目前世界各地颜色分级采用的方法为对比法，即在标准白色灯（色温 6 500 K）下，用未知颜色级别的钻石与标准颜色级别的钻石（标准石）进行对比，确定未知颜色级别钻石的色级。

（3）净度（Clarity），在不同的条件下对钻石净度的观察结果对钻石价值的影响是不相同的。因此在钻石行业中规定以 10 倍放大条件下观察的结果作为标准，主要包含两方面的内容：钻石原有的缺陷和钻石在加工的过程中对表面造成的伤害。

目前，世界上不同国家和地区采用不同表述方法进行钻石净度评价，即钻石的净度分级。但以 GIA 表达的净度分级方式最完整，得到了大多数国家和地区的认可。GIA 的净度分级方式如下：FL、IF、VVS_1、VVS_2、VS_1、VS_2、SI_1、SI_2、I_1、I_2、I_3。

FL 表示无瑕，IF 表示内部无暇，VVS 表示有非常极微瑕，VVS_1 比 VVS_2 要少一些；VS 表示有极微瑕，VS_1 比 VS_2 要少一些；SI 表示有微瑕，SI_1 比 SI_2 要少些：I 表示带瑕，I_1 比 I_2 少，I_2 比 I_3 少。

我国国标（GB）所采用的钻石净度分级方式如下：FC、VVS_1、VVS_2、VS_1、VS_2、SI_1、SI_2、P_1、P_2、P_3。

从以上可看出，我国的钻石净度分级与 GIA 的基本相同，只是在表达方式上有些差异。IDC、CIBJO 等的净度分级方式的表述也基本相同。

影响钻石净度的因素主要有瑕疵的大小、瑕疵的颜色与钻石本色的反差程度、瑕疵的位置及瑕疵的成像特征。即瑕疵越大，钻石的净度级别越低；瑕疵颜色与钻石本色反差越大，钻石的净度级别也越低；瑕疵在台面的影响要比其他位置对钻石净度的影响要大；瑕疵的成像数目越多，对钻石净度级别的影响也越明显。

（4）切工（Cut），钻石切工评价的内容主要有加工后钻石表现的对称性、表面的光洁程度、加工过程造成的损伤、加工对缺陷的处理方式等内容。目前评价钻石的切工质量标准采用的是德国的标准，即切工质量分为优、良、中、差几档，但标准的内容含义在不同的国家和地区有所不同。其主要包括钻石的款式，为了展现钻石的美丽，加工时需最大限度地将入射光全部反射回钻石台面，在原材料允许的条件下，按国际标准型加工。标准型如图 3–8 所示。

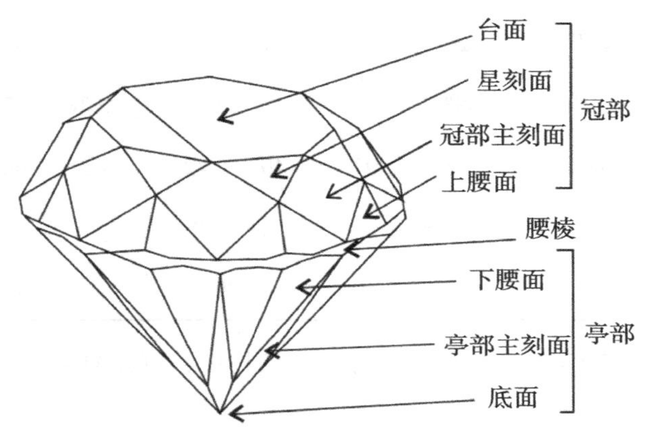

图 3–8 钻石的切工名称[①]

标准型切割的钻石的刻面构成包括：台面为正八边形 1 个；星刻面为等边三角形 8 个；冠部主刻面为邻边相等的四边形 8 个；上腰面为不等边的三角扇形 16 个；下腰面为等腰的三角扇形 16 个；亭部主刻面为邻边相等的四边形 8 个，共计 57 个刻面，若加上底面共 58 个刻面，常被称为“番”或 58 番。

钻石的对称性，钻石的对称性包括钻石各刻面排列组合、分布和比例关系是否准确。它主要指钻石台面与星刻面、冠部主刻面、上腰面、下腰面、亭部主刻面之间的排列组合关系是否规范与标准，即空间分布是否均匀。

钻石加工缺陷，钻石加工缺陷包括台面的比例大小、冠部与亭部的角度、钻石腰部的厚薄关系等。钻石时常出现的加工缺陷有各刻面的接触角不准确，冠部与亭部错位，台面边长不相等，小面不对称，有多余小刻面，抛光程度不好，刻面上有差痕，棱上有损伤等。这些缺陷的数量、出现的位置、损伤程度都可作为衡量钻石切工质量的因素。

我国国标（GB）对钻石切工质量的要求见表 3–2（以腰直径为 100% 计算衡量出

---

① 李兆聪．宝石鉴定法 [M]. 北京：地质出版社，1991.

其他数据）。

表 3–2　我国钻石型切工标准（GB）

内容	等级				
	差—中	良	优	良	中—差
台面宽	<53%	53% ～ 55%	56% ～ 60%	67% ～ 70%	>70%
冠高	<9%	9% ～ 10%	11% ～ 15%	16% ～ 17%	>17%
上角（冠）	<27°	27° ～ 30°	31° ～ 37°	38° ～ 40°	>40°
亭深	<39%	39% ～ 40%	41% ～ 45%	46% ～ 47%	>44%
下角（亭）	38°	38° ～ 39°	40° ～ 42°	43° ～ 44°	>44°
腰围厚		极薄	薄—中	厚	很厚
底尖宽			<2%	2% ～ 4%	>4%

总之，钻石切工要注意充分利用钻石的自然特征，展示钻石的原料之美，要尽量消除或掩饰其缺陷。

5. 主要产地

世界上钻石的产地与产量在不断地发生变化，在不同的历史时期和历史阶段其最大的产出国和产地是不同的。历史上印度曾是世界上唯一的钻石产出国家，但随着历史的变迁，转向巴西、南非、俄罗斯等国家和地区。目前世界上钻石产出国家按产出量排序为澳大利亚、扎伊尔、博茨瓦纳、俄罗斯、纳米比亚、南非等，我国目前居世界的第 10 位左右。我国钻石最主要的产地是辽宁省瓦房店地区，其次是山东的沂蒙山区。

6. 贸易

世界钻石的销售贸易呈垄断性贸易，主要由戴比尔斯跨国公司进行经销。

7. 文化

钻石作为世界五大珍贵高档宝石之首，素有“宝石之王”“无价之宝”的美誉。

千百年来，它与种种传说交织在一起，延伸出一部部的历史传说，这些传说更是让璀璨的钻石再度蒙上了一层神秘的面纱，使得钻石更加惹人垂怜。

钻石到底由何而来呢，古希腊人相信钻石是陨落到地球上的星星碎片，亦有人认为钻石是天神滴落的眼泪，人们还一度认为钻石是由天水或天露形成。在梵文中“钻石”

一词为“雷电”之意，即由闪电而生。

其实第一颗钻石是于 4 000 年前在印度的 Golconda 地区的河床上被发现的。据印度史诗《摩诃波罗多》（*Mahabharata*）记载，早在 4 000 年以前，人们就用钻石来装点他们的英雄的眼睛。

在印度人看来，世间万物都有“生世之谜”，传说钻石的前世是一位名叫巴拉的勇猛无比的国王，他不仅出生纯洁，其平生所作所为亦光明磊落，当他在上帝的祭坛上焚身后，他的骨头便变成了一颗颗钻石的种子，众神均来劫夺，他们在匆忙逃走时从天上洒落下一些种子，这些种子就是蕴藏在高山、森林、江河中的坚硬、透明的金刚石（钻石）。

二、红宝石（Ruby）与蓝宝石（Sapphire）

红宝石、蓝宝石都是颜色美丽、晶莹剔透的宝石级刚玉晶体。由于其具有美丽的颜色，从古到今都是人们珍爱的对象。以前常作为帝王将相不可缺少的饰物与玩物，现已成为公认的五大高档珍贵宝石品种。

1. 基本性质

红宝石、蓝宝石的基本性质是由其化学组成和晶体结构所决定的，是其固有的性质，也构成其科学鉴定的依据。

（1）矿物名称，红宝石、蓝宝石的矿物学名称均为刚玉。

（2）化学成分，这两种宝石主要的化学成分相同，同是 Al_2O_3。但在微量元素的组成种类上差异较大，而微量元素的种类不同就导致其呈现不同的颜色，含 Cr^{3+} 者呈红色；含 Fe^{2+}、Ti^{3+} 者呈蓝色；含 Fe^{2+} 者呈绿色；含 Fe^{3+} 者呈黄色；含 Co^{2+} 者呈深蓝色等。

（3）形态，红、蓝宝石晶体属于三方晶系，常生长成六方双锥、六方柱与菱面体相聚的桶状、柱状形态，沿菱面体方向易形成双晶而导致晶体的裂理发育。（图 3–9）

（4）硬度，红、蓝宝石晶体的 HM=9，为自然界矿物晶体中硬度较大者，其硬度仅仅小于金刚石，为高硬度的晶体材料之一。

（5）相对密度，红、蓝宝石晶体相对密度在 3.99~4.1 之间，变化较大，这是由于宝石中所含杂质离子的种类和含量不同所造成的。但相对密度值高，手掂重，为高密度的宝石之一。

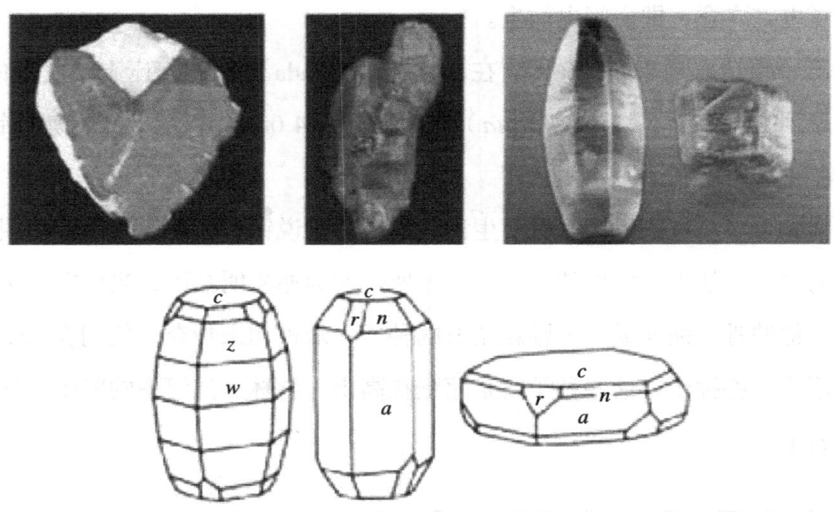

图 3–9　原石形态

（6）光泽，由于形成红宝石、蓝宝石晶体的微量元素有较大差异，二者对光的反射能力有差别。一般红宝石常呈现较强的半金刚光泽，蓝宝石呈现强的玻璃光泽。

（7）折射率，刚玉宝石晶体中，化学元素堆积较紧密，所以光通过晶体比较困难，导致晶体的折射率比较高，一般在 1.762~1.770 之间；双折射率为 0.008~0.010。

（8）透明度，组成刚玉类宝石的化学键主要为共价键，次要为离子键，使晶体呈透明状，但当晶体中含有较多的其他包体时则呈半透明状。

（9）多色性，刚玉晶体属于三方晶系，其化学元素在三维空间不同方向上排列的方式不同，使得光在通过不同方向时产生了光程差，从而引起人们从不同方向观察宝石晶体时看到的颜色有所不同。如红宝石从柱方向上观察呈橙红色，从侧面上观察呈紫红色；蓝宝石从柱方向上观察呈紫蓝色，从侧面观察呈黄绿色。

（10）颜色，刚玉晶体中含各种过渡型的杂质离子而导致其呈现不同的颜色，红宝石呈现各种红色（Cr 造成），主要有艳红色、玫瑰红色等。蓝宝石呈现各种蓝色（主要由 Fe、Ti 造成），主要呈靛蓝色、蓝色、浅蓝色及其他绿色、黄色、无色等，其颜色是丰富多彩的。

（11）吸收光谱，红、蓝宝石的吸收光谱各不相同。红宝石在 689 nm、690 nm 处有 2~3 条吸收线，在 620~570 nm 处为吸收带，在 470 nm、460 nm、450 nm 附近有三条吸收线，在紫区以下呈现全吸收。（图 3–10）蓝宝石在 470 nm、460 nm、450 nm 附近有三条吸收线（澳大利亚产）（图 3–11），在 470 nm 附近有一条吸收线（斯里兰卡产）。

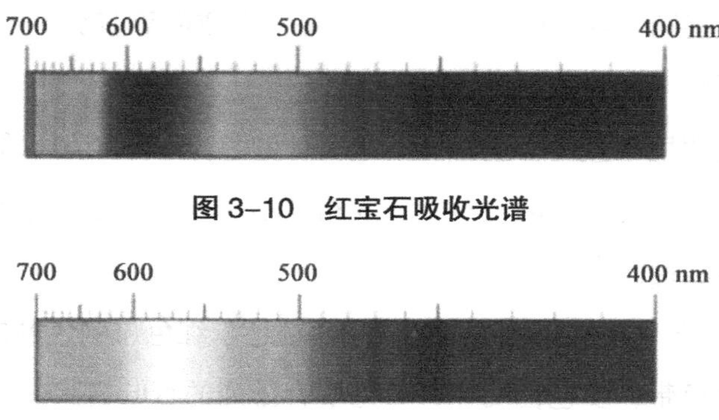

图 3–10 红宝石吸收光谱

图 3–11 蓝宝石吸收光谱

（12）荧光效应，红宝石在长波（Lm）与短波（Sm）荧光下发红色及暗红色荧光；蓝宝石一般不发荧光。

（13）包裹体，红宝石、蓝宝石中含有大量包裹体，二者的包体特征相似，并随产地发生变化。

（14）特殊光学效应，红宝石与蓝宝石中常含有大量的呈针状的金红石包体，并且当这些包体作规则的定向排列时，会产生特殊光学效应。常见的星光效应是六射星光，也偶见双六射星光（即十二射星光）（图 3–12），在我国山东的蓝宝石中常见。也有由钒元素引起的变色效应。

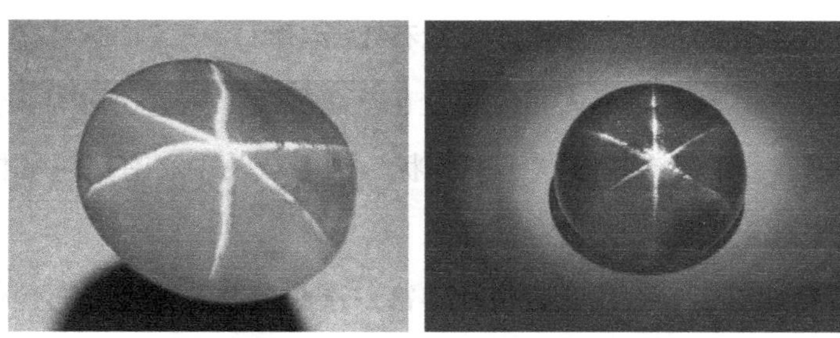

图 3–12 星光红宝石和星光蓝宝石

2. 名称

包括我国国标（GB）规定：在刚玉晶体中，凡是由 Cr 离子导致的红色宝石则称为红宝石；蓝宝石即除红宝石以外的所有刚玉宝石，它包括蓝色、蓝绿色、绿色、黄色、橙色、粉色、紫色、灰色、黑色、无色等多种颜色。根据《珠宝玉石 名称》标准（GB/T 16552—2003），上述刚玉宝石均直接定名为蓝宝石。

3. 红宝石肉眼鉴别

红宝石的肉眼鉴别内容包括天然品、处理品及合成品等鉴别，分述如下。

1）天然品鉴别

天然红宝石透明度较差，有些甚至不透明；颜色分布不均匀，但较柔和；宝石的密度大，个头小；有星光效应的宝石星光线粗细不一，交汇处不完美。不同产地的红宝石有其各自的鉴别特征。

（1）缅甸红宝石，颜色呈鸽血红色、玫瑰红色、红色，颜色鲜艳不均一，呈红色糖浆状，可见平直色带，多色性明显，可见平直排列的百叶窗式双晶纹。常见针状的金红石包体，它们互呈 60° 夹角而出现星光效应，形成星光红宝石（图 3–13）。缅甸红宝石少见流体包裹体。常见的固体包体有尖晶石、方解石、榍石、赤铁矿等，这些矿物常呈浑圆状。

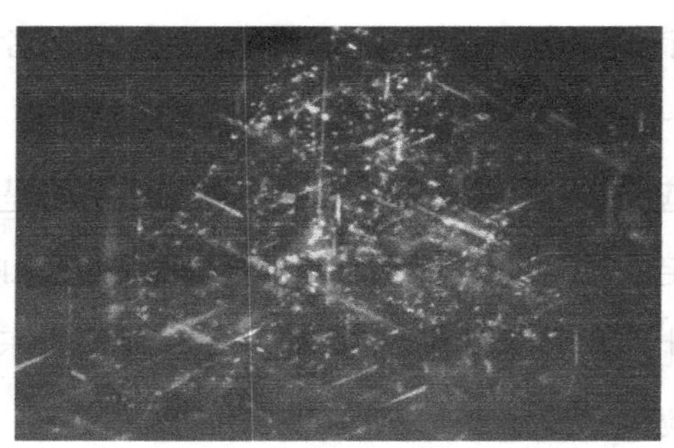

图 3–13　红宝石针状包体

（2）泰国红宝石，颜色较深多呈浅棕红色至暗红色，颜色较均匀、色带不发育，几乎缺失金红石包体，可见有指纹状、网脉状、羽毛状及中心有黑色晶体的荷叶状包裹体。

（3）斯里兰卡红宝石，颜色浅，包体丰富，透明度好。含金红石包体呈细长状、丝状，相对稀疏且分布均匀。也含有在锆石包体周围形成的褐色放射性晕圈及呈六方柱状、棱角圆滑的磷灰石包体。

（4）越南红宝石，颜色呈浅粉红色、粉红色和玫瑰红色，常有云雾状包体。

（5）中国云南红宝石，颜色呈红色或玫瑰红色，双晶发育，含有气液包体。

2）处理品鉴别

红宝石的处理品包括扩散红宝石和充填红宝石，其鉴别特征如下：

（1）扩散红宝石，宝石颜色呈不规则的蛛网状、网格状、斑纹状分布，宝石棱角处、裂隙处颜色深，其他地方颜色浅；

（2）充填红宝石，宝石中常有气泡分布，沿充填缝有彩虹效应。（图 3–14）

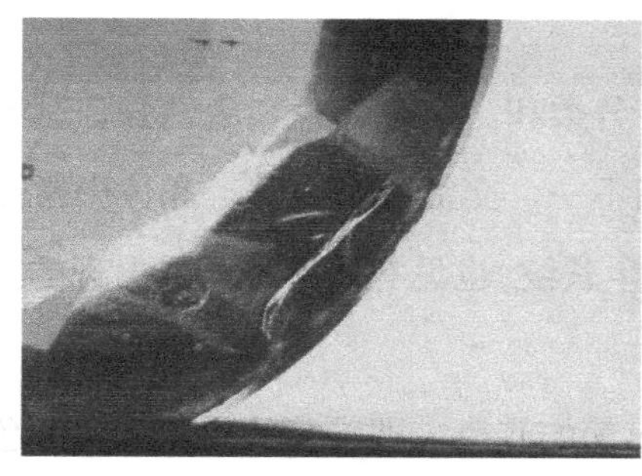

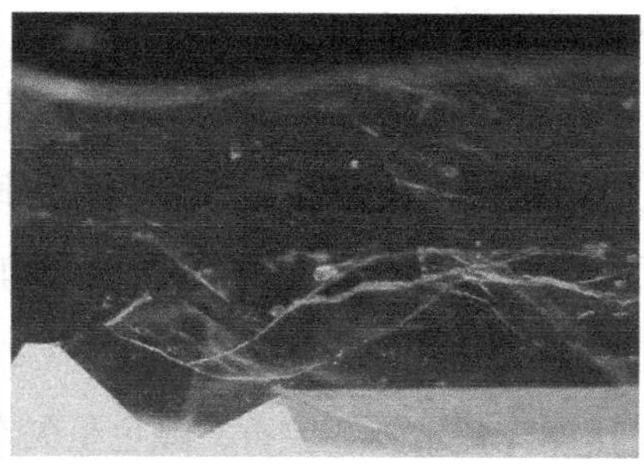

图 3–14　充填红宝石蓝色闪光现象

3）合成品鉴别

红宝石的合成方法不同，鉴别特征也不同。其鉴别标志如下：

（1）焰熔法合成红宝石，宝石颜色太均一，过分艳丽，内部干净，块体大，可见弧形生长纹，有拉长气泡，台面可见二色性，星光过分完美，较天然红宝石具有较强的荧光（图 3–15）；

图 3–15　合成红宝石弧形生长纹和拉长气泡

（2）助熔剂法合成红宝石，宝石中有云雾状的乳白色包体，包体常呈褐黄色或黑色的网状出现于晶体中。

4）红宝石与主要相似红色宝石的鉴别（即主要赝品鉴别）

（1）红色尖晶石，颜色均一，无二色性。

（2）镁铝榴石，颜色均一，无二色性。

（3）红碧玺，有气液包体，可见棱刻面重影。

（4）红玻璃，有气体包体，密度小，手掂轻，呈玻璃光泽。

4. 蓝宝石肉眼鉴别

蓝宝石的肉眼鉴别包括天然品、处理品及合成品等鉴别。

1）天然品鉴别

蓝宝石透明度较好，颜色不均一，但十分柔和。宝石颜色二色性强，其密度大，个头也较大。有星光效应的宝石星光线粗细不一，交汇处不完美。晶体中常见有呈平行六方柱面排列的且深浅不一的平直色带和生长纹，也见有呈百叶窗式出现的双晶纹。不同产地蓝宝石鉴别特征不同。

（1）印度克什米尔蓝宝石，颜色呈矢车菊的蓝色，即带紫的靛蓝色。颜色明亮、鲜艳，有雾状的包体。产地海拔高逾 5 000 m，产量少，最近几年由于各种原因，几乎没有产量。

（2）缅甸蓝宝石，颜色呈鲜艳的蓝色，颜色鲜艳不均一，可见平直色带，颜色多，色性明显，可见平直排列的百叶窗式双晶纹。常见呈架状分布的金红石包体，也常见有由金红石包体构成三组交角呈 60° 或 120° 的面网出现的星光蓝宝石。含有被称为指纹状的弥漫型气液包裹体。常见的固体包体有刚玉、尖晶石、铀烧绿石、榍石、磷灰石等矿物小晶体，这些矿物呈圆滑状分布。

（3）斯里兰卡蓝宝石，颜色浅，呈蓝到天蓝色。颜色明亮，可见平直色带。包体呈丝绢状、纤细状分布（图 3–16），常见呈六射星光出现的星光蓝宝石。也见有指纹状的液态包体。晶体中分布的固体包体有锆石、磷灰石、黑云母等矿物，但包体数量少。

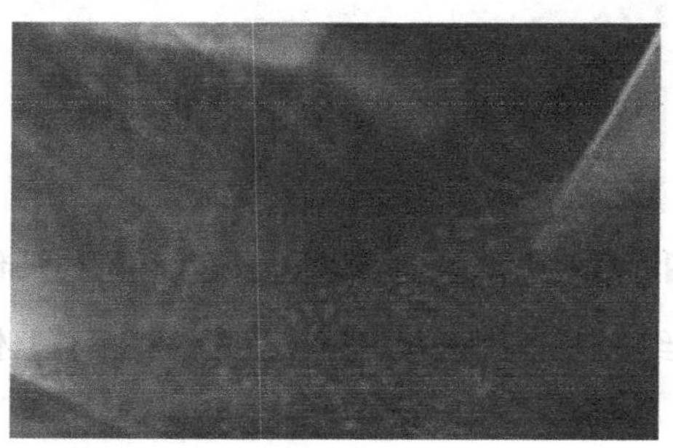

图 3–16　针状包体

（4）泰国蓝宝石，颜色呈带黑的蓝色、浅灰蓝色。晶体中有指纹状液态包裹体发育。在黑色固态包体周围有呈荷叶状分布的裂纹。

（5）澳大利亚蓝宝石，颜色呈炭黑的深蓝色、黄色、绿色等，含尘埃状包体。

（6）中国蓝宝石，产自山东的蓝宝石个头大，颜色呈炭黑的靛蓝色、蓝色、绿色和黄色，包体少，平直色带发育；产自黑龙江的蓝宝石颜色鲜艳，呈透明的蓝色、浅蓝色、灰蓝色、浅绿色等，包体少，但个头小；产自海南岛的蓝宝石，颜色美丽而透明，包体少、缺陷少，大晶体中裂隙发育，有蚕籽状金红石包体分布。

2）处理品鉴别

蓝宝石处理品包括扩散蓝宝石和充填蓝宝石。其鉴别特征如下。

（1）扩散蓝宝石，宝石颜色呈不规则的蛛网状、网格状、斑纹状分布；宝石棱角处、裂隙处颜色深，其他地方颜色浅，颜色浮在表面上，无色根。

（2）充填蓝宝石，宝石中常有气泡分布，沿充填缝有彩虹效应出现。

3）合成品鉴别

蓝宝石的合成方法不同，鉴别特征也不同。其鉴别标志如下。

（1）焰熔法合成蓝宝石，宝石颜色太均一，过分艳丽。内部干净，块体大，可见弧形生长纹，有气泡分布。台面有强的二色性，星光过分完美，星线清楚，细而均一。

（2）助熔剂法合成蓝宝石，宝石中有云雾状的乳白色包体，包体常呈褐黄色或黑色的网状。

4）蓝宝石与相似蓝色宝石的区别，即主要赝品鉴别。

（1）蓝色尖晶石，颜色均一，无二色性，晶体常见有八面体小包体。

（2）蓝锆石，颜色鲜艳，强色散，可见棱刻面重影。

（3）蓝碧玺，颜色蓝中带绿，有空管状气液包体，可见棱刻面重影，二色性强。

（4）蓝锥矿，强二色性，强色散，可见棱刻面重影。

（5）坦桑石，颜色有三色性，深蓝、紫红、黄绿色，密度小，硬度低。

（6）合成蓝色尖晶石，颜色艳丽均一，在日光下呈红色调的蓝色，无二色性。

5. 质量评价

红宝石、蓝宝石的质量评价目前还没有统一的标准。目前实行的标准也称为4C，但这是一个非国际化的标准，这四个标准在宝石评价中的意义与作用各不相同，其中以颜色评价最重要。

对红、蓝宝石颜色的评价指标为色调、亮度、饱和度、均匀度。

对红宝石颜色色质的要求是以鸽血红最佳，其次是玫瑰红，最次是粉红色。宝石红色明亮，色调饱满，颜色均匀者称为上品，其价值也高。

对蓝宝石颜色色质的要求以矢车菊者最佳，其次是深蓝色、浅蓝色，最差是绿色、黄色。宝石蓝色要明亮，色调要饱满，颜色分布均匀。

星光宝石的质量要求是星光居中，完全或没有短缺的射线，星线均匀者为佳品。

目前质量的分级标准包括 A、B、C、D、E，以 A 级质量最好，B 级次之，C 级再次，D 级质量较差，E 级最差。

6. 市场

红宝石比蓝宝石的产量要少，个头也小，其价格、价值高。

目前有色宝石主要交易市场在泰国的曼谷，为分散自由式的贸易。市场上的红、蓝宝石质量参差不齐，呈现鱼目混珠的特点，要小心提防。质量特好的红、蓝宝石一般进行商业拍卖。

7. 文化

红宝石、蓝宝石和钻石、祖母绿、猫眼并称为五大珍贵宝石。从古至今红宝石和蓝宝石就一直倍受人们的珍爱。

在古老的著作中，红宝石是“上帝创造万物时所创造的 12 种宝石中最珍贵的宝石”，把红宝石与智慧相提并论，并用它象征犹太部落。摩西的哥哥亚伦所穿圣衣上的第四颗宝石便是红宝石，在这颗宝石上刻着犹太人祖先的名字，自从古代犹太人宣布建立以色列国以来，这颗珍贵的宝石一直是皇冠上最贵重的宝物。

古印度人认为颜色浅的宝石是发育没有成熟的宝石，需要重新埋到地下滋养它，直到成熟为鲜艳的红色，而红宝石就是已经发育成熟的宝石，这种宝石犹如生命血液一般，值得被信仰。

随着西方文明的诞生，红宝石仍然保留它尊贵的地位，拿破仑送给玛丽·路易丝王后一整套红宝石珠宝，它是欧洲皇室和上流社会身份最重要的证明；清代亲王与大臣等官衔以顶戴宝石种类区分，其中亲王与一品官为红宝石。

红宝石作为 7 月生辰石和 40 周年结婚纪念石，是爱情、热情和高尚品德的象征。

三、祖母绿（Emerald）

祖母绿以其特有的翠绿色成为人们喜爱的高档宝石。它是五大高档宝石品种之一，是目前市场上特别是东方民族最喜爱的宝石品种。

1. 基本性质

祖母绿宝石的基本性质是由其化学组成和晶体结构决定的，是宝石固有的性质，也构成其科学鉴定的依据。

（1）矿物名称，祖母绿宝石的矿物名称为绿柱石，绿柱石是一个大的家族，包含许多宝石品种，例如祖母绿、海蓝宝石等。

（2）化学成分，祖母绿宝石的化学成分为 $Be_3Al_2[Si_6O_{18}]$，此外还含有 Cr 等杂质离子。

（3）形态，祖母绿属于六方晶系，晶体呈柱状形态，晶体柱面可见纵纹。（图 3–17）

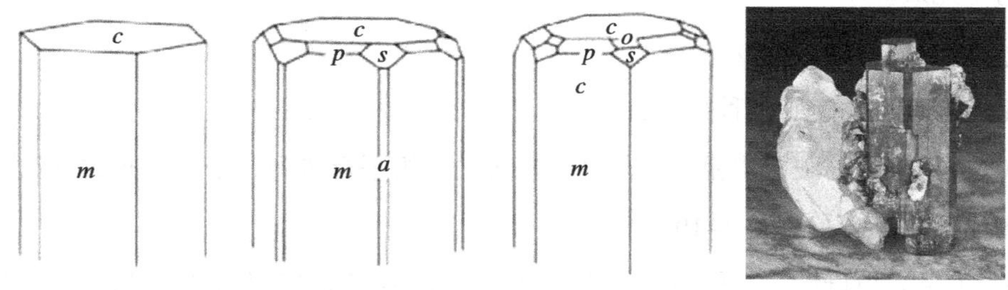

图 3–17　祖母绿晶体形态

（4）硬度，祖母绿宝石的硬度中等，其 HM ≈ 7.5，是高档宝石中硬度比较低的宝石品种。

（5）相对密度，祖母绿的相对密度较低，其值在 2.63~2.90 之间，平均为 2.72。

（6）折射率，祖母绿晶体结构中存在着巨大六方环状空隙，光通过的速率大，导致其折射率比较低，在 1.56~1.59 之间，其双折射率为 0.005~0.009。

（7）光泽，祖母绿抛光表面为玻璃光泽，断口为油脂光泽至树脂光泽。

（8）透明度，晶体的透明度较好，但裂隙较发育，呈透明—半透明。

（9）颜色，祖母绿的颜色主要呈绿色、带蓝的绿色、浅绿色、艳绿色等，这是由 Cr、V 替代祖母绿晶体结构中的 Al 而致。

（10）多色性，祖母绿的多色性较强，呈蓝绿—黄绿色。

（11）荧光性，祖母绿在长波下可呈无色到暗红色荧光。可因铁的存在而表现荧光惰性。

（12）吸收光谱，祖母绿吸收光谱的分布在红区 683 nm、680 nm 处有强吸收线，在 662 nm、646 nm 处有弱吸收线，在 620~570 nm（黄区）处呈一宽吸收带，在 475 nm（蓝区）处有一条吸收线，紫区以下为全吸收带。（图 3–18）

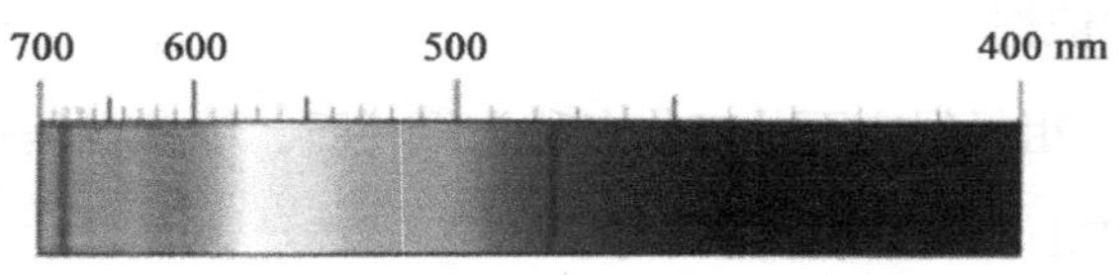

图 3–18　祖母绿吸收光谱

（13）矿物包体，祖母绿宝石中含有许多种矿物包体，并且包体的种类、特征随产地而变化。

（14）特殊光学效应，祖母绿宝石中常含有呈定向排列的包裹体，所以可呈猫眼效应与星光效应。

2. 品种

祖母绿具有的宝石品种如下：

（1）祖母绿猫眼，由祖母绿晶体中出现的一组平行排列、密集分布的管状包体所产生的猫眼效应者；（图 3–19）

（2）星光祖母绿，比较少见，由祖母绿晶体中出现的三组平行排列密集分布且交角为 60° 或 120° 的管状包体等所形成的特殊光学效应者；

（3）达碧兹（仅产于哥伦比亚），在祖母绿晶体中呈暗色核和放射状的线，由碳质包体和长石组成的一种祖母绿；（图 3–20）

图 3–19　祖母绿猫眼

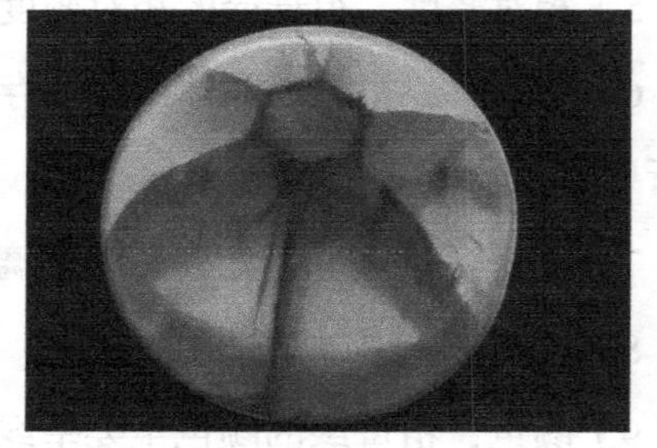

图 3–20　达碧兹祖母绿

（4）一般祖母绿宝石。

3. 肉眼鉴别

祖母绿的肉眼鉴别内容包括对天然品、合成品、处理品及主要赝品的鉴别。

1）天然品鉴别

祖母绿常呈翠绿色，宝石密度小，手掂轻，其折射率低，具有强的玻璃光泽，宝石的透明度较好，清澈透亮。在祖母绿中常含有不同的矿物包体，这些矿物包体随产地不同有差异，构成了不同产地的鉴别特征。

（1）哥伦比亚祖母绿，是世界上最优质的祖母绿宝石。宝石的颜色呈浅翠绿色到深翠绿色，常以气、液、固三相包体在宝石中共存构成特有的识别标志（图 3–21）。包体边缘呈锯齿状，也有裂隙充填薄膜包体，呈树枝状。固态包体有黄褐色粒状的氟碳钙钸矿、立方体块状的黄铁矿、菱面体状的方解石和板状的长石晶体。

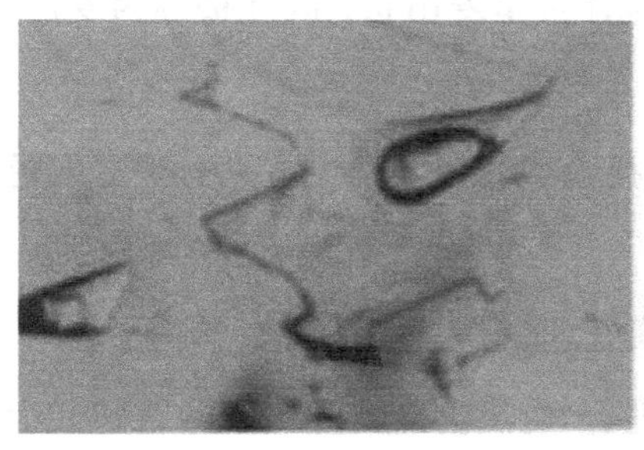

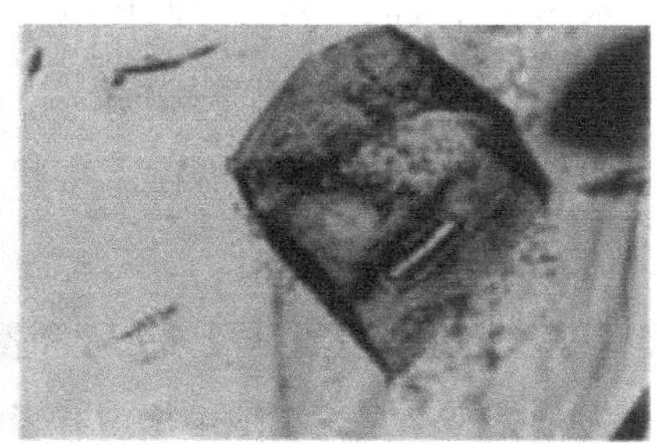

图 3–21 祖母绿三相包体和晶体包体

（2）俄罗斯乌拉尔祖母绿，宝石呈带黄的绿色，并常带有褐色调。宝石中常有由阳起石矿物组成的呈不规则排列的针状包裹体，被称为“竹节状包体”（图 3–22），构成特有的识别标志。也可见片状的黑云母、愈合裂隙、平行 C 轴的管状包体。

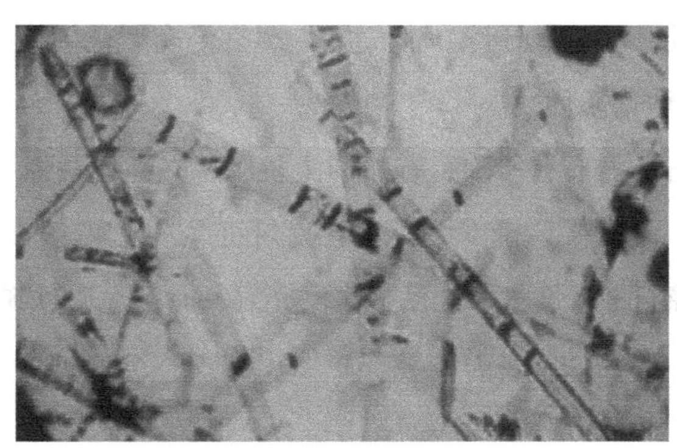

图 3–22 祖母绿竹节状阳起石包体

（3）印度祖母绿，宝石颜色差。宝石中常有一组由黑云母组成的片状包体及另一组由平行 C 轴分布的六方柱状负晶，空洞内含有气、液包体，空洞边角有一个短尾巴，外形像逗号，常被称为“逗号状”包体，构成识别标志。

（4）巴西祖母绿，宝石颜色浅，密度低。有一种裂隙发育的祖母绿，常含液、固包体，固体包体主要为黄铁矿、黑云母、方解石等矿物晶体。

此外，世界上还有澳大利亚、津巴布韦、南非、巴基斯坦、坦桑尼亚、赞比亚、尼日利亚、马达加斯加、奥地利、挪威、中国等地也产有祖母绿，但产量都低，质量也较差。

2）合成品鉴别

合成祖母绿颜色特别鲜艳。不同合成方法的祖母绿包体特征不同。

（1）水热法合成品中常含有两相包体，包体常呈麦苗状，因此被称为麦苗状包体，是此法合成祖母绿品种的特有鉴别标志。

（2）助熔剂法合成品中可见呈云雾状或花边状的包体，也常见有平直的色带。

3）处理品鉴别

祖母绿处理的方法主要是浸油处理和覆膜处理，其鉴别特征如下。

（1）浸油处理，宝石裂隙中出现有干涉色，受热会“出汗”，常在包装上留下油迹，在宝石裂隙处有绿色染料存在。

（2）覆膜处理，宝石无二色性，薄膜常有脱落，接缝处有气泡，表面易产生裂纹，棱角处颜色深。

4）祖母绿主要赝品鉴别特征

（1）绿色玻璃，内部干净，有气泡，光性均质体。

（2）人造钇铝榴石，内部干净，有气泡，感官上有红色闪光，密度大，硬度大，折射率大于1.81，光性均质体。

（3）合成尖晶石，内部有气泡，有弧形生长纹，光性均质体，折射率1.728左右。

（4）铬透辉石，硬度低，密度大，常有棱刻面重影现象。

（5）铬钒钙铝榴石，密度大，光泽强，反光好，有黑色磁铁矿包体，光性均质体。

（6）绿色碧玺，二色性强，有棱刻面重影出现。

4. 质量评价

祖母绿的质量评价包括颜色、透明度、加工、重量等方面，其中颜色的评价最重要。

（1）颜色，祖母绿的颜色呈翠绿色、浅绿色至深绿色，观察评价标准为颜色的色调、深浅、分布特征。以不带杂色，中—深绿色者为好，颜色浅的价值低。

（2）透明度，宝石的透明度与其晶体的净度有关。一般祖母绿晶体中的裂隙少，杂质少，其净度高，透明度也高。当晶体的裂隙多，杂质多时，其净度低，透明度也低。

质量好的祖母绿宝石要求杂质少，裂隙少，透明度高。

（3）切工，质量好的祖母绿宝石一般加工成祖母绿型（即方形）来表现其特有的魅力。质量差的宝石一般加工成弧面型及混合型，也有加工成珠链状的。

（4）重量，祖母绿宝石个头较小，一般在 0.2~0.3 ct 之间。目前，世界上最大的祖母绿晶体为 24 000 ct。

目前哥伦比亚的祖母绿宝石可分为商业三个级品：

一级品，宝石呈深翠绿色、翠绿色、带蓝的绿色，包体少，不超过 5%；

二级品，宝石呈浅翠绿色、翠绿色、带蓝的绿色，包体裂隙不超过 10%；

三级品，宝石呈翠绿色、特浅的翠绿色、带蓝的绿色，包体裂隙多，超过 15%。

5. 市场

目前，我国市场上天然祖母绿优质品比较少见，因而天然优质祖母绿的价格很昂贵。合成祖母绿在市场上常出现，也有注油处理祖母绿及仿祖母绿的赝品、祖母绿玻璃等，其价格比较低廉。

6. 文化

祖母绿名字来自古希腊语中的“Smaragdus”（绿色）一词。在公元 1 世纪罗马老普林尼编写的《自然史》一书中，他曾这样描述祖母绿，“……没有什么比它更绿了”。

他还描述了宝石鉴定家对祖母绿的使用，“如果要放松眼睛，没有什么比凝视祖母绿更好的方式了，它温和而碧绿的颜色可以抚慰和消除他们的疲劳和精神不振”。即使在今天，绿色依然是用来缓解压力和眼睛疲劳的颜色。

16 世纪西班牙探险者入侵新大陆期间，现在的哥伦比亚出产的祖母绿就是他们疯狂抢夺的资源之一。印加人在宗教仪式中使用祖母绿已有 500 年历史。西班牙人对黄金和白银的重视远远超过宝石，他们用祖母绿来交易贵金属。他们的贸易让祖母绿在欧洲和亚洲的皇室贵族中逐渐风靡。

祖母绿是绿柱石家族中最有名的成员。传说中，祖母绿的佩戴者只要将宝石放在舌头下面，便可以预见未来，除此以外，它还可以揭示真理并保护佩戴者免遭邪恶法术。祖母绿一度被认为可以治愈霍乱和疟疾等疾病。甚至，人们认为佩戴祖母绿可以辨别爱人誓言的真伪，还可以令人巧舌如簧。民间还有祖母绿是神赐给所罗门王的四大宝石之一的传说。据说，这四块宝石可以赋予国王掌管世间万物的权力。

其绿色代表着春天般的复苏生长，因而是5月的诞生石。同时它也是结婚20周年和35周年的纪念石。

四、金绿宝石（Chrysoberyl）

金绿宝石的颜色呈金黄色，是市场上人们认可的高档宝石品种之一，尤其以猫眼和变石品种闻名于珠宝界。

1. 基本性质

金绿宝石的基本性质是由其化学组成和晶体结构决定的，是宝石固有的性质，因而也构成其科学鉴定的依据。

（1）矿物名称，金绿宝石的矿物名称与宝石名称相同，都称为金绿宝石。

（2）化学成分，金绿宝石的主要化学成分是 $BeAl_2O_4$，为铍和铝的氧化物，常含有许多杂质离子，如 Cr、Fe、Ti 等，这些离子可以导致金绿宝石的颜色发生改变。

（3）形态，金绿宝石属于斜方晶系，晶体常呈扁平状或厚板状，晶面常见平行条纹，也可呈假六方的三连晶穿插双晶。（图 3–23、图 3–24）

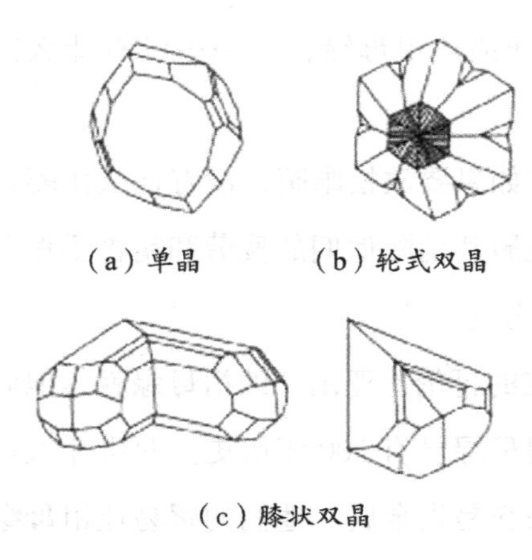

图 3–23　晶体形态

图 3–24　金绿宝石三连晶

（4）透明度，金绿宝石一般呈透明—不透明状。但不同的宝石品种其透明度有差异，猫眼呈亚透明—半透明—不透明状；变石呈透明状。

（5）硬度，金绿宝石的硬度较大，HM=8.5。

（6）相对密度，金绿宝石的相对密度比较稳定，约为 3.72。

（7）折射率，金绿宝石的折射率在 1.746~1.755，双折射率为 0.008~0.010。

（8）光泽，金绿宝石主要呈玻璃光泽，有时呈亚金刚光泽。

（9）荧光性，金绿宝石中只有变石可见弱—中等红色荧光，其他品种均无荧光。

（10）吸收光谱，金绿宝石不同的品种，其吸收光谱特征是不相同的。金绿宝石、猫眼具有以 445 nm 为中心的吸收带（图 3–25）；变石在 680.5 nm、678.5 nm 处有两条强吸收线，在 665 nm、655 nm、645 nm 处有三条弱吸收线，在 630~580 nm 处有部分吸收带，476.5 nm、473 nm、468 nm 处有三条弱吸收线，紫区以下全吸收带（图 3–26）。

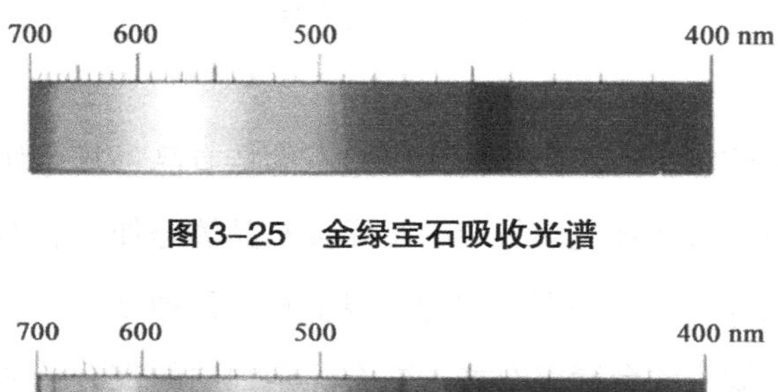

图 3–25 金绿宝石吸收光谱

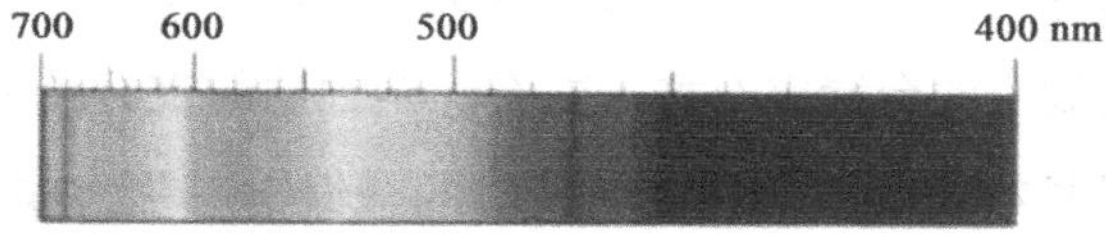

700 600 500 400 nm

图 3–26 变石吸收光谱

（11）包体特征，金绿宝石晶体主要含指纹状包体。宝石透明时可见双晶纹。猫眼内部主要含有大量平行排列的丝状包体。变石中可含有指纹状或丝状包体，也可见到二相或三相包体。金绿宝石含的固体包体有云母、阳起石、针铁矿、石英、磷灰石等。

（12）颜色，金绿宝石的颜色常呈棕黄、绿画、黄绿、黄褐色；猫眼颜色呈黄色—黄绿色、灰绿色、褐色—褐黄色；变石在日光下呈带有黄色、褐色、灰色或蓝色调的绿色，在白炽灯光下呈褐红色—紫红色。

（13）多色性，金绿宝石有明显的三色性，黄、绿和褐色，其主要特征是颜色深浅的变化，而不是色调的差异。其中变石的多色性很强，金绿宝石次之，猫眼最弱。

（14）特殊光学效应，金绿宝石中含有大量平行排列的丝状包体时会产生猫眼效应（图 3–27）。丝状包体也可以是管状包体，也可以由丝状金红石包体构成。金绿宝石中当铬离子替换铝离子时会产生变色效应，当二者现象共同出现于一种宝石身上时则会产生变色与猫眼的双重效应。

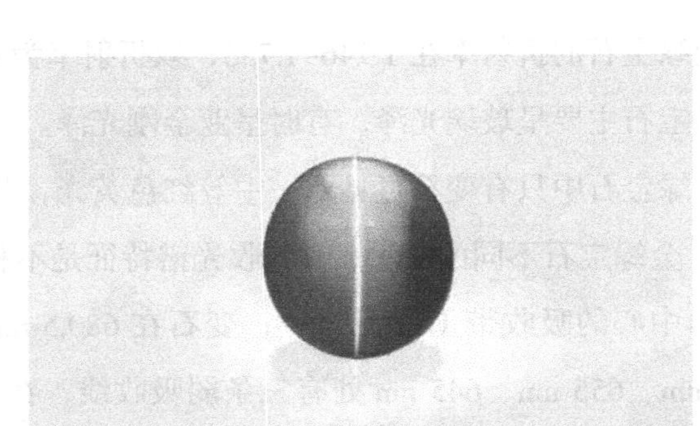

图 3–27　猫眼宝石

2. 品种

金绿宝石的品种较多，许多品种构成了宝石的特有品种具体如下。

金绿宝石，是由没有特殊光学效应的金绿宝石晶体经加工后形成的宝石品种。

猫眼，具有猫眼效应的金绿宝石称为猫眼宝石，是独立的宝石品种。

变石，具有变色效应的金绿宝石称为变石，是独立的宝石品种。

变石猫眼，同时具有猫眼效应和变色效应的金绿宝石称为变石猫眼，是独立的宝石品种。（图 3–28）

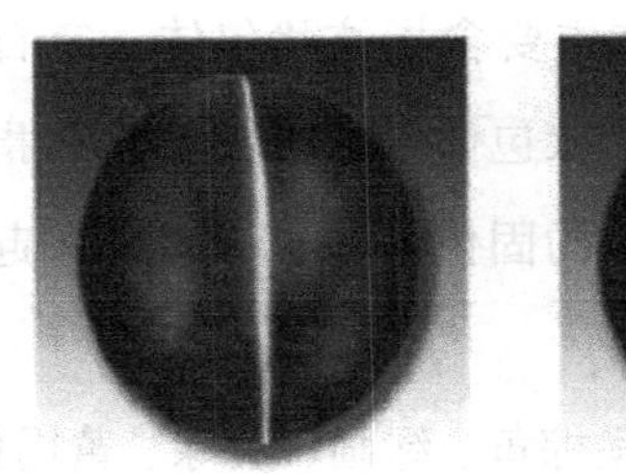
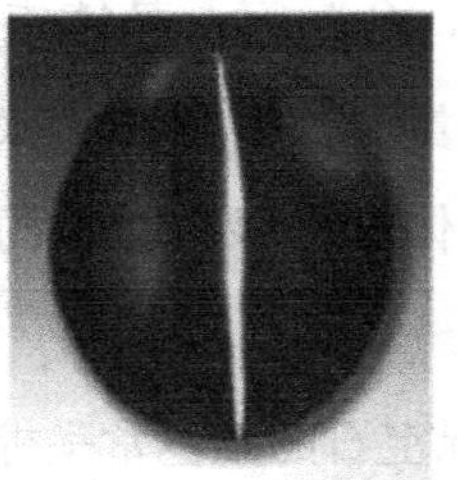

图 3–28　变石猫眼

星光金绿宝石，具有星光效应的金绿宝石称为星光金绿宝石，一般呈四射星光。

3. 肉眼鉴别

1）天然品鉴别

金绿宝石一般呈透明状，具有玻璃光泽，常具有黄绿色调，宝石具有折射率高、密度大、硬度大的特征。

2）主要赝品鉴别

绿色蓝宝石，光泽比金绿宝石强，常具有六边形色带。钙铝榴石，无多色性。尖晶石，无多色性，常含有八面体包体。

3）猫眼鉴别

宝石常呈棕褐色、浅黄褐、蜜黄色（带有褐色调），猫眼效应明显清晰，猫眼线纤细、明亮、移动灵活，猫眼线随着入射光线的强弱而或粗或细。

在灯光下仔细观察猫眼石，其呈现乳白色。把猫眼石放在两个聚光灯下，随着宝石的转动，眼线会出现张合的现象。张开时会有清楚的区域隔开；合上时会形成细细的一条线。

4）与其他猫眼石的区别（赝品猫眼的鉴别）

（1）石英猫眼（又称勒子石），一般质地较粗，猫眼线边界不清楚，宝石密度小。

（2）阳起石猫眼，宝石密度低，绿色中常带有黑色调。

（3）磷灰石猫眼，宝石密度低，颜色发黄发蓝。

（4）透辉石猫眼，宝石呈深绿色带褐色，光带两侧颜色差异不大。

（5）海蓝宝石猫眼，宝石呈天蓝—灰色，猫眼线粗，不灵活。

（6）碧玺猫眼，宝石呈绿色—黑色，猫眼线粗，不灵活。

（7）长石猫眼，宝石通常呈无色，且透明度较高，猫眼线不灵活。

（8）玻璃猫眼，猫眼效应过于完美，密度低，宝石侧面可见到蜂窝状的纤维结构。

5）变石（亚历山大石）鉴别

变石在阳光下呈绿色，在烛光下或白炽灯下呈红色。

6）与其他变石的区别（赝品变石鉴别）

（1）变色石榴石，无多色性，在日光下呈带蓝色调的绿色，在灯光下呈带紫色调的红色。

（2）变色蓝宝石，在日光下呈灰蓝色调的绿色，灯光下呈带紫色调的红色。

（3）变色尖晶石，在日光下呈紫蓝色，灯光下呈红紫色，常见八面体负晶包体。

（4）变色蓝晶石，日光下呈绿蓝色，灯光下呈红色，多色性为无—浅蓝—紫蓝色。

（5）变色萤石，日光下呈蓝色，灯光下呈浅紫色，宝石密度、硬度低，解理发育。

（6）红柱石宝石呈强多色性，密度低，无变色效应。

（7）合成变色蓝宝石在日光下呈带紫色的绿色，灯光下呈紫红色，宝石中含有弧形生长纹和拉长气泡等包体。

4. 质量评价

金绿宝石由于品种多，各个宝石品种特征差异较大，其质量评价的要求与标准也各不相同。

（1）金绿宝石的质量评价，无特殊光学效应的金绿宝石，以高透明度的绿色者最受欢迎，价值也高。

（2）猫眼的质量评价，其中以蜜黄色为最佳。猫眼线光带居中、平直，灵活、锐利、完整。而眼线细窄、界线清楚、猫眼移动灵活者构成最佳品。颜色呈蜜黄色者，且光带完美者是最佳品；颜色呈棕褐色者次之；颜色呈浅黄绿色者价值最低。宝石重量越大者其价值也越高。

影响猫眼线质量的因素包括以下几点。

①猫眼宝石内部包体平行排列的结构有缺陷时，会反映在猫眼线上，猫眼线也会有缺陷。当平行排列的结构不紧密或不连续时，则猫眼线会发生“断腿”现象；当内部结构不平行排列时，则猫眼线会弯曲或无眼线。

②猫眼石表面的弧度，与猫眼线有一定的关系。表面的弧度过小，猫眼线会粗大而不清晰；弧度过大，猫眼线会细窄，但不清晰。

③宝石内部包体粗而疏，猫眼线会混浊；包体细而密，猫眼线会明亮清晰。

④宝石底部不抛光，增加光的反射，减少光线穿透和散失会使猫眼效应加强。

（3）变石的质量评价，变石的评价标准以颜色美丽、变色效应明显为依据。变色效应的最佳效果是日光下呈现祖母绿绿色，白炽灯光下呈现红宝石红色。一般要求变色效应要明显。白天颜色按照翠绿—绿—浅绿，晚上颜色按照红—紫—粉红色的色序依次降低。

5. 市场特点

在珠宝市场上，猫眼石比较常见，变石比较少见，二者的价格处于上涨的趋势。

6. 产地

金绿宝石的品种比较多，不同品种的产地则有所不同。金绿宝石主要产在巴西、马达加斯加、缅甸等国家。

猫眼，最著名的产地是斯里兰卡，其次是巴西。

变石，最著名的产地是俄罗斯的乌拉尔地区，其次是斯里兰卡及巴西等地。

7. 文化

金绿宝石来源于希腊语的词汇“Chrysos”和“Berullos”，意思是“金黄”和“宝石晶体”。金绿宝石是西方传统的五大宝石之一，发现于1789年，1790年由著名的德国地质学家维尔纳（Abraham Gottlob Werner）描述并命名。变石发现于1830年，在俄罗斯乌拉尔山脉东部的一个祖母绿矿中发现了这种奇妙的宝石，并以当时王子（即后来的亚历山大二世）的名字命名。

在印度占星术中每颗宝石都和一颗星星联系在一起，与变石相对应的就是水星。由于变石天然具有变色的效果，所以也被称为魔术师，和黄道十二宫中的双子座相对应，其标志就是水星。因此变石被认为具有带来转变、快乐和成功的神力。变石也被称为康复宝石，可以改善情绪，缓解压力，进入冥思，避免易怒。

猫眼石以其丝状的光泽和锐利的“眼睛”，成为自然界中最美丽的宝石之一。在亚洲，猫眼石常被当作好运气的象征；人们认为它会保护主人，使其健康，免于贫困；斯里兰卡人认为猫眼石具有威慑妖邪的魔力。

在中国，人们又称猫眼石为“狮负”“猫睛”“猫儿眼”等。相传远在唐朝初年，有一队使节不远万里从印度洋上的“狮子国”带来了其国王进贡给唐玄宗的一件珍宝。这是一件叫“狮负”的宝石，面如蛋圆，底部未经雕琢，整体感觉晶莹剔透。其最特别之处在于宝石面上有一道丝状的亮线，在转动宝石时，其线也转动自如，而在日夜交替时，这道亮线竟然随着光线的强弱粗细变化，“莹莹宛转如猫眼”。这件宝贝震惊了唐朝皇宫。从此，玄宗皇帝将其珍藏于牡丹盒中，每到天色晴朗艳阳高照的时候，常常取出把玩，并将阳光下呈现眼线最细的那个时辰定为午时，即现在的正午。

从那时起，“狮负”就以它的奇特、神秘和稀少在世界上享誉盛名。古代的狮子国就是之后的“锡兰”，即今天以盛产高档宝石著称的岛国“斯里兰卡”。而“狮负”就是今天闻名天下的“猫眼”。金绿宝石猫眼的眼线像一条流动的光带，转动时甚至可以感受到“眼波流转”，灵性十足，加上金绿宝石本身的独特色彩和莹润光泽，因此在其主要产地斯里兰卡和一些其他亚洲国家，被古代皇室推为有色宝石之冠，故有“礼冠需猫眼”之说。

第三节 中档宝石

中档宝石是指一类在价值档次上呈中等的宝石品种，在自然界产出量较大，产地也比较多。它所包括的宝石种类主要有碧玺、锆石、海蓝宝石类、黄玉、橄榄石、尖晶石及石榴石等，这些宝石具有各自不同的鉴定特征。它们主要用作制作首饰，其价值各有差异。

一、碧玺（Tourmaline）

碧玺以颜色艳丽、色彩丰富、质地坚硬而获得了世人的厚爱，是目前深受人们喜爱的中档宝石品种之一。

1. 基本性质

碧玺的基本性质是由其化学成分和晶体结构决定的，构成宝石特有的性质，也构成其科学鉴定的依据。

（1）矿物名称，宝石学名称为碧玺，矿物名称是电气石，属于电气石族。

（2）化学成分，碧玺的化学组成是极为复杂的硼硅酸盐矿物，其化学组成是（Ca，Na）（Mg，Li，Fe，Al）$_3Al_6[Si_6O_{18}][BO_3]_3$（F，OH）$_4$。它的化学成分可形成三个端员矿物，即锂电气石、黑电气石、镁电气石、钠锰电气石，镁电气石—黑电气石之间以及黑电气石—锂电气石之间形成两个完全类质同象系列，镁电气石和锂电气石之间为不完全的类质同象。

（3）形态，碧玺属于三方晶系，晶体常呈柱状，晶体两端不同，晶体柱面上有纵纹发育，横断面呈球面三角形状。（图 3–29）

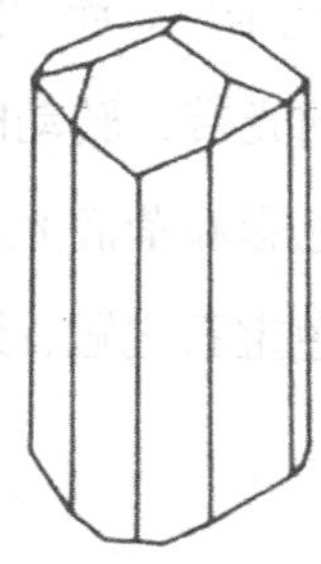
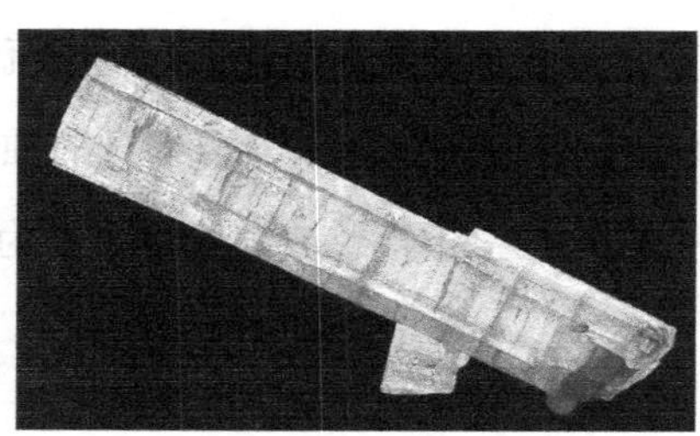

图 3–29　碧玺晶体形态

（4）硬度，碧玺的硬度为 7~8。

（5）相对密度，碧玺的相对密度在 3.00~3.26 之间，平均值为 3.06。

（6）折射率，碧玺的折射率为 1.624~1.644，其折射率随化学成分的变化而变化。双折射率为 0.018~0.040，通常为 0.020。

（7）光泽，碧玺呈玻璃光泽。

（8）透明度，碧玺的透明度随化学成分的变化而变化，呈透明—不透明。

（9）颜色，碧玺由于化学成分的差异，形成多种颜色。富铁的碧玺呈暗绿色、深蓝色、暗褐色及黑色；富锂和锰的碧玺呈玫瑰红色；富铬的碧玺呈深绿色。碧玺的色带发育，可由晶体中心向外形成色环，被称为“西瓜碧玺”的就是晶体中心呈红色（图3–30），外边呈绿色，像西瓜的瓤和皮搭配成的颜色。

图 3–30　西瓜碧玺

（10）多色性，碧玺的多色性为中—强，多色性颜色随体色而变化，呈现深浅不同的体色。

（11）荧光性，一般碧玺无荧光性，只有粉红色碧玺可见到弱红色—紫色荧光。

（12）光谱特征，碧玺的吸收光谱随宝石品种的不同而变化：紫红色碧玺在绿区有一宽的吸收带，有时可见在 525 nm、451 nm、458 nm 处有吸收线。蓝绿碧玺在 700~630 nm 处有全吸收带，在 498 nm 处有强吸收带，有时可见在 468 nm 处有吸收线。（图 3–31）

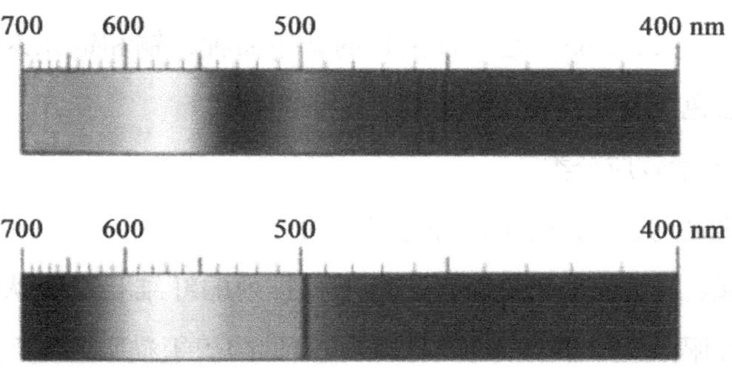

图 3–31　吸收光谱

宝石学与宝石文化
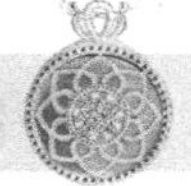

（13）包裹体特征，碧玺内含有不规则线状包体和扁平状的薄层空穴，常被气液充填，也见有呈平行 *C* 轴排列的纤维状、管状包体。（图 3–32）

（14）特殊光学效应，由于碧玺晶体常含有呈平行排列的纤管状包体，可呈猫眼效应，被称为碧玺猫眼。（图 3–33）

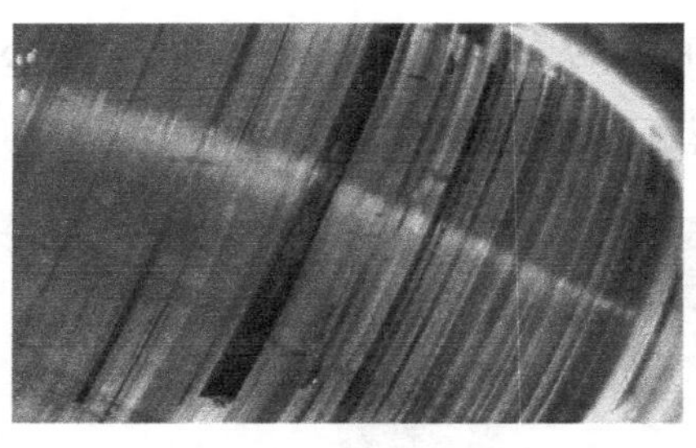

图 3–32　碧玺包裹体　　**图 3–33　碧玺猫眼**

（15）热电性，碧玺宝石在温度改变时，在 *Z* 轴两端产生相反的电荷，易吸附灰尘，因此也被称为“吸灰石”。

2. 品种

1）按照颜色分类

碧玺的颜色丰富，按颜色可划分成如下品种：

（1）红碧玺，颜色呈红色—粉红色；

（2）蓝碧玺，颜色呈深蓝色—浅蓝色；

（3）绿碧玺，颜色呈浅绿色—深绿色；

（4）褐碧玺，也称镁电气石，颜色呈深褐色、褐色、绿褐色；

（5）多色碧玺，由于电气石色带十分发育，常在一个单晶体上出现红色、绿色的二色色带或三色色带；色带也可以 *Z* 轴为中心由里向外形成色环，内红外绿者称“西瓜碧玺”。

（6）帕拉伊巴（Paraiba）是一种独特的碧玺品种，铜和锰元素的存在导致其有蓝色、绿色、紫蓝色的碧玺品种。

2）按照特殊光学效应分类

按照特殊光学效应划分，碧玺可分为以下两种。

（1）碧玺猫眼。当电气石中含有大量平行排列的纤维状、管状包体时，加工取向正确时可显示猫眼效应，被称为碧玺猫眼。常见的碧玺猫眼为绿色，少数为蓝色、红色。

（2）变色碧玺。具有变色效应的碧玺，但罕见。

3. 肉眼鉴别

1）天然品鉴别

天然碧玺具有热电性，受热可吸附小微粒灰尘。宝石晶体双折射率较高，具有后棱刻面重影现象。二色性强，呈玻璃光泽。

2）处理品鉴别

（1）热处理的碧玺颜色不持久，会变浅。

（2）电子处理使碧玺颜色更红艳，但晶体会产生大量裂纹。

（3）放射性辐射改色的红碧玺颜色均匀，持久性差，怕暴晒。

（4）镀膜碧玺的折射率变化范围较大，一般只能测得一个折射率值，甚至超过1.70，无特征的吸收光谱，镀膜碧玺光泽大大增强，可达亚金属光泽。

3）主要赝品鉴别

（1）粉红色黄玉，密度大，二色性不明显。

（2）红色尖晶石，密度大，无二色性。

（3）红柱石，颜色不均匀，强三色性，常呈黑十字包体。

（4）绿色蓝宝石，密度大，无棱刻面重影。

（5）双色水晶，颜色浅，无棱刻面重影现象。

4. 质量与市场

碧玺的评价标准为色美、粒大、无瑕、琢型新颖、抛光明亮等。

宝石价格以色质从红色—粉红色—鲜绿色，绿色—蓝色，蓝灰色—暗蓝色—暗绿色逐渐降低。颜色以色泽明亮、纯正为最佳品。当晶体内部有瑕时则价格低廉，但可作雕刻原料。

5. 产地

世界上主要产碧玺的国家和地区有巴西、斯里兰卡、缅甸、俄罗斯、意大利、肯尼亚及美国加利福尼亚地区。巴西所产的碧玺数量多，质量好。

我国新疆的阿尔泰地区也是碧至的重要产地，产出特征为颜色品种多，质量好。

6. 文化

碧玺拥有各种令人心动不已的颜色。在所有宝石种类中，碧玺的颜色范围最广泛，拥有几乎每种色调不同浓淡的色彩。也正因为此，碧玺受到越来越多的人的喜爱。

在16世纪的巴西某地，西班牙征服者洗去绿色碧玺晶体上的泥土，发现这颗鲜艳的宝石，但是他把碧玺和祖母绿混淆了。他的这种困惑一直存在，直到19世纪科学家确认碧玺为不同的矿物种类后才解除。

有关这种宝石种类的困惑甚至体现在它的名字中，其来源于Toramalli，锡兰语（一种斯里兰卡语言）的意思为"混合宝石"。只有极少数宝石比得上碧玺的各种炫目的颜色。从浓郁的红色到柔和的粉红色和桃色，强烈的鲜绿色到鲜艳的红色及深蓝色，碧玺颜色范围的广度无可匹敌。20世纪80年代和90年代，巴西通过将强烈的新色调引入市场提升了碧玺的吸引力。

通过蒂凡尼（Tiffany）宝石学家George F. Kunz的努力，碧玺作为美国宝石而闻名于世。尽管其起源于美国，但当时碧玺的最大市场在中国。许多产自加利福尼亚州圣地亚哥的粉红色和红色碧玺被运往中国，因为慈禧太后特别喜欢这种颜色。矿主过于依赖与中国的贸易往来，致使在1912年清帝退位时，美国碧玺贸易也随之瓦解，喜马拉雅矿山停止生产大量宝石。碧玺供应在20世纪上半叶开始增加，当时巴西出产了一些大型矿床。随后，从20世纪50年代开始，世界各国开始出现其他的矿产地。

二、锆石（Zircon）

锆石是一种中档的宝石品种，以美丽的颜色、光泽及漂亮火彩深受人们的欢迎，是一种市场上比较常见的宝石品种。

1. 基本性质

锆石的基本性质是其晶体固有的特征，也构成其科学鉴定的依据。

（1）矿物名称，锆石的矿物名称与宝石名称相同，都称为锆石，矿物学上属于锆石族。

（2）化学成分，锆石的化学组成是$Zr[SiO_4]$，它可含有微量的铁、钙、锰及铀、钍等放射性元素。放射性物质的辐射造成锆石的结晶程度降低，形成高型、中型、低型三种类型，前二者呈结晶态，后者接近于非晶态。

（3）形态，锆石属于四方晶系，晶体常呈假八面体状，也常呈四方双锥与四方柱的聚形体。（图3–34）

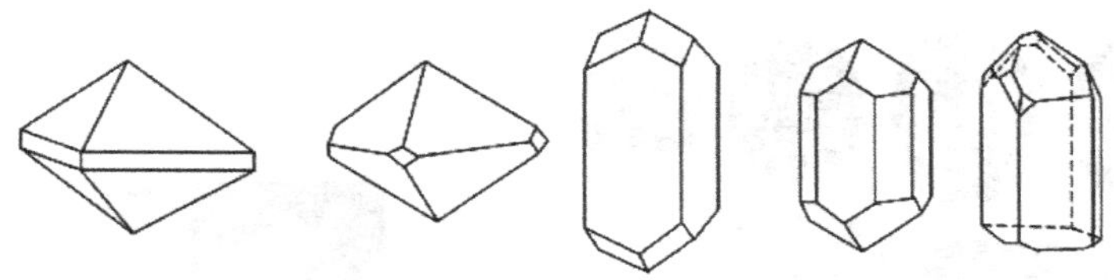

图 3-34　锆石晶体形态

（4）光泽，锆石呈金刚光泽—玻璃光泽，断口呈油脂光泽。

（5）透明度，锆石呈透明—半透明状，多数呈透明，晶体比较脆，常见有棱角破损。

（6）硬度，锆石的硬度较低，HM=6~7.5，且从高型到低型硬度逐渐降低。

（7）相对密度，锆石的相对密度也是从高型到低型逐渐变小，其数值范围在3.90~4.80之间。其中高型值在4.6~4.8之间；中型值在4.1~4.6之间；低型值在3.9~4.1之间；平均值4.0左右。

（8）折射率，锆石的折射率也是从高型到低型逐渐变小，高型值1.90~2.01；低型值1.78~1.81；中型值处于二者之间。

（9）双折射率，锆石的双折率在0~0.60之间，变化范围很大。其中高型值0.4~0.6；中型值0.1~0.4；低型值0~0.1。

（10）色散，色散强，达到0.038。

（11）吸收光谱，锆石的吸收光谱线可有2~40条，其中在653.5 nm处有吸收线为特征吸收线。颜色不同的锆石的吸收线有明显的差异：蓝色、无色锆石只有在653.5 nm处有吸收线；绿色锆石多达40条吸收线；红色—棕色锆石无特征吸收线。（图3-35）

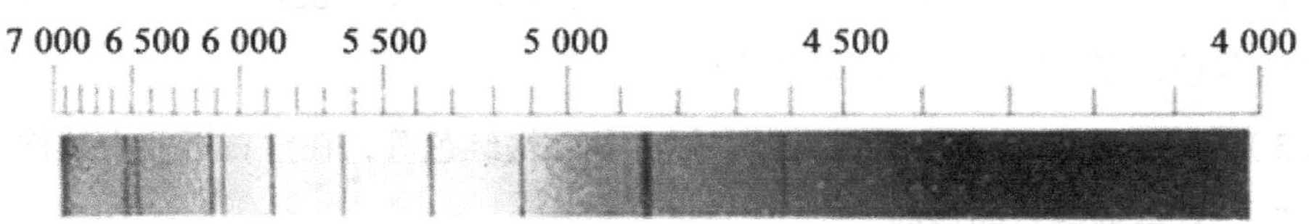

图 3-35　锆石的吸收光谱

（12）颜色，锆石的颜色比较丰富，常见的颜色有蓝色、绿色、黄绿色、棕色、橙色、红色及无色等（图3-36），这些不同的颜色也就构成了锆石的不同宝石品种。中低型锆石常具平直或两个方向的角状色带（图3-37）。

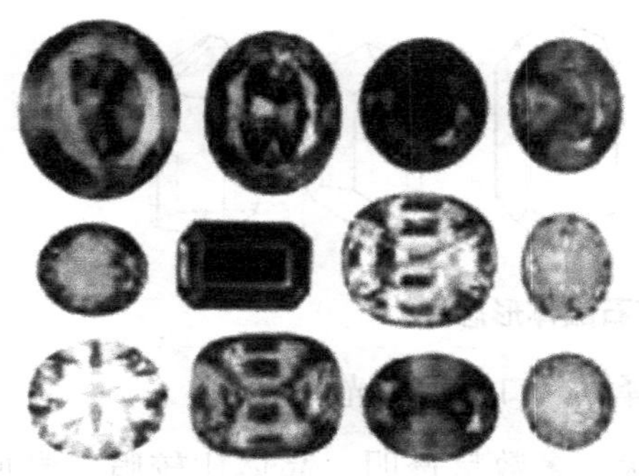

图 3-36　各色锆石

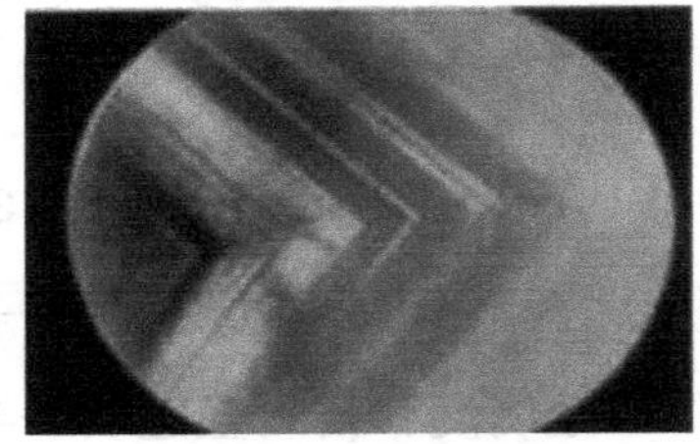

图 3-37　角状色带

（13）多色性，不同颜色的锆石其多色性种类和强度差异较大，蓝色锆石的多色性强，呈蓝色—棕黄色至无色；绿色锆石的多色性较弱，呈绿色—黄绿色；橙色与棕色锆石的多色性为弱—中等，呈紫褐色—褐黄色；红色锆石的多色性中等，呈紫红—紫褐色。

（14）荧光性，不同颜色锆石的荧光性不同：蓝色锆石呈无色—中等的浅蓝色荧光；绿色锆石呈无—弱的绿色、黄绿色荧光；橙色与棕色锆石呈无—弱红色荧光；红色锆石呈无—强的黄—橙色荧光。

（15）包裹体，锆石晶体中常含的矿物包体有磁铁矿、磷灰石、黄铁矿等矿物。

（16）特殊光学效应，锆石宝石中可见有猫眼效应、星光效应，但是罕见。

2. 品种

锆石根据其颜色可划分的品种有以下几种。

（1）无色锆石，一般是高型锆石，带有一些灰色调，常采用圆钻型切割，往往在亭部多出 8 个刻面，具有很好的火彩效果。

（2）蓝色锆石，宝石常为热处理品种，颜色有铁蓝色、纯蓝色、天蓝色、浅蓝色、带绿的浅蓝色，以铁蓝色、纯蓝色的为好。

（3）红色锆石，宝石主要呈红色、橙红色、褐红色等，在宝石行业中被称为“风信子石”，具高型锆石的特征。

（4）金黄色锆石，宝石是热处理品种，其颜色可有浅黄色、绿黄色等，具高型锆石的特征。

（5）绿色锆石，常为结晶程度较低的锆石。低型锆石常见有绿色，中型锆石可具绿黄、黄色、褐绿、绿褐等不同色调的绿色。

3. 肉眼鉴别

锆石的鉴定依据主要是锆石的高折射率、高双折射率、高密度、高色散及众多的吸收谱线等特征。

（1）锆石因其高折射率和高色散，而具较强光泽，火彩也较强。

（2）锆石通过顶刻面可以看到清晰的底刻面棱重影。（图 3–38）

图 3–38　锆石底刻面棱重影

（3）锆石的密度在常见宝石品种中可以说是比较高的，用手掂可以明显感到。

（4）锆石的折射率高，大于 1.81，无法用常规折射仪测量，双折射率也无法测定。

（5）锆石众多的吸收线是锆石鉴定的一个重要特征。其中在 653.5 nm 处有强吸收带。

4. 质量评价

锆石的质量评价标准包括颜色、净度、切工及重量等方面。

（1）颜色，锆石的颜色评价主要是颜色的纯度、透明度、亮度及均匀程度。色纯、均匀、透明者价值高；色暗、亮度差、色不均匀者价值低。锆石颜色中以鲜艳、纯正的蓝色者价值最高；价值较低者是无色透明的锆石；价值最低者是明亮的绿色、黄绿色、黄色的锆石。在评价锆石颜色时要注意颜色的稳定性，特别注意热处理品颜色的不稳定状态。

（2）净度，锆石的净度要求特高，无色和蓝色锆石要求肉眼观察无瑕。宝石刻面、棱线要无损伤，否则其价值降低。

（3）切工，锆石的切工评价要求是切割比例和切割方向基本无误；切割比例要合适，抛光要好，呈现出金刚光泽；注意宝石整体的明亮效果，切割方向应为垂直光轴的方向，使宝石无明显的双折射现象。

（4）重量，锆石宝石的重量一般是几分到小于10 ct，大于10 ct者特别少见。颜色好，重量大者更少见。

5. 主要产地

锆石的产地多，分布范围广。质量好的宝石主要分布在斯里兰卡、缅甸抹谷、法国艾克斯派利、挪威、英国、俄罗斯的乌拉尔、坦桑尼亚等地。我国锆石矿分布较广，宝石级锆石主要发现于福建、海南、新疆、辽宁、黑龙江、江苏、山东等地。

6. 文化

长久以来，锆石因其外观酷似钻石，对于很多人而言其名字仍意味着“仿品”。这不免令人遗憾，因为锆石本是一种美丽的彩色宝石，它将民间传奇和独特魅力诠释得恰到好处。

在中世纪，这种宝石被认为能促进睡眠，驱赶邪灵及增加财富、荣誉和智慧。

许多学者认为，这种宝石的名字源于阿拉伯语zarkun，意思是“朱砂”或“朱红色”。还有人认为其来源是波斯语zargun，意思是“金色”。就锆石的色系而言，每种传说均有可能。

蓝色锆石在维多利亚时代尤受青睐，当时这种精美的宝石常见于英国古董珠宝首饰（可追溯到19世纪80年代）。蒂芙尼的首席宝石学家George Frederick Kunz是一个颇有威望的锆石倡导者。他曾经提出以“星光”命名锆石，以诠释其火彩性质，不过这个名字始终未能流行起来。

三、海蓝宝石（Aquamarine）与其他绿柱石

海蓝宝石及其他绿柱石类宝石是市场上特别是我国珠宝市场上常见的宝石品种，其深受广大的珠宝消费者喜爱。在世界珠宝市场也占有一席之地。

1. 基本性质

海蓝宝石及其他绿柱石宝石的许多基本性质相同，它们的这些性质均是由其主要化学组成和相同的晶体结构决定的，也构成其科学鉴定的依据。

（1）矿物名称，形成海蓝宝石及其他绿柱石类宝石的矿物与祖母绿宝石的组成的矿物相同，矿物名称都为绿柱石，在矿物学上属绿柱石族。

（2）化学成分，这类宝石的主要化学组成是$Be_3Al_2[Si_6O_{18}]$。此外，还有许多杂质离子进入晶体，它们分别是Fe、Mg、Mn、Cr、V、Ti、Li、Na、K、Cs、Rb等，杂质

离子种类不同会形成不同品种的绿柱石。

（3）形态，海蓝宝石及其他绿柱石宝石属于六方晶系，晶体常呈六方柱状形态，柱面上纵纹发育。（图 3–39）

图 3–39　海蓝宝石与其他绿柱石原石

（4）透明度，海蓝宝石及其他绿柱石宝石大多数呈透明状，少数呈半透明状。

（5）光泽，海蓝宝石及其他绿柱石宝石多数呈典型的玻璃光泽。

（6）硬度，海蓝宝石及其他绿柱石宝石的硬度 HM=7.5~8。不同宝石品种的硬度有轻微的差异。

（7）相对密度，海蓝宝石及其他绿柱石宝石的相对密度在 2.67~2.90 之间，平均值为 2.72。

（8）折射率，海蓝宝石及其他绿柱石宝石的折射率范围是 1.565~1.599，常在 1.577~1.583。其双折射值在 0.005~0.009 范围内，一般为 0.006，色散为 0.014。

（9）吸收光谱，海蓝宝石及其他绿柱石宝石的吸收光谱一般无特征，通常有无或弱的铁吸收。海蓝宝石在 537 nm、456 nm 处有弱吸收带，在 427 nm 处有强吸收带；黄色绿柱石在 456 nm 处有弱吸收带；蓝色绿柱石在 695 nm、655 nm 处有强吸收带，在 628 nm、581 nm、550 nm 处有中等吸收带，在 688 nm、624 nm、587 nm、560 nm 处有弱吸收带。

（10）荧光性，海蓝宝石一般无荧光；无色绿柱石宝石呈无—弱黄色或粉红色荧光；粉色绿柱石宝石呈无—弱的粉—紫色荧光。

（11）包体特征，海蓝宝石及其他绿柱石宝石的包体常见平行排列的管状包体，管可呈空管或充填液体（图 3–40）。有些品种含有负晶，负晶内可含气体或气液两相包体。

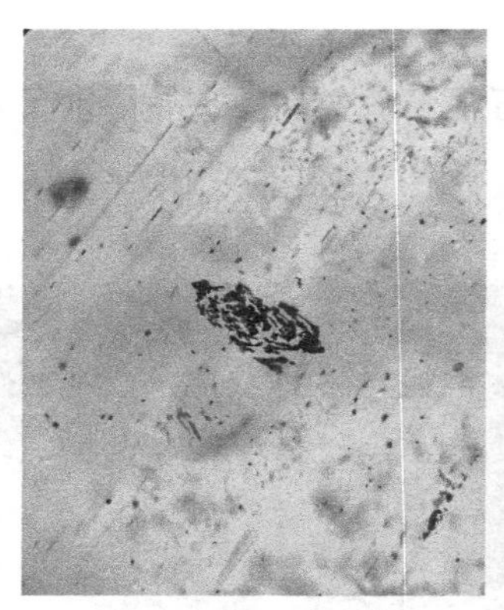
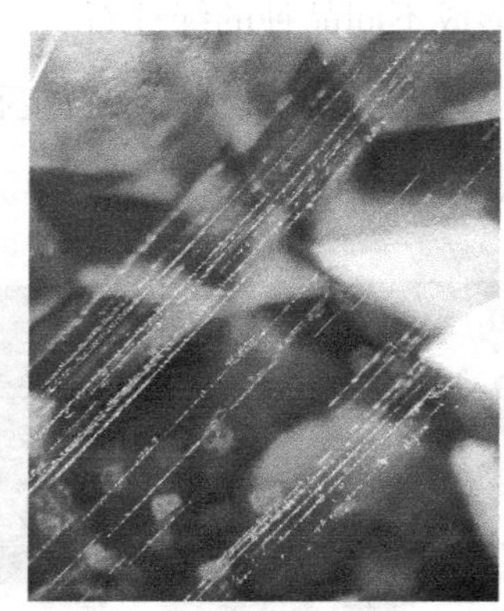

图 3–40　海蓝宝石管状包体和圆盘状裂隙

（12）颜色，海蓝宝石及其他绿柱石宝石的颜色因所含杂质离子的不同而不同，它们可呈蓝色、黄色、粉红色、绿色、黄绿色、金黄色、褐黑色等颜色。

（13）多色性，因颜色而异，海蓝宝石的多色性为弱—中，蓝—蓝绿色或不同色调的蓝色；金黄色绿柱石的多色性弱，呈绿黄色—黄色；蓝色绿柱石的多色性为弱—中，呈蓝色—浅蓝色。

（14）特殊光学效应，海蓝宝石及其他绿柱石宝石多数可产生猫眼效应，但因晶体常呈透明—半透明状，猫眼效应一般较弱（图 3–41）。褐黑色的绿柱石可产生星光效应。

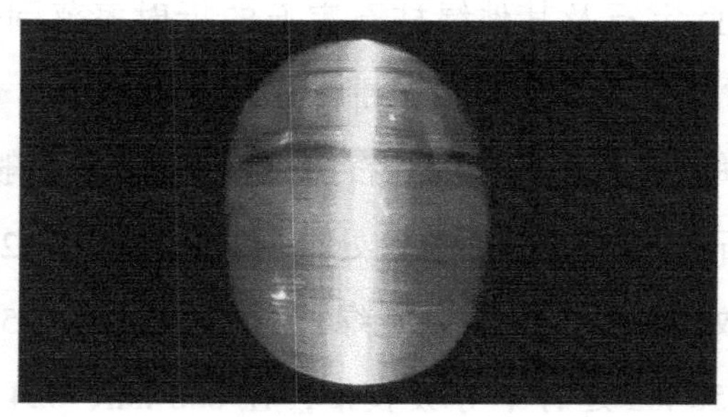

图 3–41　海蓝宝石猫眼

2. 品种

绿柱石类宝石的品种除了前述的高档宝石祖母绿以外，还有下列宝石品种。

（1）海蓝宝石，由二价铁致色，颜色呈浅蓝色、绿蓝色至蓝绿色的绿柱石。

（2）绿色绿柱石，铁元素致色，为浅至中黄绿色、蓝绿色、绿色绿柱石。

（3）黄色绿柱石，三价铁致色。颜色有绿黄色、橙色、黄棕色、黄褐色、金黄色等。

（4）粉红色绿柱石，又称摩根石，锰元素致色。颜色有粉红色、浅橙红色、浅紫红色、玫瑰色、桃红色。

3. 肉眼鉴别

由于海蓝宝石与其他绿柱石宝石的鉴别特征有差异，现分别讲解如下。

（1）海蓝宝石的鉴别，宝石的颜色较浅，常呈天蓝色、湖蓝色，有种朦胧感。晶体常含包体，包体有时呈“雨丝”状。宝石有弱—中的多色性。

（2）其他绿柱石宝石的鉴别，这些宝石均为密度小、透明度好、颜色浅、有弱—中的多色性。

（3）处理品的鉴别，在这类宝石中，常对海蓝宝石进行处理，由于处理的方法不同，其鉴别的特征也不同。热处理品，宝石颜色稳定，黄色绿柱石不带绿色调，粉红色中几乎不含黄色调。辐射处理品，宝石颜色可由无色变黄色，蓝色变绿色，粉红色变橙黄色。马克西蓝色绿柱石（Maxixe），宝石呈深钴蓝色，密度大，吸收光谱线多。

（4）绿柱石类宝石的主要赝品鉴别。

蓝色黄玉，颜色深暗，清澈透明，密度大，常含气、液两相包体。

各色蓝宝石，其密度大，常含指纹状包体，具有六边形生长纹。

碧玺，宝石有棱刻面重影出现。

尖晶石，无二色性，密度大，宝石中常含有八面体包体。

石榴石，无二色性，密度大，宝石中常有针状金红石包体。

玻璃，常有圆形气泡，无二色性。

4. 质量评价与市场

绿柱石类宝石的质量评价从颜色、大小、净度及切工等方面来评价。颜色要求纯正、鲜艳、色浓；净度要求洁净、透明；切工要求比例准确、对称性好、抛光好。

5. 产地特征

绿柱石类宝石产地众多，但不同的宝石品种产地有所不同。

海蓝宝石，主要产于巴西的米纳斯吉拉斯、中国新疆阿勒泰、马达加斯加、肯尼亚、津巴布韦、印度、坦桑尼亚、阿根廷等国家和地区。

粉色绿柱石，主要产于巴西的米纳斯吉拉斯，马达加斯加，美国加州圣地亚哥，中国新疆、云南等地区。

金黄色绿柱石，主要产于马达加斯加、中国、巴西、纳米比亚等国家。

6. 文化

海蓝宝石英文名 Aquamarine，其中“Aqua”是“水”的意思，“Marine”是“海洋”的意思，传说中它产于海底，是海水精华。所以航海家用它祈祷海神保佑航海安全。在电影《加勒比海盗》中，你会发现水手们的脖子上大多戴着一块蓝色的宝石，那便是海蓝宝石。它又被视为“三月诞生石”，象征着“沉着与勇敢”“幸福和长寿”。

海蓝宝石备受喜爱的原因之一是它美丽的颜色。由于含铁离子而呈现出如大海一般的颜色，也因铁离子含量不同而呈现出浅蓝绿到蔚蓝。颜色可以说是决定海蓝宝石价格的首要因素，市场中颜色越深、色调越纯正的海蓝宝石价值越高。在所有的海蓝宝石的颜色中，有一种颜色可以说“火爆全网”——圣玛利亚蓝（Santa Maria）。

在海蓝宝石中，圣玛利亚海蓝宝石以其明亮、不带棕（黄）色调的极致蓝色而闻名，因其原产于巴西的 Santa Maria de Itabira 矿，从而得名圣玛利亚（Santa Maria）。并且因为该地出产的海蓝宝石颜色瑰丽明艳，“Santa Maria”逐渐成为优质海蓝宝的代名词。

四、黄玉（托帕石）（Topaz）

黄玉是一种常见的、市场流量比较大的中档宝石，在珠宝市场上深得人们的喜爱。

1. 基本性质

黄玉的基本性质受其化学组成和晶体结构所制约，是宝石特有的性质，也构成其科学鉴定的依据。

（1）矿物名称，黄玉的矿物名称与宝石名称相同，同称为黄玉，在矿物学中属黄玉族。但黄玉宝石还有一个名称，称为托帕石，为英文黄玉的音译名。

（2）化学成分，黄玉的化学组成主要是 $Al_2[SiO_4](F,OH)_2$。此外，黄玉晶体中常含有其他一些微量的杂质离子，如 Li、Be、Ga、Ti、Nb、Ta、Cs、Fe、Co、Mg、Mn 等，由于这些离子种类复杂，含量变化大，因此它们决定和影响着黄玉的颜色。

（3）形态，黄玉属于斜方晶系，晶体呈斜方柱状，柱面上常发育有纵纹，经磨蚀后常呈椭圆状。（图 3-42）

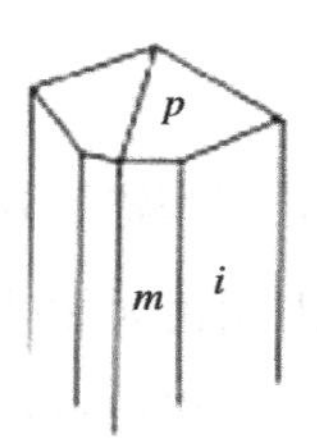

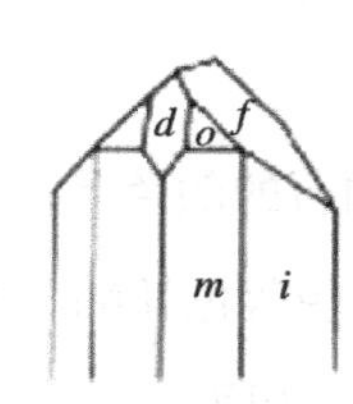

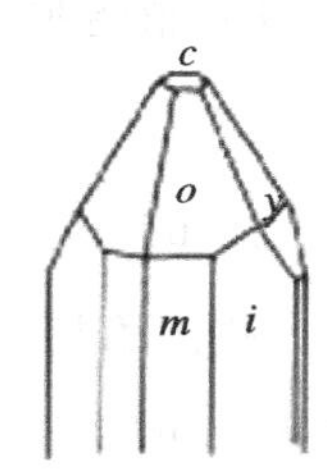

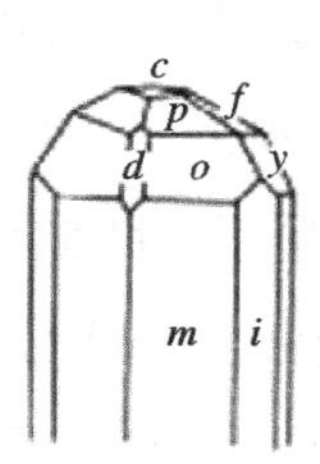

图 3-42　黄玉晶体形态

（4）硬度，黄玉的硬度 HM=8，一组解理完全。

（5）透明度，黄玉晶体常呈透明状，宝石一般透明度好。

（6）光泽，黄玉一般具有玻璃光泽，作为宝石多呈亮玻璃—半金刚光泽。

（7）相对密度，黄玉的相对密度值在 3.5~3.6 之间，平均值为 3.53。

（8）折射率，黄玉的折射率随宝石颜色的改变而变化，一般无色、褐色、蓝色黄玉的折射率低，其值为 1.619~1.627。红色、橙色、黄色、粉红色黄玉的折射率高，其值为 1.630~1.640。黄玉的双折射值为 0.008~0.010。

（9）颜色，黄玉颜色比较丰富，主要呈无色、褐色、天蓝色、棕红色、粉红色，绿色者比较少见。

（10）多色性，黄玉具有弱—强的多色性，而多色性的颜色随宝石颜色的不同而不同，可以呈现褐黄色—黄色—橙黄色，黄褐色—褐色，粉红色—浅红色，浅蓝色—深蓝色，浅蓝色—无色，蓝绿色—浅绿色。

（11）荧光性，在长波下，浅褐色与粉红色黄玉呈橙色、黄色荧光；蓝色与无色黄玉呈无色或弱绿黄色荧光。在短波下，黄玉呈无—弱的浅绿色荧光。

（12）包裹体，黄玉的包裹体主要是气、液包体，常具有气液两相不混溶的包体（图 3-43）。常见的固体包体，由白云母、钠长石、电气石、赤铁矿等矿物组成。

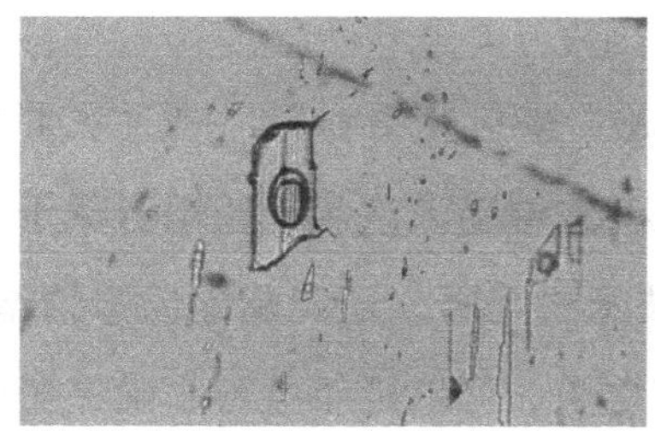
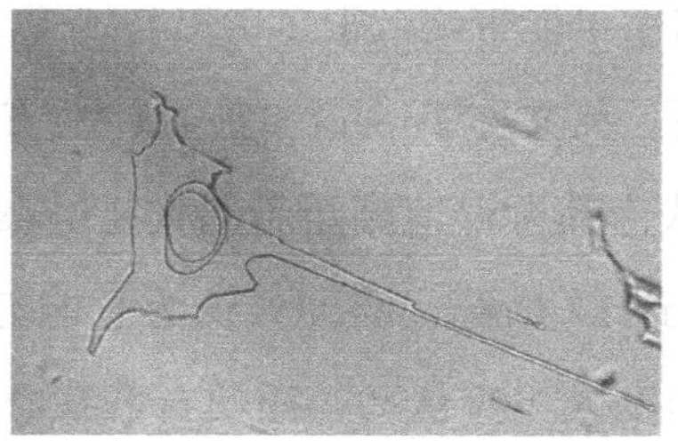

图 3-43　黄玉不混溶包体

2. 肉眼鉴别

（1）天然品的鉴别，黄玉晶体一般清澈透明，内部干净，光泽较强，宝石刻面反光效果好。宝石的密度大，手掂有重感。

（2）处理品的鉴别，目前市场上流行的一些托帕石的颜色是经热处理和辐照处理的结果。天然的蓝色托帕石十分少见。我国市场上有些蓝色托帕石是由无色天然托帕石先经辐射使之呈褐色，然后再加热处理而呈蓝色的。巴西粉红色和红色托帕石是该地产的黄色和橙色托帕石经热处理的产物。

（3）黄玉主要赝品的鉴别。

海蓝宝石，密度低，手掂轻，多色性常带有绿色调。

碧玺，多色性强，密度小，有明显的棱刻面重影出现。

赛黄晶，密度小，手掂轻。

红柱石，密度小，多色性极强。

磷灰石，密度低，蓝磷灰石的多色性呈深黄色—蓝色。

玻璃，无二色性，常见气泡，密度低。

3. 质量评价与市场

黄玉市场价格按照深红色—粉红色—蓝色—黄色—褐色次序逐渐降低。含气、液包体与裂隙多者价格低。光泽暗淡者价格低。

需要注意的是目前有大量的“玻璃宝石”混迹黄玉市场。

4. 主要产地

黄玉在世界上产地广泛，产量高。黄玉主要的产地有巴西、斯里兰卡。其次有中国、俄罗斯、美国、缅甸、澳大利亚等国家。而高质量的宝石级的黄玉目前仅产在巴西。

5. 文化

自然界中有很多丰富多彩的宝石，玉石、水晶、蓝宝石等，而托帕石便是其中之一。这奇特的名字可能带给人很多奇思与妙想。

托帕石，英文称 Topaz。有人认为“Topaz”来自梵语 tapas，是“火彩”的意思。其他人则认为其可以追溯至希腊词汇 topazo。古希腊人认为，托帕石赋予人们力量。从 14 世纪到 17 世纪，欧洲人认为它能打破魔法咒语，还能驱除愤怒情绪。数百年来，很多印度人一直认为，托帕石戴在心脏之上，可以延年益寿，确保美丽和智慧。

托帕石的矿物学名称也叫黄玉或黄晶。由于托帕石的主要颜色“黄色”在西方文化中象征着和平与友谊，所以黄色托帕石被用作十一月的生辰石，以表达人们渴望长期友好相处的愿望。托帕石还被誉为“友谊之石”，代表真诚和执着的爱，意味着美貌和聪颖。象征富态、有生气，能消除疲劳，能控制情绪，有助于重建信心和明确目标。

五、橄榄石（Peridot）

橄榄石是一种中档的宝石品种，以独特的黄绿色（橄榄绿色）和柔和的光泽受到人们的喜爱，在珠宝界也占有一席之地。

1. 基本性质

橄榄石的基本性质是其晶体本身特有的性质，由其化学组成与晶体结构所决定，构成了科学鉴定橄榄石的依据。

（1）矿物名称，橄榄石的矿物名称与宝石名称相同，均称为橄榄石，在矿物学中属橄榄石族。

（2）化学成分，橄榄石的化学成分是（Mg，Fe）$_2$[SiO_4]，其中镁铁完全类质同象系列，形成不同成分的橄榄石。此外，还含有微量的锰、镍、钙、铝、钛等元素。

（3）形态，橄榄石属于斜方晶系，晶体常呈短柱状、粒状。（图 3–44）

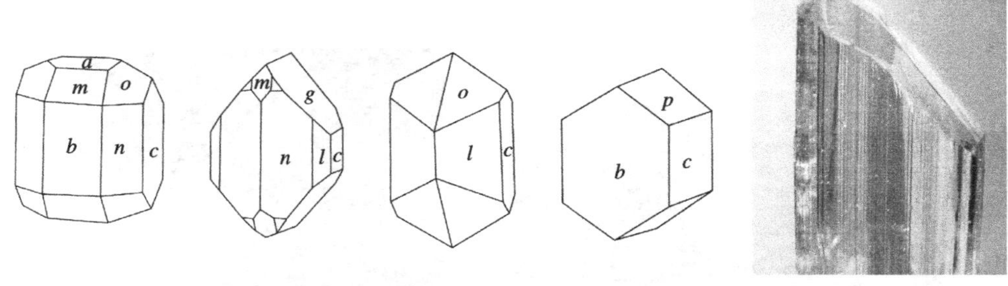

图 3–44　橄榄石晶体形态

（4）硬度，橄榄石的硬度中等，其 HM=6.5~7，随含铁量的增加而略有增大。橄榄石性脆，容易碎裂。

（5）相对密度，橄榄石的相对密度在 3.27~3.48 之间，其数值有随宝石颜色加深，即含铁量的增多而增大的趋势。

（6）折射率，橄榄石折射率为 1.654~1.690，其大小随成分中铁的含量增加而增大。双折射率为 0.035~0.038，常为 0.036，易观察到后棱刻面重影。其色散值为 0.020，为中等色散，可见火彩。

（7）光泽，橄榄石具玻璃光泽。

（8）透明度，橄榄石晶体常呈半透明—透明状。

（9）发光性，橄榄石在荧光灯下无荧光、无磷光现象。

（10）吸收光谱，橄榄石在蓝绿区有三个距离相同的吸收带，即在 497 nm、477 nm 及 457 nm 处有在宝石界被称为“手风琴”式的吸收带。（图 3–45）

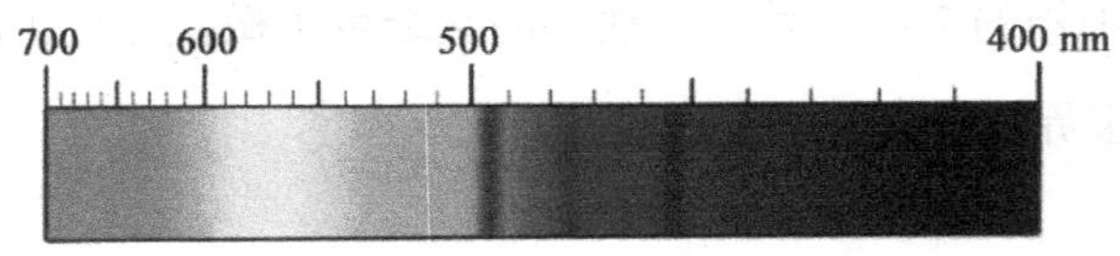

图 3–45　橄榄石吸收光谱

（11）包体，橄榄石具有十分丰富的包裹体。橄榄石中有肉眼可观察到的黑色铬铁矿和深红褐色铬尖晶石等矿物包体（图 3–46），这些矿物包体周围常伴有因应力产生的圆盘状应力纹，而呈现睡莲叶状（图 3–47）。负晶，橄榄石中常见负晶出现，往往在负晶的周围形成圆盘状裂隙和气液包体。气液包体，橄榄石中可见呈针状、柱状或两头拉长的针柱状气液包体，这些包体往往呈一定方向排列。也常见到因包体收缩而形成的圆形气泡云雾状包体，橄榄石中云雾状包体很多，使宝石呈乳白色的透明状。这些包体可能由气泡集合体构成。

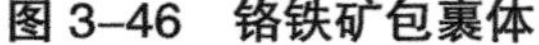

图 3–46　铬铁矿包裹体

图 3–47　睡莲叶包裹体

（12）颜色，橄榄石的颜色呈中—深的黄绿色、绿黄色、绿褐色，自色矿物，颜色稳定。

（13）多色性，橄榄石的多色性弱，有时可见到弱的三色性即黄绿色—弱黄绿色—绿色。

2. 肉眼鉴别

（1）天然品鉴别，橄榄石具有独特的黄绿色（即橄榄绿色），多色性弱，宝石的双折射率高，棱刻面影现象明显，具有特征的百合花叶子或莲叶状包体。

（2）橄榄石主要赝品鉴别。

绿色碧玺，宝石具有强的多色性，密度低。

绿色锆石，宝石具有强金刚光泽，强色散，密度大，折射率不可测。

绿色透辉石，宝石棱刻面重影不明显，密度较低。

硼铝镁石，宝石多色性明显，密度大，蓝绿区有四条吸收光谱。

金绿宝石，宝石具有金刚光泽，密度大。

钙铝榴石，宝石密度大，且属均质体，而无双折射现象和多色性。

绿色合成刚玉，宝石密度大，光泽强，无棱刻面重影。

绿色立方氧化锆，宝石密度大，无棱刻面重影。

绿色合成尖晶石，宝石无多色性，无棱刻面重影。

绿玻璃，密度小，属均质体，无多色性，有气泡，无棱刻面重影。

3. 质量评价与市场

橄榄石的质量评价标准以颜色、包体特征（净度）、切工、重量为要求。

（1）颜色，作为宝石，橄榄石的颜色要纯正，以中—深绿色者最佳。色泽均一，有一种柔和的感觉最好。绿色越纯，价格越高。

（2）净度，橄榄石中常含不同的包体，这些包体会影响其质量。不含包体和裂隙者构成最佳品；含无色的透明包体者质量次之；含较多裂隙和黑色包体者质量最差。

（3）切工，琢型抛光效果好，无棱线破碎。

（4）重量，橄榄石宝石的重量一般在 3 ct 以下，3~10 ct 比较少见，超过 10 ct 者更是罕见品。

（5）市场，橄榄石是珠宝市场上比较常见的中档宝石品种，尤其在我国的珠宝市场上更常见到。一般大小以（5 nm × 7 nm）为 1 ct，但易与黄色玻璃相混淆。

4. 产地

宝石级的橄榄石主要产于我国河北张家口地区，以大麻坪最为著名；其次产在吉林的蛟河地区。另外，美国桑德拉州、红海扎巴贾德岛、俄罗斯的萨彦岭和西伯利亚的库格达地区以及巴西、澳大利亚、肯尼亚等国家与地区也有产出。

5. 文化

橄榄石来自阿拉伯语的“faridat”，意思是“宝石”。从古时候起，美丽的黄绿色橄榄石就一直被视若珍宝，如今，该宝石仍然因其宁静的黄绿色调和悠长的历史而备受推崇。

一直以来，橄榄石就与光密不可分。事实上，埃及人把它称为“太阳的宝石”。有些人认为，它能保护主人免受“夜的恐吓”，尤其是当其镶嵌在黄金上。也有人将橄榄石用驴毛串成串，系在左臂以辟邪。

早期的记录表明，古埃及人在红海的一个小岛“Topazios”发现了这种美丽的绿色宝石。这个岛现在被称为圣约翰岛（St. John’s Island）或扎巴贾德岛（Zabargad）。相传岛上蛇群泛滥，使得采矿工作进展艰难，直到有一个胆大的法老将蛇驱逐入海。

一些历史学家认为，埃及艳后（Cleopatra）收藏的著名祖母绿实际上有可能是橄榄石。在中世纪时代，人们仍旧把橄榄石与祖母绿混淆。几个世纪以来，人们认为巧夺天工的 200 ct 装饰于德国的科隆大教堂内的宝石是祖母绿，实际上它们是橄榄石。

六、尖晶石（Spinel）

尖晶石是常见的中档宝石，以漂亮、美丽的颜色深得人们的喜爱。也是珠宝贸易中十分畅销的宝石品种。

1. 基本性质

尖晶石的基本性质由其化学成分和晶体结构所决定，它是尖晶石鉴定的重要科学依据，也是人们了解尖晶石宝石的基础。

（1）矿物名称，尖晶石的矿物名称与宝石名称相同，二者都称为尖晶石，在矿物学中属尖晶石族。

（2）化学成分，尖晶石的化学组成主要为 $MgAl_2O_4$，也常含有 Cr、Fe、Mn、Zn 等微量元素，这些元素对宝石颜色起着一定作用。

（3）形态，尖晶石系等轴晶系晶体，其形状常呈八面体状，也可见到由八面体、菱形十二面体与立方体形成的聚形。（图 3-48）

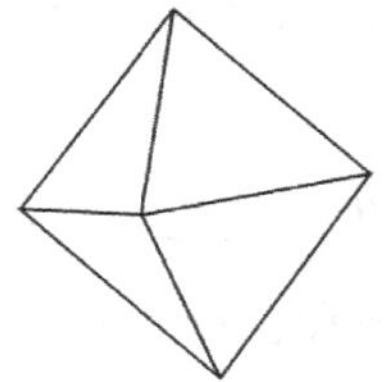
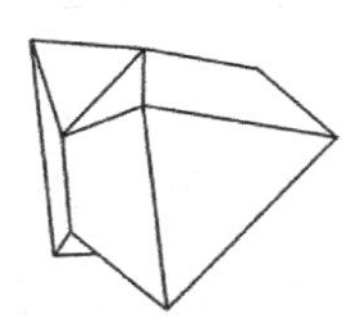

图 3–48　尖晶石晶体形态

（4）光泽，尖晶石反光强，常呈玻璃—亚金刚光泽。

（5）硬度，尖晶石的硬度 HM=8。

（6）相对密度，尖晶石的相对密度比较高，且稳定，其密度常在 3.57~3.70 之间，平均值为 3.60。

（7）折射率，尖晶石的折射率较稳定，其值在 1.710~1.735 之间，常在 1.718~1.720 之间。但不同的种属间折射率差异较大，含铬的尖晶石折射率可达 1.735~1.740；镁锌尖晶石的折射率可在 1.725~1.753 之间，无双折射。

（8）吸收光谱，尖晶石的吸收光谱随宝石颜色不同而不同：红色、粉红色（含铬）尖晶石具有在 685 nm、684 nm 处的强吸收线；在 656 nm 处有弱吸收带；有以 540 nm 为中心的宽吸收带。蓝色（含铁、钴）尖晶石具有在 460 nm 处的强吸收带；在 430~435 nm、480 nm、550 nm、565~575 nm、590 nm、625 nm 处为弱或极弱的吸收线或带。（图 3–49）

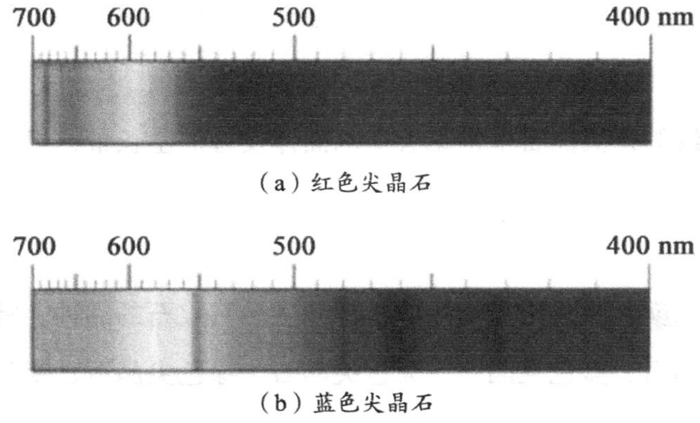

（a）红色尖晶石

（b）蓝色尖晶石

图 3–49　尖晶石吸收光谱

（9）荧光性，尖晶石的荧光性随宝石颜色的不同而不同：红色尖晶石在长波下呈弱—强红色、橙红色荧光；短波下呈弱红色、橙红色荧光。黄色尖晶石在长波下呈弱—中褐黄色荧光；短波下呈无—褐黄色荧光；蓝绿色尖晶石在长波下呈无—弱的橙—橙红色荧光。

（10）颜色，尖晶石可具有红色、粉红色、紫红色、无色、蓝色、黄色、橙色、绿色、紫色等多种颜色，这是其晶体中所含的微量元素的种类和含量的差异所引起的。一般红色者含铬离子，蓝色者含二价铁离子或锌离子，绿色者含三价铁离子。当其同时含有二价铁离子、三价铁离子及铬离子时会呈现褐色，无多色性。

（11）特殊光学效应，可呈四射或六射星光效应，变色效应。

（12）包体特征，尖晶石中包体的种类丰富，不同种包体的特征也不同。

固态包体，晶体中常见有小尖晶石八面体呈单独或成行排列（图 3–50）；可见有被方解石、白云石充填的负晶；也有呈片状的石墨，呈柱状的磷灰石、石英，呈刀片状的榍石等矿物包体。液态包体，晶体中常见在固态包体周围形成的指纹状包体和张裂性包体。

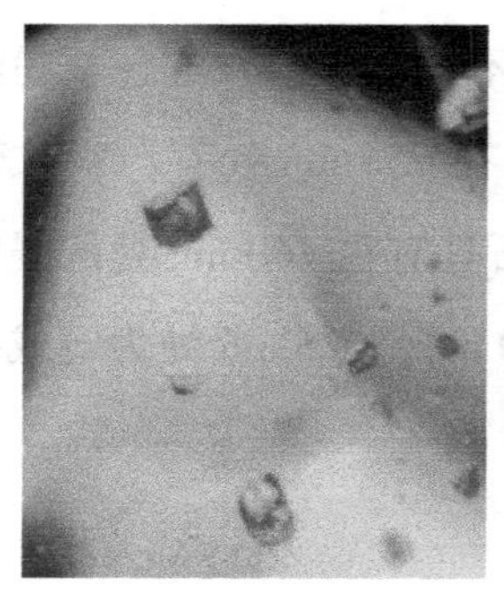 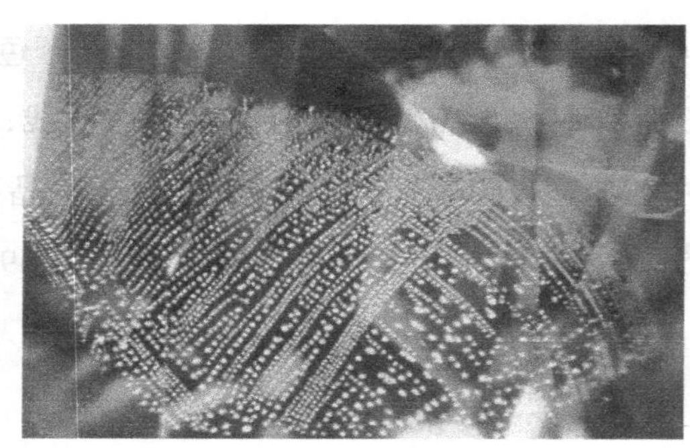

图 3–50　八面体负晶

（13）生长纹等，尖晶石中常见有呈八面体发育的生长带，以及沿八面体发育的双晶纹。

2. 品种

宝石学中常以颜色及特殊光学效应来划分尖晶石宝石的品种。常见品种有：橙色尖晶石、红色尖晶石、蓝色尖晶石、无色尖晶石、绿色尖晶石、变色尖晶石、星光尖晶石。

3. 肉眼鉴别

（1）天然品鉴别，尖晶石颜色比较单纯，宝石密度大，手掂有重感，呈玻璃—亚金刚光泽，刻面反光效果好，硬度大，刻面、棱角完整。

（2）合成品鉴别，合成尖晶石颜色过于艳丽，颜色太均匀，光泽过于明亮，晶体内部干净，可见到弧形生长纹，合成品相对密度大于天然品。

（3）尖晶石主要赝品鉴别。

刚玉类宝石，宝石常有多色性，有针状金红石包体。

石榴石类宝石，宝石密度大，常含有浑圆状包体。

绿柱石类宝石，宝石密度低，手掂轻，有多色性。

锆石，宝石密度大，反光强，有棱刻面重影出现。

玻璃，硬度低，刻面、棱、角、顶损伤多，台面划痕多，有圆形气泡。

钇铝榴石，宝石反光特强，颜色艳丽，宝石棱、角、顶损伤多，形成气泡，台面划痕多。

4. 质量评价与市场

（1）质量评价，尖晶石的质量评价以颜色、透明度、净度及切工、重量为依据。颜色为主要评价标准，要求颜色的色泽纯正、鲜艳。价格以红、蓝、紫、黄色依次降低。一般要求透明度要高，瑕疵少，且透明度高者价格也高。切工也影响其价值，一般要求刻面切磨为祖母绿型，切工比例准确适宜，抛光效果好。

（2）市场特点，目前市场上重量级的尖晶石宝石比较少见，一般是颗粒小、切工较差的尖晶石宝石。

5. 产地

世界上尖晶石宝石产量相对较大，且常常与刚玉类宝石共生。

目前世界上尖晶石主要产地有缅甸抹谷地区、斯里兰卡、肯尼亚、尼日利亚、坦桑尼亚、巴基斯坦、越南、美国、阿富汗等国家和地区，以缅甸和斯里兰卡所产的尖晶石宝石质量最好。

6. 文化

尖晶石，近几年才被归为八月生辰石，和橄榄石及褐红条纹玛瑙一起成为这个月份的特殊宝石。这种“怀才不遇”的宝石一直被人们误认为是红宝石，直到 1783 年矿物学家 Jean Baptiste Louis Rome de Lisle 将它标识为与红宝石不同的矿物。

在古代，中亚和东南亚的矿山盛产非常大的尖晶石晶体。这些精美的宝石被称为巴拉斯红宝石，其中有一些成为帝王的珍贵财产，也常常成为战争中的战利品。因此，世界上一些最著名的“红宝石”实际上是尖晶石。

其中一个最著名的例子就是所谓的“黑王子红宝石”。这颗历史悠久的深红色宝石被镶嵌在英国的帝国之冠上，展示于伦敦塔。宝石打磨光滑，大致呈八角形，可能产自阿富汗的群山。据历史记载，它最早出现在14世纪的西班牙，曾隶属于摩尔人和西班牙国王。1367年，威尔士亲王爱德华（“黑王子”）将其作为战争的胜利品而收入囊中。从那时起，许多其他英国帝王，包括亨利八世，都曾非常珍爱这颗宝石。这颗宝石给他们带来了好运，令其从火灾、盗窃及二战空袭中幸存下来，与英格兰皇冠珠宝的中心之作光之山钻石齐名。

另一颗较大的皇冠珠宝尖晶石——“铁木尔红宝石”，重量超过350 ct。它也有一段曲折的历史，宝石上雕刻的拥有者标记印证了它的悠久历史。

在中国的清朝，朝廷规定官居一品者，所戴帽子的顶珠为红宝石，二品为红珊瑚，三品为和田玉等，人们通过观察对方帽子的顶珠，来了解对方的官职和品级。到了近代，经过珠宝专家的鉴定，我国清朝绝大多数官员的红色顶珠都不是红宝石，而是红色尖晶石。

七、石榴石（Garnet）

石榴石，在我国珠宝界又被称为子牙乌，是一种最常见的中档宝石，在珠宝市场上以颜色丰富美丽、价格较低深受大多数消费者喜爱。

1. 基本性质

石榴石宝石是一类宝石的总称，这一类宝石晶体结构相同，但化学成分差异很大，使其在基本性质方面既有许多相同点，又有许多不同处，这就形成它们相同或不同的科学鉴定依据。

（1）矿物名称，石榴石的矿物名称与宝石名称相同，都称为石榴石。这一类矿物根据其化学成分可分出许多种，因而也构成石榴石的许多宝石品种。

（2）化学成分，石榴石的化学组成可用$A_3B_2[SO_4]_3$通式表示，其中A代表二价元素（包括Fe、Mg、Ca、Mn等元素）；B代表三价元素（包括A1、Fe、Cr、Ti、V等元素）。并且这些元素的离子之间可以相互替换，使得石榴石的化学组成十分复杂和多变。

（3）形态，石榴石属于等轴晶系晶体，晶体常具有完好的形态（图3–51），常见菱形十二面体、四角三八面体晶形及二者的聚形体（形状像石榴籽状，所以晶体被命名为石榴石）。其晶面上常见呈平行分布的晶面条纹（图3–52）。

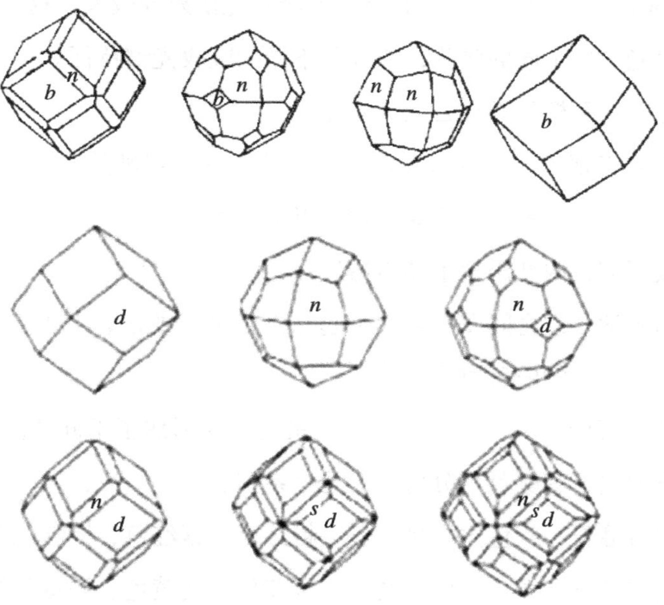

图 3–51　石榴石晶体形态

图 3–52　石榴石生长纹

（4）透明度，石榴石大多数呈透明状，也有含有包体呈半透明或不透明状的。

（5）光泽，石榴石主要呈玻璃光泽，但不同品种的光泽差异较大，一些品种常呈亚金刚光泽。

（6）硬度，石榴石的硬度随其化学成分的变化而变化，由此形成不同的宝石品种。一般硬度较大，HM=7.5~8。

（7）相对密度，石榴石的相对密度受宝石的品种和化学元素之间的替换影响，不同的宝石品种之间的相对密度变化较大，一般相对密度范围在 3.75~4.20 之间。

（8）折射率，石榴石不同宝石品种的折射率差异较大，其数值常在 1.710~1.890 之间变化。

（9）吸收光谱，石榴石不同宝石品种的吸收光谱差异较大，这是由于进入晶体的不同致色离子对光产生不同的吸收，造成了不同的吸收光谱特征。

（10）荧光性，石榴石类宝石无荧光性。

（11）异常消光现象，石榴石在偏光显微镜下呈不规则的明暗交替的消光现象，被称为异常消光。出现这种现象的原因包括以下几点：

①外力导致石榴石内部出现了晶格错位；

②石榴石的化学元素之间发生替换引起晶格变化，成分呈环带；

③由宝石切割导致的内反射现象。

（12）颜色，石榴石中，由于含化学元素的不同形成了不同的品种，产生的颜色则明显不同。作为宝石其颜色可分为以下几个系列。

①红色系列石榴石，颜色主要呈红色、粉红色、紫红色、橙红色等。

②黄色系列石榴石，颜色主要呈黄色、橘黄色、蜜黄色、褐黄色等。

③绿色系列石榴石，颜色主要呈翠绿色、橄榄绿色、黄绿色、绿色等。

（13）多色性，石榴石类宝石无多色性。

（14）包裹体特征，不同品种的石榴石由于形成环境条件的差异，形成包体的种类和特征各不相同。

（15）特殊光学效应，石榴石类宝石中由于所含的定向排列的金红石包体可产生四射或六射星光效应。一些宝石品种含钛离子可形成变色效应。

2. 品种及鉴别特征

石榴石宝石按化学成分及物理性质的差异划分出了不同品种，每个品种的鉴别特征如下。

（1）镁铝榴石，又称红榴石，主要化学成分为 $Mg_3Al_2[SiO_4]_3$。晶体中常含铁、锰、铬等离子。宝石呈紫红色、褐红色、粉红色、橙红色。红色的强弱与铬离子含量有关，铬离子含量高则红色加强，否则红色变弱。呈强玻璃光泽—亚金刚光泽，硬度大。其晶体特征数据：相对密度是 3.82~3.87，折射率为 1.740。其吸收谱线特征：在 687 nm、685 nm、650 nm（红区）处有铬特征吸收线；在 575 nm、527 nm、505 nm（黄、绿区）有铁特征吸收线；紫区呈全吸收状态。包体特征，在晶体中常含有针状金红石、石英及普通辉石、透辉石、尖晶石、磁铁矿等固态矿物包体，晶体裂隙不发育。

（2）铁铝榴石，又称贵榴石，化学成分主要为 $Fe_3Al_2[SO_4]_3$，成分中常含有镁、锰等离子。宝石呈褐红色、粉红色、橙红色，颜色中常带有褐色调。呈强玻璃光泽—亚金刚光泽，硬度也大。其晶体特征数据：相对密度为 4.05，折射率为 1.19。晶体吸收谱线特征：在 573 nm（黄区）处有强吸收带；在 520 nm、504 nm（绿区）处有吸收线；在 460 nm、423 nm、610 nm、680~690 nm 处有一些弱的吸收带。包体特征，晶体中含有针状且定向排列的金红石晶体而呈现星光效应（图 3–53），也见有不规则形状的钛铁矿、磷灰石、磁铁矿矿物包体。在斯里兰卡产的铁铝榴石宝石中，常见有“锆石”晕圈（图 3–54）。

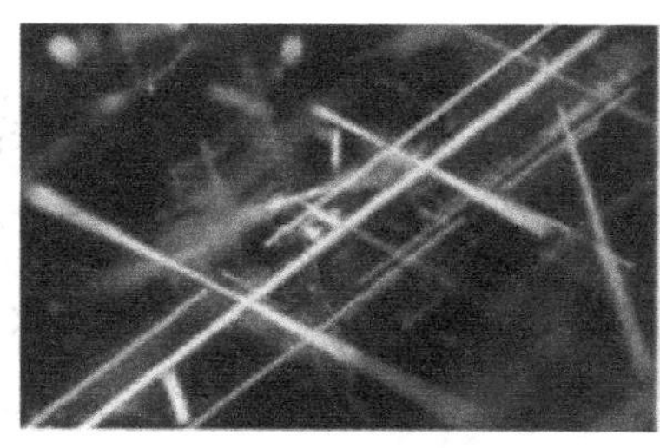

图 3–53　针状包体

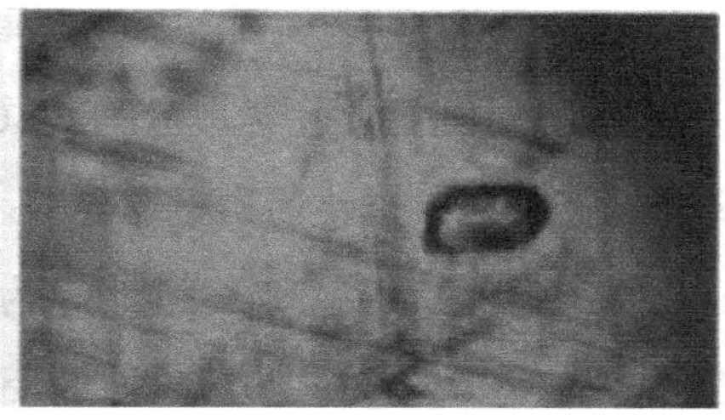

图 3–54　“锆石”晕圈

（3）锰铝榴石，其化学成分主要为 $Mn_3Al_2[SO_4]_3$，且常含有铁离子。宝石呈棕红色、橙黄色、玫瑰红色、黄色等。呈强玻璃光泽—亚金刚光泽，硬度大。其晶体特征数据：相对密度为 4.19；折射率为 1.810。晶体特征吸收谱线：在 430 nm、420 nm、410 nm（紫区）处有三条强吸收带；在 495 nm、485 nm、462 nm（蓝区）处有弱吸收带。包体特征，晶体中常含有波状裂隙的气液包体。

（4）钙铝榴石，其主要化学成分为 $Ca_3Al_2[SO_4]_3$，也常含铁离子。宝石颜色多样，主要呈翠绿色、绿色、黄绿色、褐红色、黄色等，但黄绿色的色调为其颜色基本特征。呈强玻璃光泽—亚金刚光泽，硬度大。其晶体特征数据：相对密度为 3.61；折射率为 1.740。钙铝榴石通常没有特征的吸收光谱。钙铝榴石内部常见短柱状或浑圆状晶体包体、热浪效应。

（5）钙铁榴石，其主要化学成分为 $Ca_3Fe_2[SO_4]_3$，晶体中常含锰、铝、铬等离子。当含铬、钒时被称为翠榴石，宝石呈黑色、褐色、黄绿色、翠绿色（即翠榴石的颜色）等。呈强玻璃光泽—亚金刚光泽，硬度大。其晶体特征数据：相对密度值 3.84；折射率为 1.890。色散值大，为 0.057。火彩很强。晶体特征吸收谱线：在 634 nm、618 nm 红区处有两条清晰的吸收线，在 690 nm、685 nm 处还有弱吸收线，在 440 nm 处可见吸收带或 440 nm 以下全吸收。包体特征，晶体中常见由阳起石石棉构成的“马尾状”包体（图 3–55）。

图 3–55　马尾状包裹体

（6）钙铬榴石，其主要化学成分为 $Ca_3Cr_2[SiO_4]_3$，也常含有锰、铝、铁离子。宝石呈鲜艳绿色、蓝绿色，被称为祖母绿色等。呈强玻璃光泽—亚金刚光泽，硬度大。其晶体特征数据：相对密度为 3.77；折射率为 1.870。色散值大，为 0.057。火彩很强。晶体特征吸收谱线：在 685 nm、634 nm（红区）处有两条强吸收带；在 440 nm（紫区）有吸收带。

（7）水钙铝榴石，其化学成分为 $Ca_3Al_2[SO_4]_{3-x}(OH)_{4x}$，也常含镁、铝、铁离子。宝石颜色以绿色为主，有少量的粉红色及无色。玻璃光泽，硬度较低。其特征数据：相对密度为 3.15~3.55；折射率为 1.72。晶体特征吸收谱线：在 460~440 nm（紫区）处有弱吸收带。包体特征，宝石中常包裹有黑色铬铁矿晶体。（图 3–56）

图 3–56　黑色矿物包体

3. 石榴石拼合石的鉴别特征

石榴石拼合石，其组成顶层为石榴石，下层为玻璃。宝石会出现有“红圈效应”，即宝石上下层颜色、光泽不同。宝石侧面会有拼合缝，缝内有气泡。

4. 石榴石类合成品的鉴别特征

人工合成的石榴石类宝石主要有钇铝榴石和钆镓榴石，鉴别特征如下：钇铝榴石（YAG），颜色太均一，宝石中无瑕疵，有圆形气泡，密度大。

5. 石榴石宝石主要赝品的肉眼鉴别特征

（1）红色石榴石赝品鉴别：

红色尖晶石，宝石具有荧光效应，密度低；

红碧玺，宝石透明感强，有二色性；

红锆石，宝石有二色性，强金刚光泽；

红宝石，具有二色性，具有荧光效应。

（2）黄色石榴石赝品鉴别：

黄色锆石，宝石有二色性，棱刻面重影明显；

黄色黄玉，宝石密度低，有弱的多色性；

黄色蓝宝石，具有二色性；

黄色榍石，具有二色性；

金绿宝石，具有三色性。

（3）绿色石榴石赝品鉴别：

绿色锆石，宝石有二色性，棱刻面重影明显；

绿色榍石，宝石有二色性；

铬透辉石，宝石棱刻面重影明显；

祖母绿，宝石密度低，透明度好，强玻璃光泽；

绿碧玺，宝石透明感强，有二色性。

6. 质量评价及市场

石榴石宝石的评价依据为颜色、透明度、粒度。

石榴石宝石的颜色要浓艳、纯正，内部透明度要高，颗粒要大，切工要完美。颜色中以翠绿色（翠榴石）的价格最昂贵，目前价格已达到了高档宝石价格；其他石榴石宝石的价格按照红色—橙黄色—暗红色—绿色—黄色的顺序逐渐降低。呈半透明者（如水钙铝榴石）往往作为玉料按公斤销售。

注意：市场中常有用玻璃品代替石榴石宝石。

7. 产地

石榴石宝石因产出地地质环境不同，而有不同的品种。

镁铝榴石为地幔矿物，主要产于美国亚利桑纳州、捷克的波西米亚等地区。

铁铝榴石为区域变质产物，主要产于印度、巴基斯坦、缅甸、泰国、澳大利亚、巴西等国家。

锰铝榴石为伟晶岩矿物，主要产于德国巴伐利亚自由州、亚美尼亚，美国弗吉尼亚州等地区。

钙铝榴石为矽卡岩矿物，主要产于斯里兰卡、墨西哥、巴西、加拿大、肯尼亚、坦桑尼亚、中国西南等国家、地区。

钙铁榴石为矽卡岩矿物。其中翠榴石产于俄罗斯的乌拉尔地区，目前是世界上唯一的产地。

钙铬榴石为接触交代产物，颗粒小，主要产于俄罗斯的乌拉尔地区，与翠榴石共生。

水钙铝榴石为钙铝榴石发生矽卡岩水化交代的产物，主要产于南非、加拿大、美国、中国等国家。我国青海是一个重要产地，其产物在我国珠宝行业中被称为“青海翠”。总之石榴石宝石产量大，产地多。

8. 文化

红色石榴石历史悠久，数千年前，埃及法老王脖子上就戴着红色石榴石项链，并将其作为来生的珍贵财产随着木乃伊遗体一起下葬。在古罗马，石榴石雕刻的图章戒指用来印盖重要文件。

几个世纪以后，罗马学者普林尼时期（公元 23—79 年），红石榴石是交易最广泛的宝石之一。在中世纪（475 — 1450 年），红色石榴石受到神职人员和贵族的喜爱。

1500 年左右，中欧发现了著名的波希米亚石榴石矿床，红石榴石的可得性也随之增加。到了 19 世纪末期，该产地成为区域性珠宝产业的核心，发展到了顶峰。

第四节　低档宝石

低档宝石指在价值档次上比较廉价的宝石品种，在自然界产出量很大，产地众多。

它所包括的宝石种类主要有长石类、水晶类、方柱石、磷灰石、坦桑石及辉石类等，这些宝石具有各自不同的鉴定特征。它们主要作为价值比较低廉的首饰，对珠宝市场起到补充作用。

一、长石（Feldspar）

长石是自然界比较常见的宝石品种，尤其以月光石、日光石及天河石品种最为著名。它也是人们喜爱的宝石品种之一。

1. 基本性质

长石宝石是一类宝石的统称，不同的种属具有不同的特性，但也具有共性，这些共性形成长石的基本性质，也构成长石类宝石的鉴定依据。

（1）矿物名称，长石宝石是由一系列长石矿物所构成，因化学成分和晶体结构的差异分为微斜长石、拉长石、天河石、正长石等。

（2）化学成分，长石为 Na、K、Ca 组成的架状铝硅酸盐矿物。按成分和晶体结构的差异又可分为钾长石系列 $K[AlSi_3O_8]$ 和斜长石系列 $Na[AlSi_3O_8]$—$Ca[Al_2Si_2O_8]$。晶体中可含有赤铁矿等机械混入物。

（3）形态，长石的对称规律和结晶特点变化大，正长石、透长石属单斜晶系，其余长石属三斜晶系。晶体常呈厚板状、棱柱状，双晶发育。

（4）透明度，长石呈透明—半透明状，也有呈不透明状。这与其所含杂质的种类与数量有关。多数长石呈半透明状。

（5）光泽，长石宝石呈玻璃光泽，断口呈油脂光泽。

（6）硬度，长石硬度因种属而异，变化较大，一般 HM=6。

（7）相对密度，长石的相对密度随长石种属的不同而变化，相对密度的变化范围为 2.25~2.70，平均值为 2.60 左右。

（8）折射率，长石的折射率随着长石种属的不同而差别较大。其折射率的变化范围为 1.516~1.557，平均值为 1.560 左右。正长石的折射率为 1.52~1.53；微斜长石的折射率为 1.530；钠奥长石的折射率为 1.540；拉长石的折射率为 1.550，其双折射为 0.008~0.010。色散低。

（9）吸收光谱，一般长石无吸收光谱，仅黄色长石具有在 448 nm、420 nm（紫区）处的吸收带。

（10）荧光性，长石的荧光性呈无—弱的粉红色、黄绿色、橙红色，并随宝石种类不同而变化。

（11）包体特征，长石具有两组解理发育的“蜈蚣”状包体，也有呈板状或针状的矿物包体及双晶纹。

（12）特殊光学效应，长石宝石常发育有月光效应、猫眼效应、日光效应、砂金效应、晕彩效应、星光效应等特殊光学效应。

（13）颜色，长石一般呈无色、白色，也有呈淡褐色、绿色、浅绿色、蓝绿色等颜色。颜色与其所含的杂质及特殊光学效应有关。

（14）多色性，长石的多色性一般不明显，带色的长石具有不同程度的多色性。

2. 长石宝石品种

（1）月光石，月光石是正长石和钠长石晶体相互交融形成的宝石，具有明显的月光效应（图 3–57）。月光效应，是指随着宝石的转动，在某角度可见到白—蓝色的发光效应，看似朦胧月光。这是由于两种长石作定向排列，其不同折射率使入射的可见光发生散射或由于宝石中发育的解理面（图 3–58）使入射光产生干涉或衍射的光综合效应。

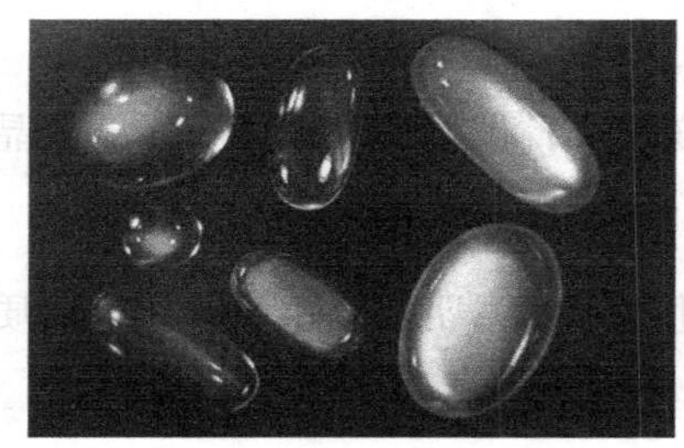

图 3–57　月光石

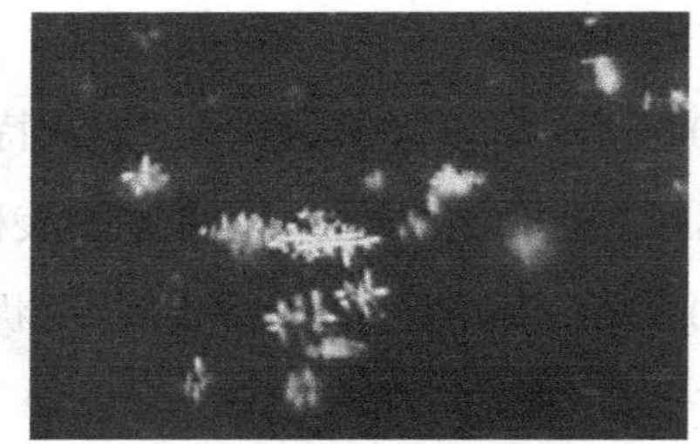

图 3–58　月光石中的蜈蚣状包体

（2）正长石，正长石的主要成分为 $KAlSi_3O_8$，常含有一定量 $NaAlSi_3O_8$，有时可达 20%。正长石因含铁而呈现浅黄色至金黄色。

正长石的相对密度为 2.57，折射率为 1.519~1.533，双折射率为 0.006~0.007，在蓝区和紫区具铁吸收光谱，在 420 mm 处有吸收带，448 mm 处有弱吸收带和近紫外区的 375 nm 处有强吸收带。

（3）透长石，透长石化学成分为 $KAlSi_3O_8$，其中常含有较多的 $NaAlSi_3O_8$，最高达 60%，为钾长石中稀有品种，常见颜色有无色、粉褐色，透明或半透明 。

（4）天河石，天河石是微斜长石的一个品种，成分为 $KAlSi_3O_8$，含有 Rb 和 Cs，一般 Rb_2O 的含量为 1.4%~3.3%，CsO 的含量为 0.4%~0.6%。半透明，颜色呈浅蓝绿色—

艳蓝绿色，常有白色的钠长石熔体，呈条纹状或斑纹状的绿色和白色，常见聚片双晶。天河石相对密度为 2.56，折射率为 1.522~1.530，双折射率为 0.008，无特征吸收光谱，长波紫外光下呈黄绿色荧光，短波下无反应。

（5）日光石，日光石为钠奥长石的品种（图 3-59），因其含有大量定向排列的金属矿物的薄片，常见为赤铁矿和针铁矿。随着宝石的转动，能反射出红色或金色的光芒（图 3-60）。

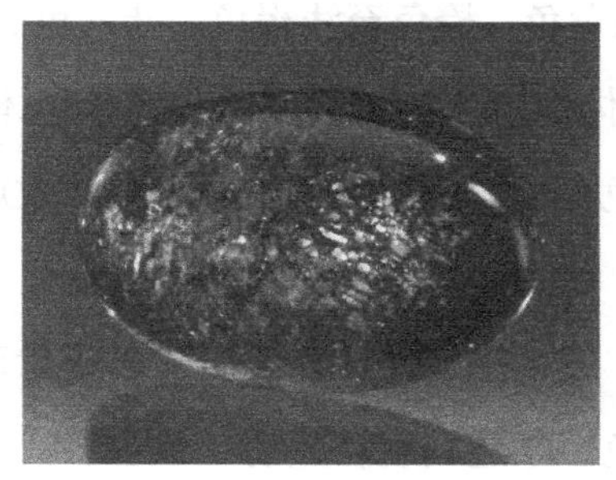

图 3-59 日光石

图 3-60 日光石中片状金属矿物包体

（6）拉长石，重要的宝石品种为晕彩拉长石。特点是把宝石转动到某一角度可使整个宝石呈现彩色的浮光，被称为晕彩效应（图 3-61）。常见的晕彩显示为蓝色与绿色，此外还有橙色、黄色、金黄色、紫色和红色。晕彩产生的原因：

①拉长石的聚片双晶薄层之间光的相互干涉；

②拉长石内部包含的片状磁铁矿包体及针状包体使入射光产生干涉。当含有针状包体时呈暗黑色，会产生蓝色晕彩。

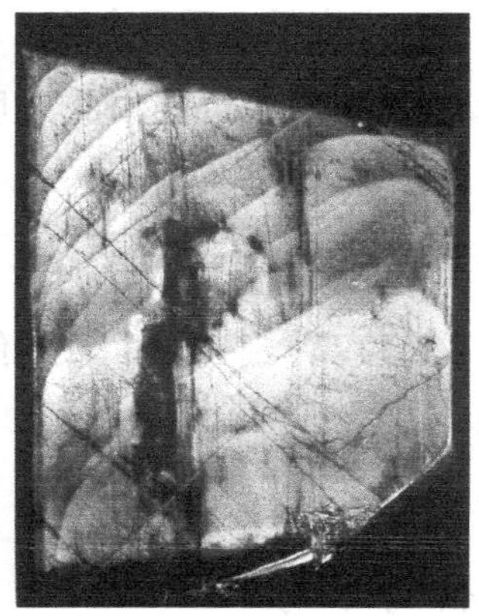

图 3-61 拉长石晕彩效应

（7）培长石，宝石级的培长石呈浅黄色、红色。相对密度为 2.739，折射率为

1.56~1.57，在 573 nm 处具吸收带。长石是碱性、酸性火成岩（如正长岩、二长岩、花岗岩、花岗闪长岩等）的主要造岩矿物。在变质岩中，深变质带里以正长石为主，浅变质带中以微彩石居多。在接触变质带中形成温度较低的钾长石，有时可以转变成透长石。沉积岩中的钾长石，可以区分出两类：一类属于碎屑，如长石砂岩中所见，这是在特殊的沉积环境下生成的；另一类是自生作用所形成的长石。

3. 肉眼鉴别特征

（1）月光石，颜色呈无色—白色，也有浅黄色、橙色至浅褐色、蓝灰色、绿色等。呈透明—半透明状，具有特征的月光效应。晶体中可见蜈蚣状包体和针状包体。

（2）正长石，宝石颜色呈浅黄色、金黄色，宝石体积大，可具有猫眼效应。

（3）透长石，宝石颜色呈无色、粉褐色，呈透明至半透明状。

（4）天河石，宝石颜色呈绿色、蓝绿色，透明—半透明状，可见格子状双晶。

（5）日光石，宝石颜色呈金红色—红褐色，半透明状，具有砂效应。

（6）拉长石，宝石颜色呈浅黄色、浅粉色、橙色、深红色、绿色等，透明—半透明状，具有晕彩效应。

（7）长石宝石总的鉴别特征，宝石具有两组交错解理，呈透明—半透明状，具有蜈蚣状包体，特殊光学效应明显。

4. 主要赝品的肉眼鉴别

水晶，无解理，透明度好。

绿柱石，密度大，手掂重，常含管状平行排列气液包体。

玉髓，颜色深，密度低，无月光效应。

东陵石，含有绿色片状闪光包体，透明度低。

欧泊，密度低，具有变彩效应。

翡翠，密度高，有翠性，颜色艳丽。

合成尖晶石，密度高，手掂重，颜色鲜艳。

玻璃，有圆形气泡。

塑料，密度低，有气泡，透明度差。

5. 质量评价与市场

（1）质量评价，长石的质量评价依据为具有特殊的光学效应、颜色、透明度、净度等方面。一般的长石宝石的光学效应越明显，价值越高，切工要求严格。不同的宝石品种特点不相同，要求也有差异：

月光石，粒度大，月光效应的颜色从天蓝色晕光—白色晕光其价格逐渐降低；

拉长石，块度大，变彩鲜艳；

天河石，透明度好，颜色呈正蓝色；

日光石，颜色深红，日光效应明显。

（2）市场，目前市场销售的长石宝石品种主要有月光石、月光猫眼、变彩拉长石。需要注意的是：市场上有用塑料、玻璃品替代长石宝石。

6. 主要产地

世界上不同产地所产出的长石宝石品种是不相同的。

月光石，主要产于斯里兰卡、印度、马达加斯加、缅甸、坦桑尼亚、南美洲加罗里多、印第安纳、新墨西哥、纽约等国家和地区。

透明正长石，主要产地为马达加斯加、缅甸、德国等国家。

天河石，主要产于印度、巴西、美国及北美的科罗拉多州、俄罗斯、马达加斯加、坦桑尼亚、南非及中国的新疆、云南等国家和地区。

日光石，主要产于挪威、俄罗斯贝加尔湖、加拿大、印度南部、美国等国家和地区。

7. 文化

长石是地壳中分布最广的矿物族，约占地壳总重量的50%，但可作为宝石的并不多见。常见的有月光石（微斜长石）、日光石（砂金石和金星石）、天河石、变彩拉长石（彩虹长石）几个变种。

长石英文名 Feldspar，源自德语 Feldspath。一引入英语，就变成 Feldspar，spar 为“裂开”之意，表示了长石具有解理的特点。

月光石，是长石类宝石最有价值的，几个世纪以来均作为宝石流传。在世界许多地区，人们相信佩戴它可以带来好运。在印第安，月光石仍然被认为是神圣的石头，它只戴在神圣的黄色衣服上。在古时候，人们相信它能唤醒心上人的温柔，并给予力量憧憬未来。今天，月光石与珍珠一起被用作 6 月的生辰石，象征着“康寿富贵”。

拉长石，是 18 世纪发现后才用作宝石的。Emerson 很早就对其迷人的变彩特征给予了恰当的评价：“一个人就像是一点 labrador spar，它在你手上时，没有光泽，在某个特殊的角度，它却显示出深深的、漂亮的颜色。”中国著名的“和氏璧”早已失传，现在有人认为它可能是变彩拉长石。因为据唐五代道士杜光庭在《录异记》中记载，和氏璧“侧面视之色碧，正面视之色白”，应为拉长石的特征，有别于古人已知的绿松石、软玉等。

日光石，古代文化的记载都称之为太阳石，Pope Clement Ⅶ（1478—1534 年）曾描述一个太阳石“具有金色的斑点，该斑点穿过表面运动，犹如太阳穿过天国从升起到落下那样运动”。

二、方柱石（Scapolite）

方柱石作为宝石虽然时间不长，但其以美丽漂亮的颜色得到了人们的喜爱，成为市场上深受人们欢迎的宝石品种之一。

1. 基本性质

方柱石的基本性质受其化学组成和结晶特点所影响，其性质比较复杂，变化也较大，其科学鉴定证据比较明显。

（1）矿物名称，方柱石的矿物名称与宝石名称相同，同称为方柱石（图 3–62）。

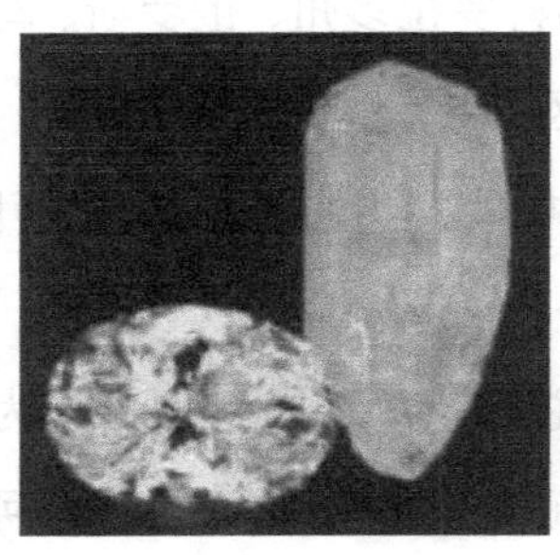

图 3–62　方柱石

（2）化学成分，方柱石化学组成复杂，是固溶体系列矿物，其成分为：（Na，Ca）$_4$[Al（A1，Si）Si_2O_8]$_3$（Cl，F，OH，CO_3，SO_4）。

（3）形态，方柱石属于四方晶系晶体，晶体常呈柱状，也有丝状或纤维状的形态。

（4）光泽，方柱石呈典型的玻璃光泽。

（5）透明度，方柱石常呈透明—半透明状，后者与晶体中所含杂质有关。

（6）硬度，方柱石硬度比较低，HM=6~6.5。

（7）相对密度，方柱石的相对密度变化比较大，一般相对密度在 2.60~2.75 之间，平均值为 2.68。

（8）折射率，方柱石的折射率在晶体的不同方向上差异较大，折射率一般为 1.545~1.569，平均值为 1.560，双折率为 0.004~0.037，色散值为 0.017。

（9）吸收光谱，方柱石宝石一般无特征吸收光谱，仅粉色方柱石在 663 nm、652 nm（红区）有吸收线。

（10）荧光性，方柱石宝石一般无荧光性，只有无色和黄色者可见到粉色或橙色的荧光。

（11）包体特征，方柱石中常见有平行排列的针管状气、液包体（图 3–63），呈现猫眼效应。

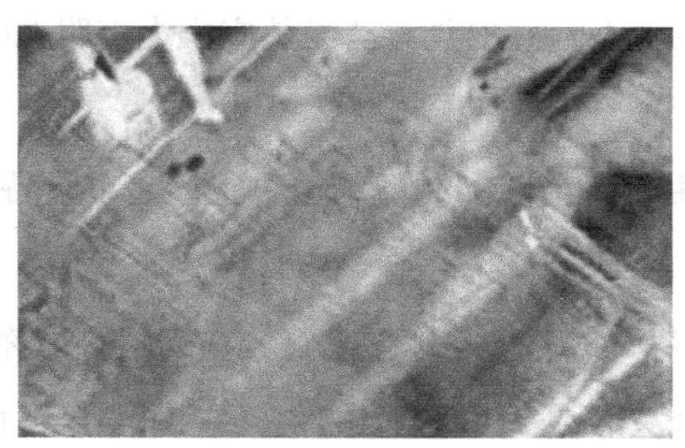

图 3–63　针状包体

（12）颜色，方柱石的颜色主要为紫色、粉红色，也有一些为黄色、绿色、蓝色和无色。

（13）多色性，紫色、粉红色方柱石具有中—强的多色性，黄色方柱石具有弱—中的多色性。

2. 肉眼鉴别特征

方柱石颜色常呈紫色或紫红色，密度低，手掂轻，硬度小，刻面和棱易损伤。

3. 主要赝品鉴别

紫晶，多色性弱，颜色浅，有固态针状包体。

绿柱石，宝石颜色带黄绿色调，无棱刻面重影。

4. 产地

方柱石主要产于伟晶岩、接触变质岩中，主要产自缅甸、马达加斯加、巴西、印度、坦桑尼亚、中国、莫桑比克等国家，其猫眼品种主要产于缅甸和中国新疆地区。

5. 文化

方柱石出产于缅甸的蒙哥斯通特科特，发现于 1913 年，方柱石的名称在字源学上起源于希腊文的“scapos”和“lithos”二词，前者意为“杆”，后者意为“石头”。其名称缘于它的形状像杆子，方柱石也被称为“文列石”，这是为纪念德国探险家、矿物学家哥特别·文列而起的名字。

1913 年在缅甸发现宝石级方柱石之前，方柱石还仅仅是一种矿物并达不到制作首饰的要求。而如今，随着宝石级方柱石不断被发现，对于珠宝界而言方柱石已不再是一种陌生的宝石。

三、磷灰石（Apatite）

磷灰石是一种常见的宝石，并以具有磷光效应成为夜明珠而得到人们的喜爱。

1. 基本性质

磷灰石的基本性质由化学组成和晶体结构决定，是宝石特有的性质，可作为其科学鉴定的依据。

（1）矿物名称，磷灰石的矿物名称与宝石名称相同，均称为磷灰石。

（2）化学成分，磷灰石是钙磷酸盐矿物，它的化学组成为 $Ca_5[PO_4]_3$（F，Cl，OH）。此外，晶体中还常含有锶、锰和放射性元素铈、铀、钍及 SO^{2-}、SO_4^{2-}、SiO_4^{4-}、VO^{2-} 等离子团，附加阴离子的数量和种类常有变化。

（3）形态，磷灰石属于六方晶系，其晶体形态常呈六方短柱状、厚板状、粒状等（图 3-64）。

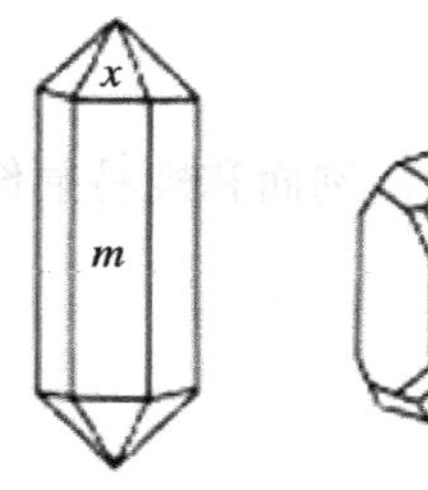

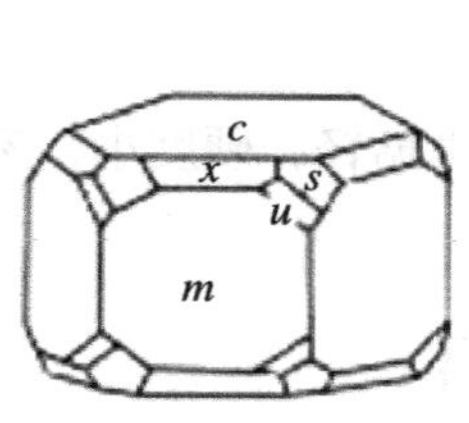

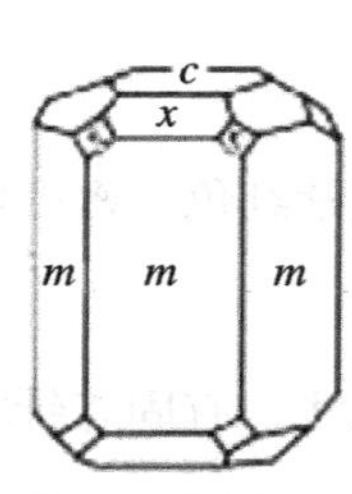

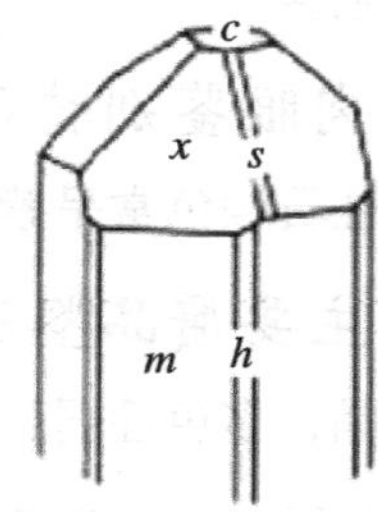

图 3-64　磷灰石晶体形态

（4）光泽，磷灰石具有典型的玻璃光泽。

（5）透明度，磷灰石晶体一般呈透明状，个别宝石呈半透明状。

（6）硬度，磷灰石的硬度比较低，HM=5。

（7）相对密度，磷灰石的相对密度随着化学成分的变化而变化，其相对密度一般为 3.18~3.35，平均值为 3.20。晶体中大量矿物包体的存在也会引起相对密度的改变。

（8）折射率，磷灰石的折射率虽然随化学成分的改变而改变，但其值有一定的范围，折射率一般在1.634~1.638之间，双折射率比较小，且不同的宝石品种的双折射率也不相同，其中氯磷灰石的折射率为0.001；氟磷灰石的折射率为0.004；羟磷灰石的折射率为0.007；碳磷灰石的折射率为0.008~0.013。

（9）吸收光谱，磷灰石的吸收光谱比较复杂。蓝色与绿色磷灰石在512 nm、491 nm、464 nm（绿蓝区）处有吸收带；黄色磷灰石在580 nm（黄区）处有吸收双线。

（10）荧光性，磷灰石的荧光性因宝石颜色的不同而有差异。黄色磷灰石呈浅粉色荧光；蓝色磷灰石呈紫蓝色—蓝色荧光；紫色磷灰石在长波下呈绿黄色荧光，在短波下呈浅紫红色荧光；绿色磷灰石呈带绿色调的深黄色荧光；锰磷灰石在短波下呈粉色荧光。

（11）包体特征，磷灰石中包体种类多，包体特征各不相同。固体包体有方解石、赤铁矿、电气石等矿物；气、液包体呈圆形的气泡群，也有呈定向排列的裂隙及呈纤维状的生长管道（图3–65至图3–67）。

图3–65 气液包体

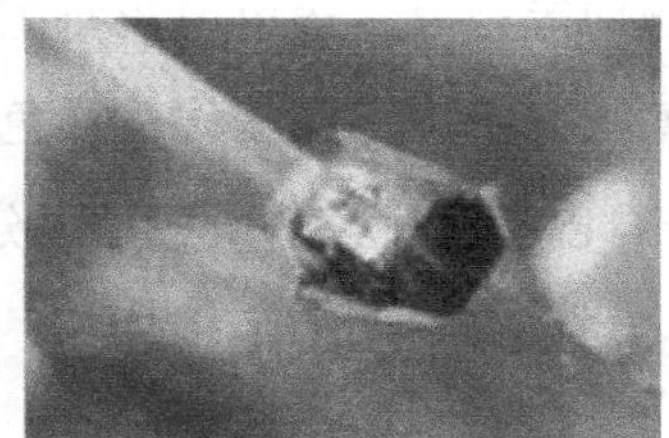

图3–66 负晶

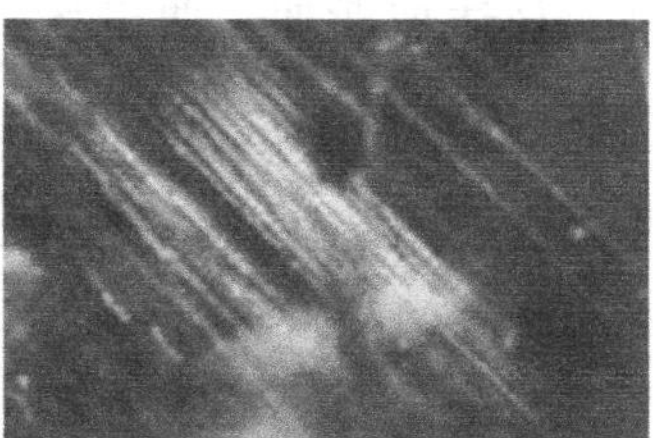

图3–67 管状包体

（12）颜色，磷灰石的颜色多种多样，常见的颜色有绿色、浅绿色、天蓝色、紫色、黄色、浅黄色、粉红色及无色等。

（13）多色性，不同颜色的磷灰石的多色性差异较大。蓝色的磷灰石多色性强，为蓝色—黄色至无色；其他颜色的磷灰石多色性弱至极弱。

2. 品种

磷灰石宝石依颜色特征可划分出不同的宝石品种，主要有天蓝色磷灰石、黄绿色磷灰石、绿色磷灰石、紫色磷灰石、褐色磷灰石、无色磷灰石等品种。

3. 肉眼鉴别特征

磷灰石呈特有的天蓝色、黄绿色，硬度低，宝石的棱、刻面有损伤，刻面抛光效果差。

4. 主要赝品鉴别

碧玺，宝石具有强的多色性，棱刻面重影现象明显。

绿柱石，密度低，手掂轻，透明度好。

黄玉，密度大，手掂重，颜色较深。

5. 质量评价

磷灰石宝石质量评价以重量、颜色、切工、净度作为标准，个头大，颜色漂亮，切工好，净度高则价格高；否则价格低廉。

6. 产地

磷灰石形成环境比较广泛，在自然界多种地质条件下都可形成。但不同颜色品种的产地有所不同。

蓝色磷灰石主要产自缅甸、斯里兰卡、巴西等国家；蓝绿色磷灰石主要产自挪威、南非等国家；紫色磷灰石主要出自德国、美国等国家：黄色磷灰石主要分布于墨西哥、西班牙、加拿大、巴西、中国等国家；绿色磷灰石主要出自印度、加拿大、莫桑比克、马达加斯加、西班牙、缅甸等国家；褐色磷灰石主要产自加拿大；无色磷灰石主要分布于缅甸、意大利、德国、中国等国家；蓝绿色磷灰石猫眼主要出自斯里兰卡、缅甸；绿色磷灰石猫眼产自巴西；黄色磷灰石猫眼分布于斯里兰卡、坦桑尼亚、中国等国家。

7. 文化

磷灰石的英文名称是“Apatite”，该名称来源于希腊语，原意为“欺骗、误导”，这是因为，磷灰石很容易被误认为是石英、橄榄石、托帕石、海蓝宝石等其他矿物。磷灰石常见的颜色有浅绿色、黄绿色、浅紫色等，最美丽的磷灰石当属蓝绿色品种。

磷灰石具有受热后发出磷光的特性（古代民间称之为“灵光”或“灵火”），传说人们佩戴它便可以使自己的心扉与神灵相通，因而受到人们的喜爱。工业上磷灰石是提炼磷的重要矿物，其中氟磷灰石是商业上最主要的矿物。优质的磷灰石可作为中档宝石。

四、水晶（Crystal）

水晶是自然界最常见的一种矿物，也是珠宝界使用量最大的一种宝石。水晶以透明、清澈如水而得到许多人的钟爱，是一种受大众欢迎的宝石。

1. 基本性质

水晶的基本性质由其化学成分和晶体结构所决定，构成其科学鉴定的依据。

（1）矿物名称，水晶的矿物名称为石英（Quartz）。

（2）化学成分，水晶的化学成分为 SO_2，晶体中也因含有微量的 Al、Ti、Fe 等离子而呈现不同的颜色。

（3）形态，水晶属于三方晶系，晶体呈菱面体、六方柱及三方双锥的聚形体，晶体柱面上常发育有横纹（图 3–68）。

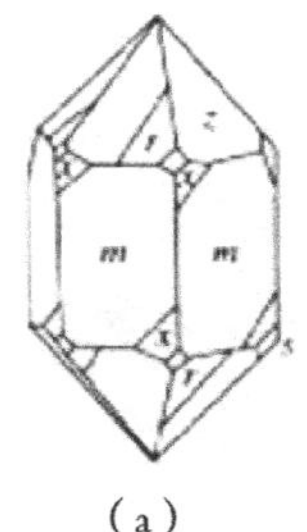
（a）
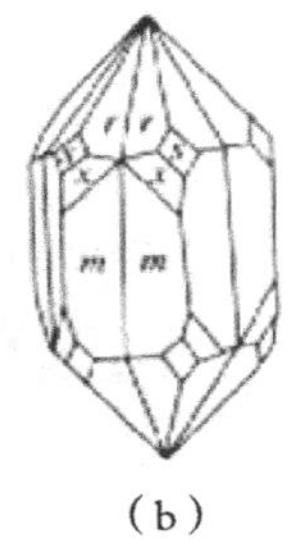
（b）
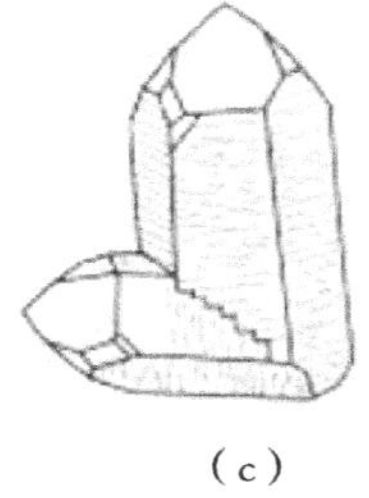
（c）
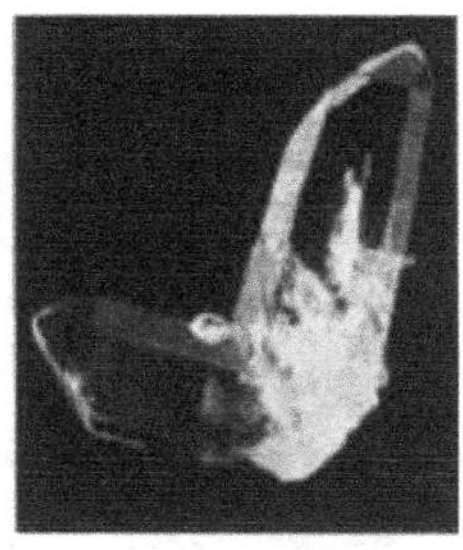

图 3–68　晶体形态

（4）透明度，水晶的透明度与其颜色有关，无色水晶的透明度很高，随着颜色的加深而透明度降低。

（5）光泽，水晶呈典型的玻璃光泽，断口呈油脂光泽。

（6）硬度，水晶硬度较大且比较稳定，HM=7。

（7）相对密度，水晶的相对密度比较低且较稳定，其值为 2.65。

（8）折射率，水晶的折射率比较稳定，其折射率为 1.544~1.553，双折射率为 0.009，宝石色散值低。

（9）颜色，水晶的颜色比较丰富，常呈无色、紫色、黄色、绿色、粉红色、褐色、黑色等颜色，晶体大多数无二色性，仅紫晶具有明显的二色性。

（10）包体特征，水晶中常含不规则的絮状气、液两相包体。紫晶中见有虎纹状裂痕包体；发晶中可见呈纤细状、纤维状的角闪石、电气石、针铁矿等矿物包体。

（11）特殊光学效应，水晶中的固体包体或气液包体呈定向排列时会产生六射星光效应、猫眼效应等特殊光学效应现象。

2. 品种及特征

水晶按照颜色及特殊光学效应可分成以下品种。

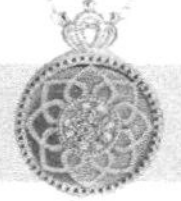

（1）无色水晶，无色透明的晶体，常可制作成水晶球、项链等工艺品及首饰，其含有丰富的包体，包体特点如下。

①负晶包体，负晶呈自形柱状，可以充填气、液包体或不充填（图 3–69）；

②固体包体，晶体中常见有金红石、电气石、阳起石等矿物，这些矿物常呈细小的针状、纤维状，当作定向排列时，犹如发丝，此水晶则被称为发晶（图 3–70）。晶体中也可见到方解石、云母、锡石及板钛矿、钛铁矿、黑钨矿、赤铁矿、褐铁矿、针铁矿、纤铁矿等矿物包体，这些包体的颜色、形状差异很大，为水晶宝石增添了许多色彩。

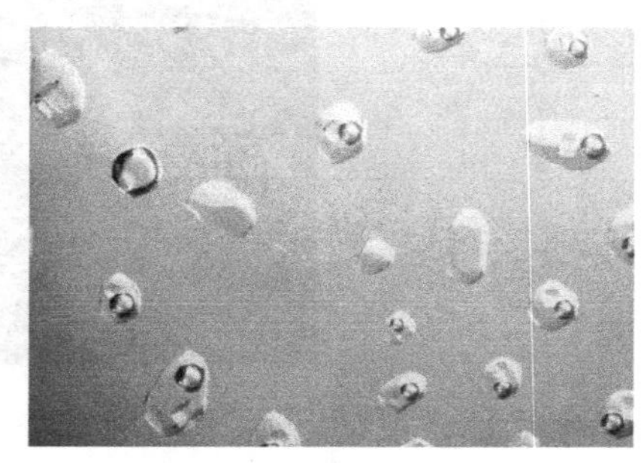

图 3–69　负晶

图 3–70　针状包体

（2）紫晶，因呈紫色而命名，其颜色可从浅紫色到深紫色，可带有不同的褐色、红色、蓝色调。巴西产的紫晶颜色深，带有紫红色闪光；非洲产的紫晶带有蓝色调；我国河南产的紫晶带有褐色调。紫晶透明度高，也可呈现多色性。浅色紫晶呈现浅褐紫色—浅紫色的多色性；深色紫晶呈现红紫色—紫色或蓝紫色—紫色的多色性等。紫晶颜色分布不均匀，常见有紫色与无色色带平行相间分布。也可见紫色色块呈不规则分布，颜色呈现色块边缘浅、中心深的特征（图 3–71）。

此外，紫晶中常见有颜色明暗、深浅差异的现象，在珠宝行业中被称为“虎纹”。晶体中也可含有球状、小滴状分布的深褐色包体。

（3）黄晶，以含铁及水而使宝石颜色呈现黄色而命名。常见的颜色有浅黄色、黄色、金黄色、橙黄色、褐黄色（图 3–72）。黄晶具有多色性，可形成浅黄色—黄色；黄色—橙黄色；黄色—褐黄色等二色性。黄晶具有高的透明度，在自然界产出很少。紫晶加热可以形成黄晶。

（4）烟晶，一种颜色呈烟色至棕褐色到黑色的水晶（图 3–73）。化学成分中含铝离子。烟晶的多色性为浅褐色—烟褐色、褐色—棕色。烟晶颜色不均匀，可呈细密的带状或斑状，呈透明—半透明状。烟晶含有较多的气、液包体和金红石包体，颜色不稳定，加热可变成无色。

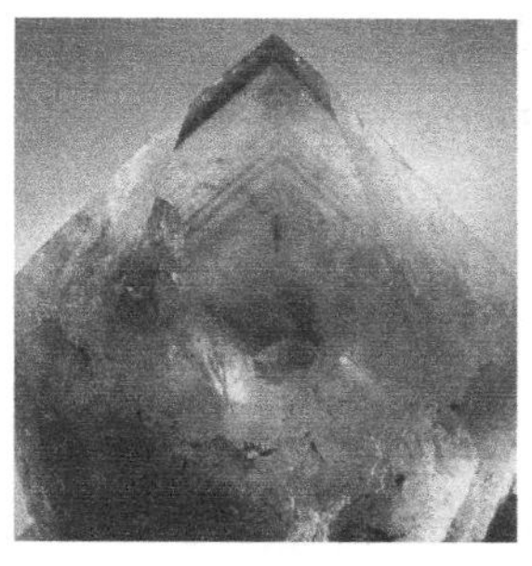

图 3–71 色带　　图 3–72 黄晶

（5）芙蓉石，一种颜色呈浅红色至蔷薇红色的水晶（图 3–74）。化学成分中含有锰和钛离子。芙蓉石呈致密块体，常具有无色带与彩色带相间分布的带状构造，透明度低，呈半透明的云雾状。芙蓉石的多色性不明显，可呈无色—浅粉色的多色性。晶体裂隙发育，常被褐铁矿等杂质充填。晶体中可见金红石包体。颜色不稳定，在阳光下可褪色。

（6）石英猫眼、星光水晶，水晶中含有定向排列或平行排列的针状、纤维状的包体时呈现星光效应或猫眼效应（图 3–75）。一般由于水晶宝石的透明度高，会使这些光学效应不典型，光学效应的效果也差。

图 3–73 烟晶

图 3–74 芙蓉石

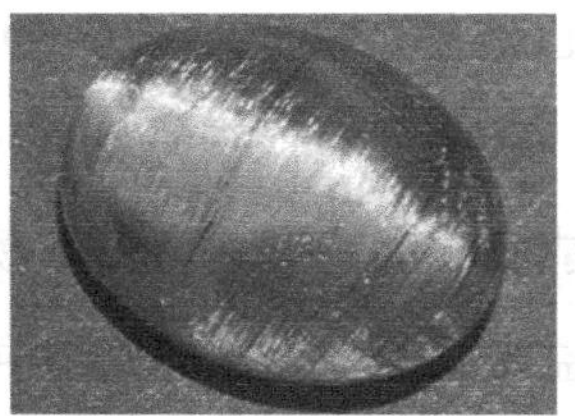

图 3–75 石英猫眼

3. 肉眼鉴别特征

（1）天然品鉴别，天然水晶中常含有矿物包体，密度小，透明度高，晶体具有典型玻璃光泽。晶体有压电性，手摸具有凉感。

（2）合成品鉴别，合成水晶中无天然矿物包体，也无气、液包体，透明度比天然水晶差，颜色均，反光面多。晶体中可见有种晶存在，呆板，反光强，呈亮白色。

（3）处理品鉴别，处理水晶的颜色很均匀，但色调灰暗，可见双色水晶，双色的界线平直清晰。

4. 主要赝品鉴别

（1）长石，宝石有蜈蚣状包体，呈阶梯状断口。

（2）方柱石，颜色均一，有棱刻面重影出现。

（3）堇青石，颜色呈紫蓝色，宝石具有明显的多色性。

（4）黄玉，宝石密度大，光泽强，硬度大。

（5）玻璃制品，观察无重影现象，有气泡。

5. 水晶质量评价与市场

水晶工艺品市场目前出现大型化特点，市场上合成紫晶多，小件天然水晶制品与合成水晶制品的价格差异不是很大。

6. 水晶产地

宝石级的水晶主要产在伟晶岩的晶洞中，主要的产地有巴西（主要产紫晶）、马达加斯加、美国、乌拉圭、南非、中国、俄罗斯等国家。

7. 文化

水晶在地球上经历了亿万年的生长过程，由此变得精美与纯洁。它除了因晶莹和美丽的外表被选作收藏摆设之用外，还有助于人的身心健康。科学家发现水晶原石不但能传送能量，而且具有接收和储存能量的功效。随着现代人类日常生活节奏增快和来自外界的压力增多，会造成人们不同程度的精神恍惚，心理压力过重，进而危及身心健康。然而，水晶却可以使人自我沉思与反省，可以抚慰浮躁的心态。

中国明代李时珍在《本草纲目》中，曾清楚指出水晶辛寒无毒，主治惊悸心热，能安心明目、去赤眼、熨热肿，可治疗肺痈吐脓、咳逆上气，溢毛发、悦颜色。用可益寿延年。古人认为它可以辟邪、护身和聚财，带来幸福和长寿；可以解毒和避免受伤，好比护身符。现代的人更相信水晶柱具有一种神秘的力量，能平衡身体的内分泌，加强脑细胞活动，带来健康、信心和好运。

五、坦桑石（Zoisite）

坦桑石是一种在坦桑尼亚发现的宝石品种，自发现以来以其蓝紫色的颜色得到人们的喜爱，是一种深受消费者欢迎的宝石。

1. 基本性质

坦桑石的化学成分和晶体结构决定了其基本性质，这些性质构成了人们鉴定坦桑石的科学依据。

（1）矿物名称，坦桑石的矿物名称为黝帘石，在矿物学中属绿帘石族。

（2）化学成分，坦桑石的化学组成主要为：$Ca_2Al_3(SiO_4)(Si_2O_7)O(OH)$，晶体中常含有铁、锰、钒、铬等杂质离子。

（3）形态，坦桑石属于斜方晶系，晶体常沿一个方向延长生长成柱状，也常发育有平行柱的晶面纵纹（图 3–76）。

图 3–76 坦桑石原石

（4）光泽，坦桑石呈典型的玻璃光泽。

（5）透明度，坦桑石一般呈透明状，也可呈半透明状。

（6）硬度，坦桑石的硬度不太大，HM=6~7，并随着化学成分的改变而变化；一组解理 {100} 完全。

（7）相对密度，坦桑石的密度随化学成分的改变而变化，其相对密度一般为 3.32~3.40，平均值为 3.35 左右。

（8）折射率，坦桑石的折射率为 1.691~1.700，双折射率为 0.009~0.010。色散值较高，为 0.021。

（9）吸收光谱，坦桑石的吸收光谱在 595 nm（黄区）处有一吸收带，528 nm（绿区）处有弱的吸收带（图 3–77）。

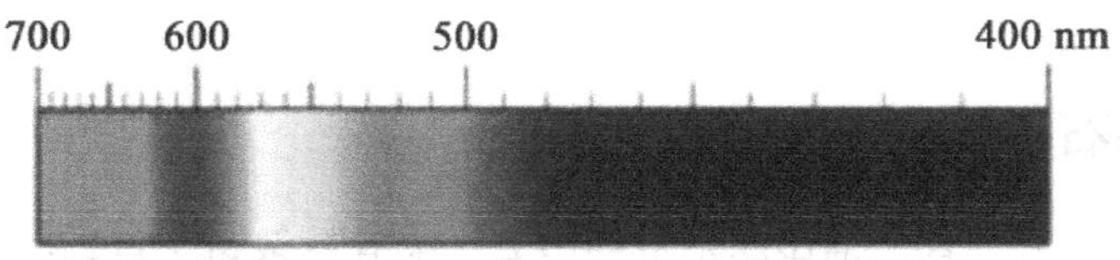

图 3–77 蓝色坦桑石吸收光谱

（10）荧光性，坦桑石无荧光性。

宝石学与宝石文化

（11）颜色，坦桑石的颜色比较丰富，常见为带褐色调的绿蓝色、灰色、褐色、黄色、黄绿色、绿色、蓝色、蓝紫色等颜色，但以蓝色、蓝紫色为主。

（12）多色性，坦桑石的多色性特强，主要呈三色性，即蓝色—紫红色—绿黄色。褐色坦桑石的多色性呈绿色—紫色—浅蓝色—黄绿色，坦桑石的多色性呈暗蓝色—黄色—紫色。

2. 肉眼鉴别特征

坦桑石的密度较大，具有强的三色性，颜色呈特有的蓝紫色。

3. 主要赝品鉴别特征

蓝宝石，密度大，手掂重，多色性弱。

4. 产地

宝石级的坦桑石目前仅产在坦桑尼亚。

5. 文化

坦桑石是有色宝石系相对较新的成员。随着最常见的坦桑石采矿热潮的发展，1967 年马赛部落成员在坦桑尼亚北部地区的 Merelani 偶然发现了一簇因泥土风化而突出的晶体，它们高度透明，呈现出鲜艳的蓝紫色。他提醒了名为 Manuel D’Souza 的当地寻宝人，其迅速登记了四项采矿权。

Manuel D’Souza 希望可以发现新的蓝宝石矿床。然而，这种蓝紫色的晶体并非蓝宝石，该矿床含有世界上最新的宝石之一。

没有人能够确定这种美丽的晶体是什么，但每个人都想争得采矿权，从而获得收益。这种新宝石最终被命名为坦桑石，而其知名度有时可以与三巨头相匹敌。

蒂芙尼公司认识到坦桑石作为国际畅销品的潜力，并达成了成为其主要分销商的协议。蒂芙尼以其原产国来命名该宝石，并于 1968 年对其展开大规模宣传。几乎在一夜之间，坦桑石就受到顶级珠宝设计师和其他宝石专业人士，以及对美丽且非凡的宝石有鉴赏能力的客户的热捧。

六、透辉石（Diopside）

透辉石作为宝石，是一种比较少见的宝石，尤其含铬离子呈现翠绿色而得到人们的喜爱，是一种受人们欢迎的宝石品种。

1. 基本性质

透辉石化学成分和晶体结构比较固定，因而其基本性质也比较稳定，是科学鉴定的标志。

（1）矿物名称，透辉石的矿物名称与宝石名称相同，同称透辉石。

（2）化学成分，透辉石是钙镁单链硅酸盐，其化学式为$CaMg[Si_2O_6]$，晶体中常含铁、铬等杂质元素。

（3）形态，透辉石属于单斜晶系，晶体常呈柱状体。

（4）光泽，透辉石呈典型的玻璃光泽，当含杂质时光泽有所减弱。

（5）透明度，透辉石晶体一般呈透明状，含杂质时透明度则降低，呈半透明状。

（6）透辉石由于杂质成分变化大，容易引起硬度也发生改变，HM=5.5~6.3。

（7）相对密度，透辉石由于化学成分中铁含量变化大，引起相对密度也发生改变，并且随着铁含量的增大而增大，相对密度一般为3.37，平均值为3.29。

（8）折射率，透辉石的折射率变化较大，为1.675~1.701，平均值为1.680左右，其值随着铁含量的增大而增大。双折射率为0.024~0.030。色散值较大，为0.013。

（9）吸收光谱，透辉石在505 nm（绿区）处有吸收线。当含铬时具有690 nm（红区）处双吸收线；670 nm、655 nm、635 nm（红区）处有吸收线（图3–78）。

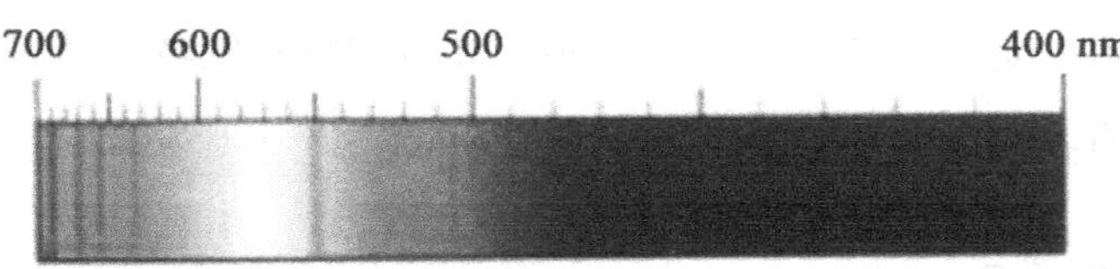

图3–78　透辉石吸收光谱

（10）荧光性，透辉石无荧光性。

（11）包裹体特征，透辉石晶体中可含有大量的定向排列的管状包体，呈现猫眼或四射星光效应（图3–79）。

图3–79　透辉石猫眼

（12）颜色，透辉石呈无色、浅绿色、深绿色、褐色、墨绿色、黑色等，并随铁含量增加而颜色加深。含铬时呈鲜艳的绿色。

（13）多色性，透辉石颜色越深，多色性越强，晶体多色性常呈浅绿色—深绿色。

2. 主要赝品肉眼鉴别特征

橄榄石，具有清楚的棱刻面重影现象，晶体中含有荷花状包体。

翠榴石，密度大，强火彩，晶体含有特征的马尾状包体。

水钙铝榴石，密度大，不透明，宝石常含铬铁矿包体。

绿碧玺，密度低，手掂轻，晶体多色性强。

金绿宝石，密度大，手掂重，宝石颜色常带有黄绿色调。

祖母绿，透明度高，呈典型的玻璃光泽，密度低，手掂轻。

3. 产地

透辉石宝石主要产于缅甸抹谷、斯里兰卡。铬透辉石产于南俄罗斯、芬兰。星光透辉石和猫眼透辉石产于印度。

4. 文化

透辉石又被戏称为“哭泣石”，因为水晶医疗学者认为透辉石具有催人泪下的功能，从而达到治疗精神创伤的效果。透辉石能给予佩戴者以创造力。透辉石还常与爱情和承诺等字眼联系在一起。水晶医疗学者还称，如将透辉石佩戴在靠胸的地方（如镶入项链坠里），将有益于人的心、肺及循环系统。

七、锂辉石（Spodumene）

锂辉石是一种低档的宝石，在我国的宝石市场上特别常见，是种深得我国消费者喜爱的宝石品种。

1. 基本性质

锂辉石化学成分和晶体结构比较固定，因而其基本性质比较稳定，构成了其科学鉴定的标志。

（1）矿物名称，锂辉石的矿物名称与宝石名称相同，同称为锂辉石。

（2）化学成分，锂辉石是锂铝单链硅酸盐矿物，其化学式为 $LiAl[Si_2O_6]$，晶体中常含有 Fe、Cr、Mn、V、Co、Ni 等杂质元素。

（3）形态，锂辉石属于单斜晶系，晶体常发育成短柱状体，平行柱方向有条纹。

（4）光泽，锂辉石呈典型的玻璃光泽。

（5）透明度，锂辉石一般呈透明状。

（6）硬度，锂辉石由于化学成分变化不太大，硬度也变化不大，HM=6.5~7.0。

（7）相对密度，锂辉石由于化学成分中变化不大，相对密度比较稳定，值一般为3.15~3.21，平均值为3.18。

（8）折射率，锂辉石的折射率变化不大，为1.660~1.676，平均值为1.670左右。双折射率为0.014~0.016。色散值较大，为0.017。

（9）吸收光谱，黄绿色锂辉石具有在438 nm、433 nm（紫区）处的吸收线；翠绿色锂辉石具有在690 nm、686 nm、669 nm、646 nm（红区）处的吸收线，620 nm处的吸收带。

（10）荧光性，紫锂辉石在长波下呈中—强的粉橙色荧光，短波紫外光下荧光相对较弱。

（11）颜色，锂辉石颜色主要有两种，即翠绿色与紫色。

（12）多色性，锂辉石的颜色越深，多色性越强。一般紫色者呈紫色—浅紫色—无色的三色性；翠绿色者呈深绿色—蓝绿色—浅黄绿色的三色性。

2. 主要赝品肉眼鉴别特性

石英，密度低，手掂轻，多色性差。

绿柱石，密度低，手掂轻，透明度高，多色性差。

黄玉，透明度低，多色性差。

3. 处理品肉眼鉴别

处理锂辉石宝石颜色呈亮黄色或绿色，但颜色稳定性比较差。

4. 产地

锂辉石主要产于花岗伟晶岩中，宝石级锂辉石的主要产地为巴西、美国、马达加斯加、中国，其中以巴西产出的宝石质量最好。

5. 文化

锂辉石并不是一种非常流行或知名度很广的宝石，但这并不妨碍宝石收藏家们对它们的喜爱。

伊丽莎白·泰勒的第六任丈夫查理·伯顿赠予她的9周年结婚纪念礼物就是紫锂辉石，因为泰勒的眼睛是独特的紫色。而锂辉石也因此而得名。

紫锂辉石（Kunzite），1902 年著名美国矿物学家乔治·弗烈德里克·昆兹博士首次发现了紫锂辉，终结了它被用于提炼锂元素的历史。

翠铬锂辉石（Hiddenite），1800 年在美国的北卡罗莱州亚历山大城被一个叫赫邓尼缇的采矿工人发现，由他的名字来命名，也被直译为希登石。

八、顽火辉石（Enstatite）

顽火辉石也是一种低档的宝石，在我国宝石市场上比较常见的有星光顽火辉石，是一种深得我国消费者喜爱的宝石品种。

1. 基本性质

顽火辉石化学成分和晶体结构比较稳定，基本性质也比较稳定，构成其科学鉴定的标志。

（1）矿物名称，顽火辉石的矿物名称与宝石名称相同，同称为顽火辉石。

（2）化学成分，顽火辉石是镁单链硅酸盐矿物，其化学式为 $Mg_2[Si_2O_6]$，常有铁代替镁进入晶体。

（3）形态，顽火辉石属于单斜晶系，晶体常发育成短柱状体。

（4）光泽，顽火辉石呈玻璃光泽，解理面呈珍珠光泽。

（5）透明度，顽火辉石一般呈透明—半透明状，随成分中铁的增加透明度降低。

（6）硬度，顽火辉石由于化学成分中常有铁的进入，引起硬度也发生改变。HM=5.0~6.0。

（7）相对密度，顽火辉石由于化学成分中铁的进入，引起相对密度也发生改变，值一般为 3.23~3.40，平均值为 3.25 左右。

（8）折射率，顽火辉石的折射率由于铁的进入变化较大，其值为 1.663~1.683，平均值为 1.673 左右，双折射率为 0.008~0.011。

（9）吸收光谱，顽火辉石具有在 505 nm（蓝绿区）处有强吸收线，在 550 nm（绿区）处有弱吸收线。

（10）荧光性，顽火辉石无荧光性。

（11）颜色，顽火辉石的颜色呈暗红褐色—褐绿色—黄绿色。

（12）多色性，顽火辉石具有弱—中的多色性，常呈褐黄、黄至绿、黄绿色的多色性。

2. 主要赝品肉眼鉴别特征

石英，密度低，手掂轻，多色性差。

绿柱石，密度低，手掂轻，透明度高，多色性差。

黄玉，透明度低，多色性差。

3. 产地

顽火辉石主要产于变质岩或岩浆岩中，宝石级顽火辉石原料主要呈卵石状产出，主要产地有缅甸抹谷、坦桑尼亚、斯里兰卡、中国等国家。

4. 文化

顽火辉石，名字来源于希腊语，意为对抗，因熔点高而得名。顽火辉石是斜方辉石族中的一个亚种，斜方辉石族是一个复杂的铁镁硅酸盐固溶体系列，由于铁的成分加大，矿物晶体颜色变深，大多数作为收藏品。

第四章

玉　石

第一节　玉石的共性

从第一章概论中可知，玉石是同种或异种矿物所组成的隐晶状集合体。按其价值及市场特征可分为三大类，即高档玉石、中档玉石及低档玉石。每个玉石档次中包含有多个玉石品种，每种玉石虽然因其化学组成和生长环境条件的差异，形成了各自特有的性质，但这些玉石都具有隐晶集合体这个共性，由这个共性特点决定了玉石具有相同的性质，即玉石共性。其内容如下。

一、玉石均为同种或异种矿物隐晶集合体

玉石在自然界形成时由于环境条件等因素制约，主要以隐晶的集合体形式出现，它可以是由同种矿物组成的隐晶集合体，如软玉；也可以是由不同种矿物组成的隐晶集合体，如独山玉。在大多数情况下，这些隐晶集合体呈不规则的块状，如独山玉；有时也呈现较规则的集合体，如某些玛瑙。当这些隐晶集合体表现出特有的自然艺术造型时，则构成了系列观赏石产品。

二、玉石颜色具有多样不均匀性

玉石是集合体，即由许多同种或异种矿物组成，这些矿物中所含的杂质离子在不同的玉石位置上的种类与含量往往差异较大，同时玉石形成环境条件或形成后经历的环境条件差异较大，因此，会导致玉石呈现颜色的种类和颜色深浅程度的不同，各种不同颜色分布的范围也有所不同，可导致多种不同颜色出现在同一块玉石上。如玉石翡翠（基本由同种硬玉矿物组成的集合体）和独山玉（由不同种矿物构成的集合体）的颜色就是呈这样分布的典型代表。另外，有时由于矿物之间结合方式的差异对入射光进行了干涉、漫反射，也会引起玉石的颜色不同。如玉石欧泊就是由于光的漫反射等物理效应而呈现不同颜色的色块变化，即变彩效应。

宝石学与宝石文化

三、玉石透明度差

玉石是集合体，由许多细小的同种或异种的矿物组成。这些矿物个体的颜色、形状、结晶特征及相互之间的组合关系，即结构构造的不同，会导致入射光通过玉石时因受到干涉、反射、折射等的能力与表现不同，引起玉石的透明度出现差异。如光通过由同种浅色矿物集合体组成的玉石时，玉石呈半透明状，像石英质玉、白密玉的透明度；当光通过矿物集合体且结晶程度较好的呈纤维交织结构的玉石时，玉石呈现比较好的透明—半透明状，像高质量的翡翠呈较透明状；当光通过矿物集合体结晶程度较差且形成粒状隐晶结构的玉石时，玉石呈不透明状，像绿松石则呈不透明状。

总之，玉石是矿物集合体，光通过时受到的干扰要比宝石大得多，所以玉石的透明度整体上要比宝石差得多。

四、玉石光泽为集合体光泽

玉石的光泽是玉石集合体表面对光的反射能力，它的特征主要取决于组成玉石个体的化学键性质及个体之间的结合方式等因素。不同矿物种类个体的化学键及个体之间结合方式的不同会引起玉石的光泽不同，如组成翡翠个体硬玉的化学键是由离子键与共价键形成的复合键，个体之间以纤维交织状结合，光照射翡翠表面会形成干涉，造成翡翠的光泽呈玻璃质的油脂光泽。如组成软玉的个体为透闪石和阳起石矿物，其化学键为含“水”的离子键、共价键形成的复合键，个体之间结合成交织状的集合体，人射光照射软玉表面时会受到反射、干涉、漫反射，造成了软玉的光泽呈标准的油脂光泽。如组成岫玉的个体是蛇纹石矿物，其化学键是由离子键、共价健和分子键形成的复合键，个体之间结合成比较紧密的毡状集合体，入射光照在岫玉的表面会形成漫反射而造成岫玉的光泽呈蜡状光泽。还有组成绿松石的个体为隐晶质的绿松石，其化学键也是由离子键、共价键和水分子键形成的复合键，个体之间形成粒状结构，结合得不紧密，光照射在绿松石的表面时会产生强的漫反射现象，造成绿松石的光泽呈瓷状光泽。

五、玉石密度相对变化大

玉石由于其形成环境比较复杂，且形成的温度、压力相对要低，对化学组成相对要求较低，且可以形成由不同种矿物所组合的集合体。由于各种矿物化学组成的复杂性和晶体结构不同，其密度也不同。所以玉石的密度变化范围比宝石要大得多。如独山玉的相对密度在 2.73~3.18 之间，变化范围很大。但不同种的玉石由于其主要组成矿物种类相对比较稳定，所以其相对密度有一定的分布范围，如翡翠的相对密度在 3.30 左右; 软玉的相对密度在2.95左右。这些相对密度分布范围可作为鉴别玉石的特征标志。

六、玉石的加工具有自由性（个性），加工工艺特点具有多变、复杂性

玉石是集合体，而玉石的价值主要由原材料与加工结合形成一件艺术品来综合体现。要使光线照在玉石上呈现出最佳的艺术效果和美学效果，玉石的加工要多样化，加工方式要多变。由于不同种玉石的化学组成、化学键及形成集合体的个体和个体之间结合方式差异较大，造成玉石的物理性能不同，也影响着玉石加工的工艺。如软玉的韧性极强，人们在加工软玉的过程中，可以运用多种工艺，包括阴刻、阳刻、圆雕、镂雕、浮雕等，使加工成的软玉工艺品更加生动、美丽。另外，玉石是集合体，对光线的选择无方向性，这为人们通过加工玉石工艺品而艺术地表达思想感情，提供了比加工宝石更广阔的领域，对发挥工艺师的智慧提供了更广阔的舞台。玉石这一特有性质为发挥复杂、多变的加工工艺制造了良机。但玉石的加工是工艺美术品的加工范畴，其艺术创造和表现形式要受到玉石材料性质、材料特点等的限制，所以玉石加工只能因材而施。我国的玉石加工工艺目前处于世界领先地位，这也是中华民族对世界艺术之林所作出的杰出贡献。

七、玉石的体积、重量相对较大

玉石是集合体，在自然界的条件与环境下，其生长的速率相对快，个体之间结合的方式复杂，所形成集合体的体积与宝石相比要大得多，其重量同样也重得多。目前已发现的最大玉石集合体重量可达几万吨。目前已知最大、最重的软玉玉石工艺品是现存北京故宫博物院的清代《大禹治水图玉山》，重约 6 t。

八、玉雕作品上易出现俏色

玉石是集合体，由同种或异种矿物组成，由于其生长环境的复杂多变，造成一块

玉石原料上不同的地方呈现不同的颜色，最典型的玉石例子是翡翠。红者称为翡，绿者称为翠。我国劳动人民早在几千年前就创造出了玉石加工的俏色工艺，即利用玉石原料上的不同颜色进行构思、创造、加工，用不同的颜色来丰富、表达工艺品的主题，使玉石工艺品呈现出多姿多彩的艺术效果。

九、玉石的韧性较强

玉石是集合体，所形成的个体之间的结合特点可产生缓冲力，使玉石具有特有的韧性。当然，不同玉石组成的个体之间的大小、形状、结合关系的不同，导致不同玉石的韧性差异较大，但所有玉石的韧性一般都要大于宝石。

十、玉石的导热性较强，但差异较大

玉石对热的传导能力相对较强，即传热的速度较快，作为首饰，使人们感到有凉爽的感觉。但不同的玉石受其化学组成、化学键、个体差异、结合关系等因素的影响，它们之间的导热性差异也较大。如翡翠的导热能力相对要强；玛瑙的导热能力相对要弱。但与非晶体、塑料、玻璃相比较，玉石的导热性要远远大于它们。

第二节　高档玉石

高档玉石是指一类在价值档次上比较高贵的品种，这些玉石原料在自然界产出量较少。高档玉石品种主要有翡翠、软玉、欧泊。这些玉石的鉴定特征各不相同，形成工艺品的价值也相差较大，但总体价值比较昂贵。

一、翡翠（Jadeite）

翡翠是目前玉石市场流行数量较大、价值较高的一种玉石，它以其漂亮的颜色、玻璃般的质地而得到人们的喜爱，是市场上极其受欢迎的一种玉石。

1. 基本性质

翡翠的基本性质受其化学组成、矿物组成和矿物个体之间结合关系的制约，其性

质虽然比较复杂多变，但也在一定的稳定范围内，这构成了翡翠科学鉴定的依据。

（1）玉石名称，翡翠的名称来自热带雨林中的一种鸟名，这种鸟雄性的颜色呈红色，人们称为翡鸟；而雌性鸟的颜色呈绿色，人们称为翠鸟。据此，人们称翡翠玉石的红色为翡，绿色为翠，合起来称为翡翠（图 4–1）。

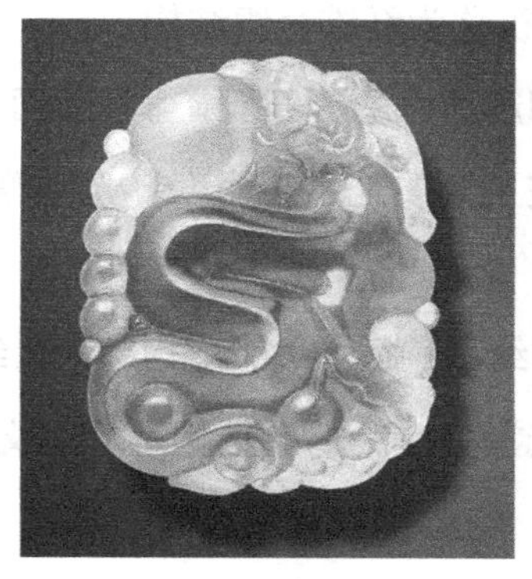

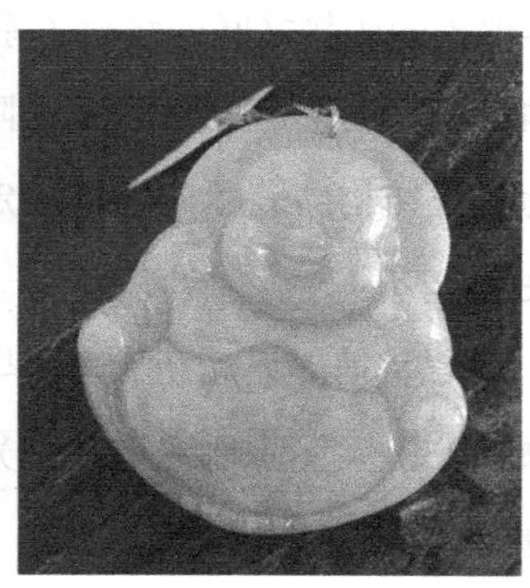

图 4–1 翡翠

（2）矿物组成，翡翠是以硬玉为主的隐晶质细小的矿物组成的集合体。组成翡翠的主要矿物成分除了硬玉以外，还有各种辉石类矿物，如钠铬辉石、透辉石、霓石、霓辉石等。还有闪石类矿物，如透闪石、阳起石、角闪石等以及钠长石、铬铁矿、磁铁矿、赤铁矿和褐铁矿等矿物，这些不同矿物的组合可形成翡翠的不同种属。

常见品种有主要由硬玉构成的翡翠；由闪石类矿物构成的翡翠；由钠铬辉石类矿物构成的翡翠。在这些不同种属中，上述矿物的种类可以同时出现，只是其含量不同而已。

（3）化学成分，翡翠由以硬玉为主的矿物集合体组成，而硬玉是钠铝硅酸盐，化学成分为 $NaAl[Si_2O]$，并且常含有少量的杂质离子，主要是 Cr、Fe、Mn、Ca、Mg、Ti、S、Cl 等元素的离子。这些杂质离子的种类、含量对翡翠的颜色、质量起着决定性的作用，是翡翠作为高档玉石不可缺少的物质基础。

（4）结构构造，玉石是细小矿物集合体，这些矿物在玉石中呈现的颗粒大小、形状，颗粒之间的结合关系等被称为玉石的结构构造。可以用肉眼、手持放大镜或宝石显微镜观察组成玉石矿物的结构构造特征，这一点在玉石鉴定中特别重要。因为玉石的结构构造特征是决定玉石质量的最重要指标，是体现玉石价值的重要内容之一。翡翠的结构构造可分为以下几种。

①粒状纤维交织结构，组成翡翠的主要矿物是硬玉，当观察到硬玉呈柱状或拉长

的粒状，近乎定向排列，其矿物颗粒较粗，边界平直，没有遭受动力变质和明显的蚀变作用时，这种矿物之间的结合关系被称为粒状纤维交织结构。

②纤维交织结构，由于在硬玉集合体形成后，遭受后期的动力变质作用，使大颗粒晶体破裂成小颗粒，进一步变质强烈可形成糜棱结构，矿物颗粒发生亚颗粒化，发生动态重结晶等现象的矿物之间的结合关系被称为纤维交织结构。

③交代结构，由后期形成的角闪石、阳起石、透闪石等矿物交代了硬玉矿物所形成的结构被称为交代结构。翡翠的结构决定了其质地、透明度、光泽等特征。一般情况下石翡翠呈块状构造。

（5）光泽，翡翠呈玻璃质光泽，光泽与结构特征有关，结构呈粒状纤维交织结构、交代结构者矿物颗粒粗大，质地粗糙，则光泽就差；翡翠结构呈纤维交织结构者矿物颗粒细小，质地细腻致密，则光泽就强。

（6）透明度（玉石行业中称为水头），翡翠常呈半透明—不透明状，透明度与其结构特征有关。翡翠呈粒状纤维交织结构、交代结构者矿物颗粒粗大，质地粗糙，则透明度就差，水头差；翡翠呈纤维交织结构者矿物颗粒细小，质地细腻致密，透明度就强，水头也就好。另外，翡翠中杂质元素含量太高时，其透明度也低，水头也差。

（7）硬度，翡翠由于是集合体，并且含有许多杂质矿物，其硬度可以发生变化，一般情况下，HM=6.5~7，是硬度比较大的玉石品种。

（8）相对密度，翡翠的相对密度与矿物种类和杂质元素的含量有关，其相对密度有一定的变化范围，值一般在3.30~3.36之间，平均值为3.32。

（9）折射率，翡翠的折射率大小与其矿物种类和杂质元素的含量有关，其值可在一定范围内发生变化，折射率一般在1.66~1.668之间，平均值为1.667。而点测法（测量折射率的一种方法）得到的值为1.65~1.67，平均值为1.66。

（10）吸收光谱，翡翠的特征吸收谱线在437 nm处。含铬的翡翠的特征吸收谱线在690 nm、660 nm、630 nm处。谱线的清晰程度与翡翠的绿色有关，绿色越艳丽，谱线越清晰；否则反之。染色翡翠在660 nm处有吸收宽带。

（11）荧光性，大部分的翡翠无荧光效应，少数绿色翡翠有弱绿色荧光。白翡翠中发生蚀变可产生弱蓝色荧光；漂白、注油翡翠可见橙色荧光；处理翡翠呈无—弱—中的黄绿色、蓝绿色、绿色荧光；染红色的翡翠有橙红色荧光。

（12）解理（翡翠行业中称为翠性），翡翠的翠性有两种含义：一种是指翡翠品种中的绿色；另一种是指硬玉由于有两组完全解理，在组成翡翠集合体的表面会显示出星点状、不连续的线状的闪光，玉石行业称为“苍蝇翅”的现象。这种翠性的大小与显著程度与翡翠的硬玉颗粒有关，翠性小，反映硬玉颗粒小，反之翠性大，硬玉颗粒大。

（13）韧性，翡翠的韧性取决于硬玉的矿物颗粒。当硬玉颗粒细小，颗粒之间结合紧密时，则韧性好；当硬玉颗粒粗大，颗粒之间结合性差时，则韧性差。

（14）颜色，翡翠的颜色丰富多彩，是所有玉石中颜色最漂亮者。它的颜色主要有以下几类。

白色，又称白翡，不含杂质的硬玉集合体。在自然界经常呈带弱灰色、弱绿色或带弱黄色及褐色调的白色。白翡产量大，主要作雕件。

绿色，翡翠的主要颜色，即被称为“翠”的颜色。按绿色的深浅可分为浅绿色、绿色、深绿色和墨绿色等。颜色中往往含有其他的杂色调，常见的有黄绿色、灰绿色、蓝绿色等颜色。翡翠的绿色主要是硬玉中含有微量的铬、铁等离子引起的，这些杂质离子的含量越高，绿色越深。如当硬玉中含适量的铬，微量的硫、氯离子时颜色呈翠绿色；含铬量很高时，颜色呈黑绿色；当含铁离子时，颜色呈发暗的绿色。

紫色，即紫翠，又称紫罗兰。按颜色深浅可分为浅紫色、粉紫色、紫色、蓝紫色及蓝色。有人认为紫色是微量的锰引起的；也有人认为是 Fe^{2+} 和 Fe 之间发生电子转移引起的。

黄色和红色，这两种颜色均为次生颜色，均为原生翡翠长期暴露于地表发生了风化淋滤作用，使 Fe^{2+} 变为 Fe 形成的赤铁矿或褐铁矿所引起。这些风化矿物呈细小的微粒状进入翡翠颗粒之间的裂隙缝中使翡翠呈现黄色或红色。红色，即被称为“翡”。

黑色，黑色翡翠有两种，一种颜色呈深墨绿色，主要是其含铁、铬太高所造成的，这种翡翠折射率高，密度大；另一种颜色呈深灰色—灰黑色，主要是翡翠中含有暗色矿物的杂质所造成的，表面比较脏。翡翠的颜色千变万化，其颜色的形状、组合、分布、变化多端，颜色会引起翡翠品种发生变化。

2. 品种

翡翠品种（即翡翠的种属）的划分是一种商业行为，它代表了翡翠的质量与价值，在翡翠贸易中起着十分重要的指导作用。目前，珠宝界将翡翠按透明度（水头）与颜色相结合来划分，结果如下。

（1）半透明品种（又称老坑种），翡翠块体致密细腻，透明度高（水头好），颜色均匀。再按绿色中带黄色调的多少可进一步分为：

宝石绿，翡翠的颜色通体像祖母绿颜色一样透亮、美丽，宝石呈玻璃光泽，一般称其为玻璃底，是价值最昂贵的翡翠品种。

绿，翡翠的颜色呈鲜艳的绿色，透明度好（水头极好），光泽强。

黄阳绿，翡翠颜色呈带黄色调的艳绿色，透明度好（水头极好），光泽强。

葱心绿，翡翠呈带黄色调的鲜绿色，透明度好（水头极好），光泽好。

阳俏绿，翡翠呈像树叶一样的黄绿色，透明度好（水头好），光泽也好。

金丝绿，翡翠呈黄绿色，黄色调明显增多，透明度较好（水头较好），光泽也较好。

（2）半透明—微透明品种，翡翠块体较致密、较细腻，透明度较高（水头较好）。按绿色中颜色深浅及均匀程度可细分为：

疙瘩绿，翡翠的颜色呈不均匀的绿色，透明度较好，水头较好；

鹦鹉绿，翡翠颜色为带黑色调的绿色，透明度一般，水头一般；

菠菜绿，翡翠颜色呈暗绿色，透明度一般，水头一般；

油青，翡翠颜色呈暗褐绿色，透明度一般，水头一般；

豆青绿，翡翠颜色呈褐绿色，色干，透明度一般，水头一般。

（3）微透明品种，翡翠块体致密性较差，比较粗糙，透明度较底（水头较差）。按绿色中颜色深浅及均匀程度可细分为：

干疤绿，翡翠颜色呈不均匀的绿色块，透明度较差，水头差；

花绿，翡翠颜色呈白色与绿色相间分布，色较干，透明度差，水头差；

白底青，翡翠颜色呈底色为白的绿色，色发青、发干，透明度差，水头差；

瓜皮绿，翡翠颜色呈西瓜皮一样的褐绿色，色发干，透明度差，水头差。

（4）其他品种，翡翠块体呈致密细腻状，透明度高（水头好）。也可以呈较致密细腻或不致密，水头可好可差，其颜色可均匀也可不均匀。主要品种有：

紫罗兰，颜色主要呈均匀的紫色翡翠，即紫翠；

翡，颜色主要呈均匀的红色翡翠，简称翡；

黄色翡翠，颜色主要呈均匀的黄色翡翠；

春花，紫色、绿色与白色相间分布的翡翠，紫色与绿色无形；

福禄寿，绿色（福）、红色（禄）、紫色（寿）同时存在于同一块翡翠上，象征吉祥如意；

桃园结义，白色（喻刘备）、红色（喻关羽）、黑色（喻张飞），同时存在于一块翡翠上，象征友谊长存。

3. 肉眼鉴别特征

（1）A、B、C、D“货”，在珠宝行业中，将翡翠分为A、B、C、D“货”，其含义如下：

“A货”，指对产于自然界的翡翠原料只仅仅进行机械加工的翡翠工艺品。

“B货”，指对产于自然界的翡翠原料经过人工酸碱浸泡处理杂质后，用不带颜色的树脂等充填物进行充填后的翡翠工艺品。

“C货”，指对产于自然界颜色差或无色的翡翠原料。人工采用各种方法改变了其局部或全部颜色的翡翠工艺品。

“B+C”货，指对产于自然界的翡翠原料经过酸碱浸泡处理杂质后，进行充填和同时使用各种方法改变了翡翠局部或全部颜色的翡翠工艺品。

“D货”，指市场上用来冒充翡翠的其他材料制成的工艺品（即翡翠赝品）。

（2）天然品（A货）肉眼鉴别，天然翡翠有翠性（即在翡翠的表面呈现出明显线状、星点状、片状闪光），“苍蝇翅”明显。翡翠颜色丰富而艳丽，各种颜色可以同时出现在同一块翡翠体上。颜色有色根，常呈丝网状或条带状，沿裂隙分布。翡翠呈油脂状玻璃光泽，透明度（水头）一般较好。翡翠工艺品抛光后手感特别光滑细腻。翡翠导热性较强，将其紧贴脸或手背时感觉到有明显的清凉感。翡翠密度大，手掂重，是最凉最重的一种玉石。翡翠结构致密，所以声韵清脆、均匀、响亮。

（3）处理翡翠（B货）肉眼鉴别，翡翠工艺品表面比较干净，透明度（水头）降低，呈蜡状光泽、树脂光泽、玻璃光泽或呈玻璃光泽、树脂光泽与蜡状光泽的混合光泽，手摸有温感。翡翠结构比较松散，声韵沙哑，手掂轻。颜色分布较浮，看起来不自然，出现色带断开，即丝状、带状颜色分裂开。颜色呈现发黄又发蓝现象。表面显橘皮效应（即在翡翠表面出现凹凸不平，由绺裂组成了纵横交错的沟渠）。

（4）人工着色翡翠（C货）肉眼鉴别，翡翠的颜色浮现于表面，呈蛛网状分布，阳光下颜色分布不自然，深浅不一，裂缝处颜色深，无裂缝处颜色浅，甚至呈白色。无色根，颜色发邪，长期在阳光下或接触酸、碱溶液会氧化，则颜色会变成褐色或浅色，甚至无色，颜色极不稳定。翡翠的表面结构粗糙，不光滑。

（5）主要翡翠赝品（D货）肉眼鉴别。

宝石学与宝石文化

软玉，无翠性，质地更细腻，润性更强，透明度（水头）差，密度低。

岫玉，黄绿色，色浅均匀，蜡状光泽，硬度低，手摸不光滑，密度低。

马玉，浅绿色，绿色呈片状分布，颜色较均一，无翠性，密度低，手掂轻。

东陵石，颜色呈片状绿色，绿色和白色相间分布，密度低，手掂轻。

澳玉，属于绿玉髓，密度低，手掂轻，无翠性。

密玉，无翠性，密度低，手掂轻，玻璃光泽。

石榴石玉，绿色不均匀，常见暗绿或黑色斑点，无翠性，密度大。

独山玉，呈不均匀蓝绿色，颜色呈块状，无翠性。

天河石，呈浅蓝绿色，发育的解理呈蜈蚣状包体，密度低。

加州玉，呈黄绿色—绿色，色均匀，具有放射状结构。

葡萄石，具有放射状的球形集合体，颜色呈暗绿色，密度小。

（6）主要仿翡翠（赝品）肉眼鉴别。

料器，是人造玻璃。呈半透明绿色，有圆形气泡，颜色不均匀，有旋涡状构造，贝壳状断口。

仿玉玻璃，颜色鲜艳、均匀，透明—半透明状，有气泡，密度小。

脱玻化玻璃（依莫利宝石），密度低，手掂轻，硬度低，贝壳状断口。

现代仿翡翠玻璃，呈半透明—不透明状，具梳状、叶片状结构，密度低，贝壳状断口。

注意：所有的玻璃制品都是使用模具倒出来的，无雕刻痕迹，工艺比较粗糙，加工细节不清。

4. 质量评价标准

翡翠的质量评价标准包括颜色、结构、透明度、净度、加工工艺、重量等方面，各方面的评价意义是不等同的，对翡翠价值的影响也各不相同。

（1）颜色，颜色评价是翡翠质量评价的最关键因素，颜色评价的指标包括以下几点。

①纯正。高档翡翠颜色要求为纯正的绿色或带弱黄色调的绿色，含其他杂色的数量越少，则翡翠的质量越高；否则翡翠的质量则降低。

②浓艳。浓艳即颜色的饱和度和明亮程度搭配适中。颜色过浅的绿色因过于明亮显得不够艳丽；过深的绿色因透明度降低而显沉重。

③均匀。自然界产的翡翠颜色多呈丝带状，很少出现均匀者。一般颜色达到通绿

色者为高档品；否则为低档品。

④协调。翡翠的颜色虽然不均匀，但其绿色与周围的颜色若能达到一种协调和互为衬映的关系时，也会成为一块高质量的翡翠。

（2）结构，翡翠的结构是决定其质量的关键因素。当翡翠具有纤维交织结构时，其质地致密而细腻，是高档翡翠原料；当其结构呈粒状纤维交织结构时，其质地粗糙而不致密，则翡翠原料的质量会下降；当其结构呈交代结构时，质地松散粗糙，翡翠原料的质量会更差。

（3）透明度（水头），翡翠是隐晶集合体，透明度的高低取决于组成集合体矿物的颗粒大小、结合方式（结构）、裂纹多少、颜色深浅等多种因素。一般情况下，矿物颗粒细小、具有纤维交织结构、裂纹少、颜色较浅时，翡翠的透明度高，即水头好；否则透明度差，水头差。一般翡翠都呈半透明—不透明状，只有具有艳丽的颜色及一定透明度者方为上品。

（4）净度，翡翠的净度与玉石内部所含的其他矿物包裹体和绺裂等的多少有关。自然界所产的翡翠常有白色或黑色的矿物及其集合体，这些均影响翡翠颜色和美观，即影响着翡翠的质量。同时这些包裹体的物理性质与翡翠本身有差异，也影响着翡翠的加工质量。一般高质量的翡翠要求包裹体少、小，其整体净度高，并无绺裂。

（5）加工工艺，翡翠的加工工艺水平是决定其价值的又一个关键因素。按市场分级的要求可以分为特级品、商业品、普通品。特级品，首先要求翡翠原料上乘；加工的艺术品要构思新颖，具有出其不意、独特巧妙的效果；工艺复杂、细腻，俏色处理恰当，布局合理，明暗对比明显。商业品，要求翡翠原料良好，加工熟练，工艺流畅，抛光效果会相对较好。普通品，对原料要求低，加工整齐规范，抛光优良，颜色处理合适恰当，个头较小。

（6）重量，翡翠工艺品的价值主要体现在颜色、质地、透明度和加工工艺水平方面，对重量的要求不是很高。但在颜色、透明度和加工工艺水平相同的条件下，尺寸越大价值越高。

5. 交易市场

翡翠工艺品的交易按其质量水平主要分为两种交易方式进行。

质量高的翡翠工艺品一般进行拍卖交易，这类翡翠工艺品数量少、质量高、价格高，交易数量十分有限。

质量一般的翡翠工艺品则进行商业贸易，这类翡翠工艺品数量多、质量不高、价格低廉，容易被大众接受，交易数量特别巨大，是翡翠工艺品的主要交易方式。

翡翠的价格一般随颜色绿—红—紫依次降低，这种依颜色决定价格的行为具有民族性、地域性、历史性、文化性，即世界上不同国家、不同地区、不同民族的风俗习惯、不同文化背景特征对颜色有奇特的选择与爱好，这也决定着不同颜色翡翠的价值。如东亚地区的民族对绿色有特殊的偏爱，这就使得绿色翡翠在东亚的价格特别高。

6. 原石交易特征

翡翠的原石受产出地的自然气候、环境条件等因素的影响，在原石外表形成了一层较厚的风化壳，这个风化壳的存在给翡翠原石带来了一层神秘的色彩。几百年来，人们直接进行原料猜测交易，形成所谓的“赌石”市场，这种市场的风险性和巨大增值空间刺激了人们的欲望，不知演绎出了多少家的欢乐和忧愁，使得少数人一夜间变为百万富翁，也使无数人一夜间倾家荡产变为穷光蛋。

按照市场交易特点，将直接产于矿区的翡翠原料称为毛料。毛料特点是密度大，手掂重。多数毛料有皮有雾，断口呈阶梯状，抛光面呈强玻璃光泽，硬度大，可以看到翠性。

1）毛料的分类

毛料按产出环境的不同可分为以下几种。

（1）籽料，产于现代或古代河床中的原料，一般呈鹅卵石状。这种原料在自然产出后落入河水，经过河水的浸泡、冲刷、磨损、搬运等过程，打磨掉了棱角的同时，也清除掉了其中的杂质和裂隙，使原料变得更致密、细腻，质量得到明显的提高。这种原料可无风化壳，也可有风化壳，但风化壳比较薄。一般情况下，籽料的价值比较昂贵。

（2）旧山料（又称老山料），产于过去矿山坑口的原料。这种原料由于开采历史很久，经历了自然界的风吹雨淋、日光暴晒、风餐露宿的洗礼，使原料在原地进行了部分净化，质量有所提高，但比不上籽料质量。这种原料一般有比较厚的风化壳。

（3）山料（又称新山料），为现代从矿山上直接开采出来的原料，这种原料刚开采出来，很新鲜，几乎无风化壳，但含杂质和裂隙比较多，质量比较差，一般价值比较低。

这几种原料经历不同的产出环境，质量明显不同，但都无法保证其颜色的特征，这就是催生“赌石”交易的客观条件。在翡翠原料交易过程中，除了自然界客观原因造成原料内颜色难以识别外，还有一些不良的商人进行毛料造假，即人为制造一些颜色假象。

2）作假手法及鉴别特征

（1）作假皮，指的是人工在翡翠原料切口处贴上一层绿色的薄膜，这种原料切皮处显得呆板，颜色不自然，颜色无根、无雾。

（2）作假切口，指的是人工已挖取了翡翠中的绿色部分，这被称为掏心。然后再用绿色的涂胶灌入被挖取的地方，用水泥等材料进行封口，再沿相反方向开窗口，显示有绿色。这种原料一般很脏，要特别注意鉴别。

（3）染色，人工制造翡翠原料的颜色。这种颜色一般不正，仅浮在原料的表面，无色根，易褪色。

在“赌石”交易过程中，无数人经过无数次成功与失败，总结出了“赌石”交易的行规，即赌石行话，如“神仙难断寸玉，玉石无专家”，这说明翡翠原料的颜色、质量的规律性比较差，人们难以掌握。如“不识场口，不玩赌货”，反映出经验、经历或知识不具备，不要参加“赌石”交易买卖。如“宁买一条线，不买一大片”，反映了翡翠原料上颜色的分布规律，表面一大片绿色者往往里边无绿颜色，而外边看起来绿颜色呈线状分布者，里边往往绿颜色成片分布，这是一般的绿颜色分布规律。但有时也有例外，如“一刀穷，一刀富，一刀披麻布”的行语，则反映出翡翠“赌石”交易的风险性，既可以很快成为富翁，也可以很快变为穷光蛋。

7. 产地特征

翡翠的主要产地在缅甸，其产量占世界翡翠产量的95%以上。此外在危地马拉、俄罗斯、美国、日本、新西兰等国家也有少量产出。缅甸翡翠主要产于印度板块与欧亚板块结合部地带，位于缅甸北部孟拱西北部的乌尤河上游地区。按其产出特征可分为以下两种。

（1）原生矿床，为产于原岩中的翡翠矿体。一般呈脉状、透镜状和岩株状。矿体具有环带构造，环中心产优质翡翠，环外产硬玉钠长岩，所产翡翠原料称为山料。

（2）外生矿床，为产于冲积砂层的翡翠矿床和产于第三纪砾岩层的翡翠矿床。前者主要产于乌尤河上游的度冒及东南的坎底、蒙冒、潘冒、卡查帽、塞克米梗、桑卡等地，以产于坎底、蒙冒的翡翠最著名。以黑皮者多。产于第三纪砾岩层的翡翠矿床，以韦卡帕卡所产翡翠最著名。以黄沙皮、白沙皮及浅褐色皮者多。

8. 文化

翡翠，自古以来就以它的深邃晶莹的质地，蕴涵着神秘东方文化的灵秀之气，有着“东方绿宝石”的美誉，被人们奉为最珍贵的宝石。全世界真正意义上的翡翠95%以上产于缅甸，特别是优质翡翠几乎全部来自缅甸。放眼全世界，还有几个国家，像新西兰、南美等历史上也曾出现过玉文化，但只是兴盛一时就终结了，只有中国例外。

汉代许慎在《说文解字》中解释说：“翡，赤羽雀也；翠，青羽雀也。”古人用两种美丽的小鸟来命名一种宝石，该是拥有一种怎样动人的情怀，无形中为这种宝石增添了一种悠远的文化气息。

“谦谦君子，温润如玉”，翡翠正是以它优雅华贵深沉稳重的品格，与中国传统玉文化精神内涵相契合，征服了中国大众的心灵，被推崇为“玉石之王”。

中国人对翡翠的特殊爱好自古就有之，对翡翠的喜爱甚于金玉等，在古时候，“君子无故，玉不去身，君子于玉比德焉”，并以其温润的颜色代表仁慈，坚韧的纹理象征智慧，不伤人的棱角表示公平，轻敲之声，清爽舒畅，是廉直美德的体现。

玉器文化是中国历史长河流传下来的文化，是中国特有的一种深奥唯美的文化，充溢了中国整个历史时期，关于玉器的趣闻，更是多姿多彩，光彩夺目，足见中华民族对玉器的热爱至深至诚，至迷至痴。由此形成了中国人用玉的传统观念，即尊玉、爱玉、佩玉、赏玉、玩玉。

二、欧泊（Opal）

欧泊是一个外来品，在欧洲历史比较悠久，传入我国的历史不太长，仅有300年。欧泊在国外，特别在欧洲，被当作宝石。在我国按照国标（GB）对珠宝玉石的定义属于玉石范围。它也是一种深受人们欢迎的高档玉石，在玉石市场扮演着重要的角色。

1. 基本性质

欧泊的基本性质受其化学组成、矿物球粒堆积方式所制约，其性质构成欧泊科学鉴定的依据。

（1）玉石名称，在珠宝行业中被称为欧泊。

（2）矿物组成，组成欧泊的主要矿物是贵蛋白石，矿物成分比较纯净，仅含有少量的杂质矿物，如石英、黄铁矿、褐铁矿等。

（3）化学成分，欧泊的化学成分为 $SO_2 \cdot nH_2O$，其中 SO_2 占总量的 80%~90%，H_2O 占总量的 10%~15%。

（4）结构构造，欧泊是非晶质的胶体矿物，它常以胶状集合体出现，呈块状构造。

（5）形态，欧泊胶状集合体常呈葡萄状、钟乳状、皮壳状等。

（6）透明度，欧泊大多数呈透明—半透明状，个别呈微透明—不透明状。

（7）光泽，欧泊呈树脂光泽—玻璃光泽。

（8）硬度，欧泊的硬度由于含水变化比较大，HM=5~6.5，常具贝壳状断口。

（9）相对密度，欧泊的相对密度随含水量的变化而变化，值一般为 2.06~2.23，平均值为 2.15。

（10）折射率，欧泊的折射率为 1.365~1.470，一般点测法值为 1.45。火欧泊的折射率为 1.370。

（11）吸收光谱，欧泊中唯有绿色欧泊具有在 60 nm（红区）、470 nm（蓝区）处吸收线，其他无吸收谱线。

（12）发光性，黑欧泊或白欧泊具有中等的白色、浅蓝色、浅绿色和黄色荧光，有持续时间比较长的磷光。火欧泊具有中等的绿褐色荧光，可具有磷光。

（13）光学特性，欧泊是均质体，在偏光镜下呈全消光，无多色性。

（14）包裹体，欧泊中可含有二相气液包体，三相气、液、固包体。也可含有石英、萤石、石墨、黄铁矿等固态矿物包体。

（15）颜色，欧泊的颜色依体色可分为黑色、白色、绿色、橘红色等多种。

（16）特殊光学效应，欧泊具有典型的变彩效应，即在包下转动欧泊可看到五颜六色的色斑（图 4–2）。

图 4–2 欧泊

2. 品种

（1）白欧泊，体色呈白色，自然界产出数量庞大。它是在白或浅灰色基底上呈现变彩，给人以清丽之感。

（2）黑欧泊（包括褐欧泊），体色呈黑色或蓝黑色、深蓝气、深灰色、深绿色、深褐色等，其中以黑色者最美丽，体现在黑色基底上的变彩更加鲜明、鲜艳、漂亮。

（3）火欧泊，欧泊无变彩或变彩太弱，通体呈透明—半透明状。一般颜色呈橙色、橙红色、红色，颜色色调强烈。

3. 肉眼鉴别特征

（1）天然品鉴别。欧泊密度小，手掂轻，折射率低，为均质体，具有特殊的变彩。其中彩片呈不规则的椭圆状，彩片边缘不清楚，呈二维状态。欧泊吸水性强，在气温比较高的地区这一特征表现最明显。

（2）合成品鉴别。欧泊不吸水，密变彩呈柱状排列，呈三维状态，柱体色斑界限清楚，边缘呈锯齿状度小，手掂轻，透明度高彩片之间呈镶嵌状，彩片可呈六边形分布，具有蜥蜴皮效应。

（3）处理品鉴别。欧泊按处理方法不同，又可分为以下几种。

染色欧泊，欧泊染色一般染体色，且大部分染成黑色。染色欧泊形成的彩片破碎，黑色沉淀在颗粒之间，底色不均匀。

注塑欧泊，在天然白色欧泊中注入黑色塑料有机物，使其呈暗色背景。注塑欧泊呈树脂光泽，密度更小，有黑色集中的小黑团，透明度较高。

注油欧泊，用注油或注蜡来掩盖欧泊的裂隙。这种欧泊常显示蜡状光泽，热针接触会“出汗”。

（4）组合欧泊鉴别。组合欧泊有许多种，包括欧泊与玉髓组合的二拼合欧泊；优质欧泊与劣质欧泊组合的二拼合欧泊；由上述的二拼合欧泊再加一层玻璃或石英质玉组合的三拼合欧泊。在强光源下，从顶部可以看到在接缝处有球形或扁平形气泡，或者上下层光不同。

（5）欧泊主要赝品鉴别。

塑料，存在气泡，密度特低，手掂特别轻，硬度低，容易损伤。

玻璃，玻璃仿欧泊制品则被称为斯洛卡姆石，即玻璃中包含些长条状或片状彩片，彩片可以是颜色不同的玻璃片或金属片，彩片具有固定不变的界限，边缘整齐，可见到气泡，密度大。

拉长石，发育有蜈蚣状的解理，板条状或针状的黑色金属包体。

火玛瑙，密度大，具有特殊的生长纹。

4. 质量评价

欧泊质量评价依据包括体色、变彩、块厚、坚固性、人们爱好等方面。

（1）体色，一般情况下，欧泊的体色越深，价值越高。体色以黑色、深灰色者价值高；白色、浅色者价值较低。

（2）变彩，优质欧泊要求明亮、透明，整个欧泊变彩分布均匀完整，无死斑。变彩特好的欧泊呈现光谱七色依次出现，外观十分鲜艳、漂亮。

（3）块厚，优质欧泊要求有一定厚度和块度，块度、厚度越大，其价值也越高。

（4）坚固性，优质欧泊表面应该坚固，无裂纹，无缺陷。

（5）人们的爱好习惯，在世界上不同的地区与国家的人们对欧泊体色有不同的爱好和审美习惯。如美国人大多数喜欢红色或橘红色的火欧泊；日本人、韩国人则喜欢蓝色和绿色欧泊；中国人大多数喜欢暖色调、黑色调体色的欧泊。在这些国家和地区，由于人们对欧泊体色不同的喜爱则决定着不同体色欧泊的市场价值。

5. 市场特征

欧泊在大多数情况下被当作宝石饰品，一般常作为戒面、坠子之类应用。要注意和警惕市场常出现的欧泊组合品。欧泊价格在我国一般依黑欧泊—火欧泊—白欧泊的顺序依次降低。但在不同的地区会因地区性、民族性的喜好差异，从而影响其价格。

6. 产地

世界上，有许多国家和地区都产出欧泊，但不同国家和地区所产欧泊的种属有所不同。澳大利亚——世界上欧泊最重要的产地，以新南威尔士州所产优质黑欧泊而闻名于世。墨西哥，以产欧泊与玻璃欧泊为主而为世界周知。巴西，在其北部的皮奥伊州也是世界上重要的商业欧泊产地。此外，还有美国、洪都拉斯、马达加斯加、新西兰、委内瑞拉及中国等国家也产欧泊。我国欧泊主要产自湖北省与陕西省交界的武当山地区。欧泊是含水玉石，在高温下容易失去水分，使玉石变得不牢固而遭到破坏，甚至变成粉末。所以应将欧泊经常放入水中浸泡，以免失水干裂而遭到破坏。

7. 文化

作家把欧泊比作火山、星系和烟花。欣赏者们赋予了这种非凡欧泊一些诗意的名字，如潘多拉、世界之光和皇后。在古罗马，这种宝石象征着爱情和希望。罗马人给它取了个名字——opalus——“宝石”的同义词。

公元 75 年，罗马学者普林尼（Pliny）指出，“有些欧泊会呈现游彩，其颜色可与画师最深广最丰富的色彩媲美。而有些就像硫磺燃烧的火焰，甚至像油燃烧发出的明亮火焰”。他十分惊叹，这个万花筒般的宝石兼具红宝石的红色、翠绿色、托帕石的黄色、蓝宝石的蓝色、紫水晶的紫色。

欧泊拥有其他宝石的颜色，罗马人也因此认为它是最珍贵、最强大的宝石。

许多文化中，欧泊的起源非同寻常，具有超自然的能力。贝都因人认为，欧泊包含闪电，会在雷暴时从天上掉落下来。古希腊人认为欧泊赋予其主人预言能力，还可抵御疾病。欧洲人一向认为欧泊是希望、纯洁和真理的象征。

三、软玉（Nephrite）

软玉，在珠宝界也被称为和田玉，是我国历史上应用最长久的玉石品种之一，距今已有 6 000 年的历史。软玉深刻地影响着我国的民族文化、思想道德、审美情操，从古至今，一直得到我国各族人民的喜爱，是我国历史上流传最广泛，影响最大、最深远的玉石品种。

1. 基本性质

软玉的基本性质受其化学组成、矿物组成和矿物个体之间关系的制约，其性质比较稳定，构成软玉科学鉴定的依据。

（1）玉石名称，在科学界被称为软玉，在珠宝行业中被称为和田玉（图 4–3）。

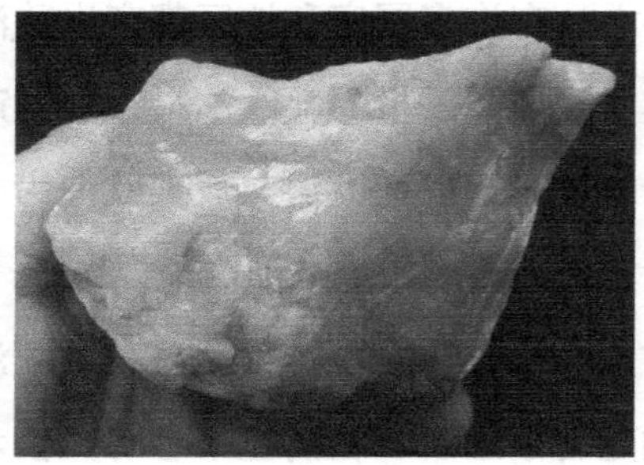

图 4–3　软玉

（2）矿物组成，软玉为矿物隐晶集合体，它是以透闪石—阳起石系列为主的细小矿物所构成的隐晶集合体。另外，其有时还含有少量的透辉石、滑石、蛇纹石、绿泥石、黝帘石、钙铝榴石、方解石、石墨等细小矿物，这些矿物种类和含量随着产地的不同而发生变化。

（3）化学成分，软玉的主要化学组成是一个系列，这个系列的化学成分表达式为 $Ca_2Mg_5[Si_4O_{11}]_2(OH)_2$—$Ca_2Fe_5[Si_4O_{11}]_2(OH)_2$，一般情况下，软玉的化学成分是其中间产物。另外，不同产地的软玉还可含有 Na、K、Mn、Al、Fe 等杂质元素，这些元素有时会影响软玉的颜色。

（4）结构构造，组成软玉的主要矿物为透闪石和阳起石，这两种矿物都属单斜晶系晶体，常见的晶体形态呈细晶长柱状或纤维状，它们之间相互结合形成的玉石结构呈典型的纤维交织结构，这种结构使得软玉质地致密、细腻、坚韧、不易碎裂。软玉常呈块状构造。

（5）光泽，软玉呈典型的油脂光泽，个别软玉呈蜡状光泽。

（6）透明度，软玉大多数呈半透明—不透明状，以不透明者居多。

（7）硬度，软玉的硬度较大，HM=6.5。

（8）相对密度，软玉的相对密度变化不大，其值一般在 2.90~3.10 之间，平均值为 2.95。

（9）折射率，软玉的折射率为 1.606~1.632，点测法值为 1.61，在正交偏光镜下不消光。

（10）吸收光谱，软玉在 509 nm 处有吸收线，在 498 nm 与 460 nm 处有两条弱吸收带。

（11）发光性，软玉无荧光性。

（12）颜色，软玉的颜色种类丰富，颜色分布较均匀，主要的颜色为白色、灰色、黑色、青白色、青色、黄色、深绿色、绿色等。

软玉的颜色主要由其化学成分中所含铁的总量决定，一般含铁越高，其颜色呈绿色—墨绿色。颜色有时也会受到所含杂质矿物的颜色影响。

2. 品种

软玉的品种主要由颜色决定，按颜色的不同可分为不同的种属。

（1）白玉，组成软玉的矿物主要为透闪石，颜色呈白色，按颜色白度可分为: 羊脂玉，颜色呈羊脂白色（状如羊脂肪般），是软玉质量最好的品种；梨花白，颜色像梨花一样的白色。颜色按白度还可分为雪花白、象牙白、鱼骨白、糙米白、鸡骨白等品种。

（2）青玉，颜色呈浅灰色或浅绿色带灰色调的软玉。

（3）青白玉，颜色呈白色中带有灰色调的软玉。

（4）碧玉，颜色呈绿色、鲜绿色、深绿色、墨绿色的软玉。

（5）黄玉，颜色呈黄色、密蜡黄色、栗黄色、秋葵黄色、鸡蛋黄色、米黄色、黄杨黄色等的软玉。

（6）墨玉，颜色呈黑色、墨黑色、深灰色的软玉，颜色往往与其他颜色混杂。

（7）糖玉，颜色呈血红色、红糖色、紫红色、褐红色的软玉，主要是其内部含铁矿物或含铁杂质发生氧化后形成的颜色。

（8）花玉，在一块玉石上具有多种颜色，且颜色分布好，具有定花纹的软玉，在软玉中极其少见。

3. 肉眼鉴别特征

软玉的颜色呈现为单色调，纯正，且以白色、青色为主。质地滋润柔和，呈典型的油脂光泽。杂质一般比较少，玉石显得特别纯净。玉石结构致密、细腻，声音清脆响亮。

4. 主要赝品鉴别

（1）石英质玉，它是一大类玉石，包括许多种属。特别是白色石英质玉与软玉相似，呈玻璃质油脂光泽，粒状结构，贝壳状断口，透明度高，密度低，手掂轻，玉石润性差。

（2）岫玉，具有典型蜡状光泽，透明度高，硬度低，工艺品比较圆滑，可具有多种颜色共存现象。

（3）玉髓，呈玻璃光泽，透明度高，密度低，手掂比较轻。

（4）仿玉玻璃，呈乳白色，半透明—不透明状，含有气泡，贝壳状断口，密度低，手掂比较轻。

5. 经济评价

1）软玉原料评价

软玉的原料按产出环境分为籽料、山料及流水料。各原料特征如下：

（1）籽料，产于古代或现代河床中的呈卵石状分布的原料，这种原料一般经过风化，河水搬运、冲刷而沉积下来，质量特佳，是软玉原料之上品；

（2）山料，从矿坑中直接开采出来的原料，呈棱角状，绺裂发育，质量最差；

（3）流水料，又称山流水，介于上二者之间的原料，质量从一般到中等。

2）软玉工艺品评价

软玉的工艺品评价依据有以下几个：

（1）颜色，软玉颜色要求均匀、纯正，色调要求为雪之白、翠之青、蜡之黄、丹之赤、墨之黑；

（2）质地，软玉质地是其评价的根本，要求结构致密，质地细腻，纯净无瑕，无绺、无裂纹，光洁坚韧；

（3）光泽，软玉的光泽要求要有滋润感、有润性、光泽柔和、清亮；

（4）透明度，软玉的透明度要求结构致密，呈半透明体者质量最佳；

（5）韧性，软玉的韧性要求特强，应不易断裂，适宜精细加工者为佳品；

（6）块度，软玉由于各种原因，目前产出的块度比较小，尤其是籽料，达到 2 kg 以上者十分罕见，大部分料块度均比较小；

（7）工艺，软玉由于原料比较理想，是最佳的玉石原料之一，适宜进行精细加工，所以，一般要求加工工艺复杂，精品者要求加工水平特别高。

6. 市场

软玉由于受客观条件限制，一般交易量远比不上其他玉石那样大。但由于其历史悠久，交易前景依然很广阔。目前市场上交易的软玉工艺品无论是数量还是品种均比较少，且玉石质量较差，绝大部分高档软玉工艺品是通过拍卖进行交易的。

7. 产地特征

我国是世界上软玉的最重要产出国，尤其是高档软玉几乎全部来自我国，其主要产自新疆、四川和台湾地区，在国外也有加拿大、新西兰等国家产出。我国各地所产软玉特征如下。

（1）新疆软玉，主要产自昆仑山、天山和阿尔金山。昆仑山为新疆主要软玉产地，并以产软玉（和田玉）而闻名于世。主要产地包括莎车县、塔什库尔干县、和田的于田县、且末县。此地产出的玉石色正、质佳、质地温润柔和、细腻光滑，新疆为软玉高质量品种产地。

（2）东北软玉，主要产于辽宁省岫岩县，与岫玉共生。玉石质差、硬度低，玉石颜色常带绿色调。

（3）龙溪软玉，产自四川省大汶口地区的龙溪矿山，玉石呈淡深—墨绿色，油脂光泽，质地致密，硬度低。

宝石学与宝石文化

（4）台湾软玉，产自台湾省本岛东部的花莲县，玉石颜色呈草墨绿色，硬度低。

（5）玛纳斯碧玉，产自新疆天山地区的玛纳斯县，玉石的颜色呈绿—墨绿色，色调不均一，玉石中带有黑点。

8. 文化

软玉在世界上产地众多，但以中国新疆和田地区产的软玉质量最佳，开发历史最悠久，故原苏联科学家费尔斯曼称软玉为中国玉。据历史考证，中国人对软玉的应用可上溯到新石器时代，如在河姆渡文化、良渚文化、崧泽文化等遗址出土的玉器中，都有大量用软玉制成的品种。中国号称“玉器之国”，在以神农氏、伏羲氏为代表的石器时代和以治水英雄大禹为代表的青铜器时代之间，还可划分出一个玉器时代，这个时代的代表人物，就是被尊为中华民族祖先的黄帝，作为“玉器之国”和“玉器时代”的代表玉石就是软玉。由于在新疆和田一带产出的软玉最有名，因而又称和田玉。

在中国悠久的用玉历史中，由于一些特殊原因，使得一些玉种占有突出的地位，其中四种玉被称为中国四大名玉，它们是软玉、绿松石、岫玉和独山玉。在这四种玉中，软玉（和田玉）无论在玉质方面，还是在历史文化地位方面均居四大名玉之首。由于软玉的玉质优秀，加之新疆软玉产地昆仑山的神秘性以及软玉与中国古代政治、文化和艺术的密切联系，于是产生了中国特有的玉文化，使得软玉在中国人心中一直占据着崇高的地位，而且经久不衰。

1）软玉的四大发展高峰

软玉制品在我国历史十分悠久，在其发展的历史过程中，也随社会的发展而出现发展的高峰与低谷。在我国历史上，软玉的制玉经历了四大发展高峰。

（1）史前期，距今 7 000—4 000 年之间，在我国形成软玉制器的第一个高峰，在北方以红山文化为代表；在南方以良渚文化为代表。玉器以神器构成主要内容，制作比较生动、传神、简洁。

（2）商、西周时期，距今 4 000—2 700 年，形成我国软玉制器的第二个高峰，以商代妇好墓出土玉器为代表。玉器以祭器和皿器构成主要题材，制作工艺较复杂，内容涉及广泛。

（3）汉时期，距今 2 200—1 700 年，形成我国软玉制作的第三个高峰，形成以“汉八刀”为代表的玉器制作风格。玉器以皿器和冥器构成主要题材，制作工艺简练、高超、生动。

（4）宋、元、明、清时期，距今1 000—200年，形成我国玉器制作的第四个高峰，是以乾隆时代为代表的制玉最高峰。玉器制作工艺逐渐成熟，风格细腻，玉器题材主要发展成为日用品、装饰品及摆件，并且出现玉器制作由小型化向大型时代制作转变，大型玉器摆件重达约6 t的《大禹治水图玉山》就是这一时期的杰出代表作。同时，与我国几千年制玉历史相伴随而形成了中国人特有的玉爱好、玉审美观与玉文化、玉美学，从而也造就了历史悠久、丰富多彩的玉器古玩市场。

2）软玉时代及其特征

（1）上古时期新石器时代。

上古时期出土文物证实，在新石器时代人们已开始利用玉器，但考古发掘出土的玉器外形都十分简单，大多没有纹饰，无艺术价值可言。

新石器时代，以内地甚至本地产彩石作为玉器原料。主要以北方的红山文化、南方的良渚文化、台湾的卑南文化为代表，其中主要的玉料就有现代所说的和田玉。如内蒙古赤峰市敖汉旗兴隆洼文化遗址和辽宁阜新市查海文化遗址出土的数十件玉器大多为和田玉，距今7 000—8 000年。这是迄今为止，中国境内最早的有关和田玉文物。

在新疆罗布泊地区的楼兰遗址，新疆考古工作者发现了新石器时代的玉斧，是用和田羊脂白玉制成，有的玉斧用和田青玉制成，形如现在铁斧一般大，玉质细润光滑。

（2）商周时期。

商、西周时期，玉器由原始社会的石器时代进入了以和田玉为主体的时期。安阳发掘的殷墟玉器经鉴定，约有60%的玉材为和田玉。《穆天子传》载周穆王巡游昆仑，曾“攻其玉石，取玉版三乘，载玉万只”而归，从中可以窥见上古时期人们已知昆仑山是盛产玉石的地方，以后各代历史对和田玉的记述渐多，也更见真实。

（3）春秋战国。

春秋战国时期，和田玉大量输入中原，王室诸侯竞相选用和田玉，故宫珍藏的勾连纹玉灯，是标准的和田玉，此时儒生们把礼学与和田玉结合起来研究，用和田玉来体现礼学思想。

春秋战国时期，玉已经作为儒家思想文化传播的载体。这一时期玉器种类较多，有璧、琮、圭、玦、佩、璜、管、珠等三十几个品种，有学者根据其用途分为礼仪用玉、丧葬用玉、装饰用玉、实用玉器等四大类。这时期的玉制作更加精美、精致，而且对形的把握也愈加熟练，无论是玉的外形还是其文化价值都得到了进一步的丰富。

（4）两汉魏晋。

新疆和田玉真正成为中国上层社会主流用玉的历史，是在汉武帝打通中亚丝绸之路后从西域于阗国引入外贸玉石开始的。西汉司马迁在《史记·大宛列传》中记载："汉使穷河源，其山多玉石。"一个"穷"字，充分说明了在汉代能够搜寻到优质的新疆和田玉，非常不容易。也就是说，在汉代之前，中国官方用玉总量中，新疆和田玉的比例因玉材供应的稀缺局限，是非常少的。

魏晋南北朝时期，中华玉文化处于由古典向中古演变的过渡时期。这个时期的玉器逐渐以装饰玉、实用鉴赏玉为主，玉器开始走向民间，其雕刻风格特点是简单，用途简化，装饰简素。

（5）唐宋时期。

《旧唐书·西域传》称于阗国"出美玉……贞观六年，遣使献玉带，太宗优诏答之"。《明史·西域传》称于阗"其国东有白玉河，西有绿玉河，又西有黑玉河，源皆出昆仑山。土人夜视月光盛处，入水采之，必得美玉"。这里所说的于阗，即今和田。白玉、绿玉、黑玉三河即今之玉龙喀什河、和田河和喀拉哈什河。

在唐代，随着历史背景的转换及中亚和西亚的文化艺术进入中原地区，玉器逐渐褪去了神秘和神圣的光环，走进寻常百姓家。自唐朝开始，玉的选料就大多使用和田玉。玉器图案在这个时期已经更加完整，雕刻的纹路也非常细腻鲜明，此时玉器上开始使用花卉图案，雕刻的花卉似实物。

及至宋代，由于城市经济的迅速发展，市民阶层的兴起，玉器的商品化、世俗化进程日益加快。

（6）元代。

元代玉器用料以和田白玉、青白玉为主，在加工工艺上最具代表性的就是多层镂空。多层镂空工艺手法在元代已经发挥到了极致，除了能在平面上雕刻出双层图案以外，还可以在玉料上多层雕琢，起花可达五六层，而且每层的层次分明，具有强烈的透视效果。

（7）明清时期。

历代都将和田玉视为至高无上的珍宝，崇尚和田玉的风气在清代达到顶峰，尤以乾隆为甚。其命人雕琢的《大禹治水图玉山》，是中国玉器中用料最多、器型最大、耗时最久、费用最高的玉雕工艺品，也是世界上最大的玉雕之一。乾隆皇帝挥斥巨资从距北京万里之外的新疆采集重达万斤的巨型玉材，不吝人力、财力历时三年才将其运至内地，在苏州召集各路能工巧匠精雕细琢，耗时六年终于完工。

清代玉工善于借鉴绘画、雕刻、工艺美术的成就，集阴线、阳线、镂空、俏色等多种传统做工及历代的艺术风格之大成，并吸收了外来艺术影响，加以糅合变通，创造并发展了工艺性、装饰性极强的治玉工艺，有着鲜明的时代特点和较高的艺术造诣。

（8）民国时期。

民国初年，于阗县深山产玉处已有齐家矿坑、杨家矿坑等，商人从中大获其利，而新疆第一代采玉矿工也由此产生。

（9）现代玉器。

让世人对和田玉最为熟知的历史事件是2008年北京奥林匹克运动会，而大多数人所不知的是现代和田玉的繁荣应归功于我国港台地区玉商。在20世纪80年代初期，和田玉与昆仑玉、俄罗斯玉的价格相差无几，自20世纪80年代末，因港台玉商开始疯狂收购和田玉籽料，致使和田玉成为市场上最昂贵的玉料，现是在和田白玉的抛光工艺，也是由台湾玉商提出的。

第三节 中档玉石

中档玉石是一类在价值档次上属于中等的玉石品种，在自然界玉原料产出量中等，产地也比较多。它所包括的玉石种类主要有独山玉、岫玉、绿松石，这些玉石具有各自不同的鉴定特征。用它们制作的玉器工艺品，在玉石行业中也占有很重要的位置。

一、独山玉（Dushan Jade）

独山玉是我国特有的一种玉石，因产于我国河南省南阳地区的独山而得名。它也是我国历史上应用最早的四大名玉之一。独山玉深得我国人民的喜爱，也是深受市场欢迎的玉石品种之一。

1. 基本性质

独山玉的基本性质虽受其化学成分、矿物成分和矿物个体之间结合关系的影响，但比较稳定，可作为其科学鉴定的依据。

（1）玉石名称，独山玉是以产自我国河南省南阳地区的独山而得名。

（2）矿物成分，独山玉是一种蚀变的岩石，为黝帘石化斜长岩。玉石组成矿物成分比较复杂，主要矿物有斜长石、黝帘石、铬云母、透辉石、角闪石、黑云母等，这些矿物的含量在不同种的独山玉中有所不同。此外，还有少量的榍石、金红石、绿帘石、阳起石、沸石、葡萄石、绿色电气石、褐铁矿、绢云母等矿物存在于玉石中。

（3）化学成分，独山玉的化学成分变化很大，不同种的独山玉化学组成差异很大，但主要的化学成分是 SiO_2、Al_2O_3、CaO、FeO、TiO_2、Cr_2O_3 等。

（4）结构构造，独山玉具有细粒隐晶粒状结构，一般矿物粒度均小于 0.05 mm。主要组成矿物呈他形镶嵌粒状结构，玉石呈致密块状构造。

（5）光泽，独山玉具有玻璃光泽，大部分呈油脂状光泽。

（6）透明度，独山玉大部分呈半透明—不透明状。

（7）硬度，独山玉由于组成矿物种类及含量的不同，形成的硬度差异较大，多数情况下，HM=5.5~6.5。

（8）相对密度，独山玉由于组成矿物种类及含量的不同，形成的相对密度差异较大，数值一般在 2.73~3.18 之间，其平均值一般为 2.90。

（9）折射率，独山玉由于组成矿物种类及含量的差异，形成的折射率差异较大，其值一般在 1.56~1.70 范围内（点测法）。

（10）吸收光谱，独山玉由于组成矿物种类及含量的不同，其吸收光谱特征差异较大，含铁者一般在蓝区有吸收线；而含铬者一般在红区具有吸收线。

（11）发光性，独山玉大部分呈惰性发光性，但个别品种呈现有弱的蓝白、褐黄、褐红色荧光。

（12）韧脆性，独山玉韧性较差，脆性较强，比较难加工。

（13）颜色，独山玉颜色变化大，颜色种类多达几十种，主要有白色、绿色、紫色、黄色、青灰色、蓝色、黑色等颜色。一块玉料上会出现多种颜色共存。（图 4–4）

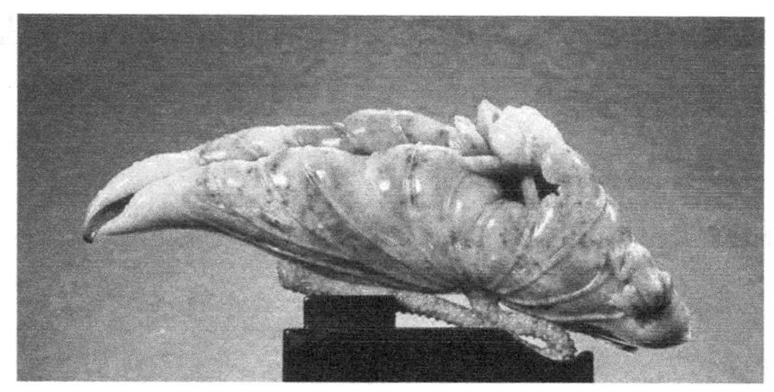

图 4–4 独山玉

2. 品种

独山玉主要以颜色划分品种，按颜色的不同可分为以下几个品种。

（1）白独山玉，颜色呈水白色，是白色的独山玉品种，主要组成矿物为斜长石（90%~100%）、黝帘石（5%~8%）及其他少量的矿物，其中斜长石主要为钙长石成分。

（2）绿独山玉，颜色呈翠绿、翠色、青色的独山玉品种，主要由斜长石（90%~95%）和铬云母（5%~10%）组成，还有少量的黑云母（1%）。同样，斜长石主要为钙长石成分。

（3）紫独山玉，颜色呈紫色、亮橙色的独山玉品种，主要由斜长石（90%~95%）组成，含少量的黝帘石（5%）及黑云母（1%~5%）。

（4）黄独山玉，颜色呈黄绿色、橄榄绿色的独山玉品种，主要由斜长石（90%~95%）、黝帘石（5%~10%）组成，还含有少量的绿帘石（5%~10%）、榍石、金红石等。

（5）红独山玉，颜色呈粉红色、芙蓉色的独山玉品种，玉石为强黝帘石化斜长岩，其组成矿物有黝帘石（50%~80%）、斜长石（30%~40%）、绿帘石（5%）、透辉石（1%）。

（6）青独山玉，颜色呈青色、深蓝色的独山玉品种，玉石为辉石化斜长岩，其矿物组成为钙质斜长石（85%）、透辉石（15%）。

（7）黑独山玉，颜色呈黑色、墨绿色的独山玉品种，玉石为黝帘石化斜长岩，其矿物组成为斜长石（45%）、黝帘石（45%）、绿帘石（10%）。

（8）杂色玉，颜色呈白、绿、黄、紫色相间分布的条纹以及翠帘石（10%）、（40%~45%）、黝帘石（40%~45%）、黑云母（5%）、铬云母（1%）或绿帘石（10%~20%）。白玉、菜花玉、黑花玉、五花玉等的独山玉品种，玉石为黑云母、铬云母化斜长岩或绿帘石化、黝帘石化斜长岩。

3. 肉眼鉴别特征

独山玉呈细粒结构，颜色丰富而杂乱，一件玉件上往往出现多种颜色，容易形成俏色。玉器常呈半透明—不透明状，玻璃光泽、油脂光泽，绿色常呈片状出现。玉器工艺品比较粗犷、大气。

4. 主要赝品鉴别

翡翠，颜色艳丽明快，颜色呈带状、丝状分布，密度大。

软玉，呈典型油脂光泽，质地细腻，颜色均一。

石英质玉，颜色均匀，密度小，手掂轻。

蛇纹石玉，呈典型蜡状光泽，硬度低，密度低。

碳酸盐玉，又称汉白玉，硬度低，密度低，遇酸起泡。

5. 质量评价

独山玉的质量评价依据包括以下几点。

（1）颜色，优质的独山玉颜色为白色与绿色。白色者要求白如雪；绿色者要求翠绿色，且艳丽。其他颜色者皆属中下品。

（2）质地，优质独山玉要求微透明，质地细腻，否则为中下品。

（3）块度，优质独山玉要求块度大于 20 kg 以上。

（4）裂纹，优质独山玉应无裂纹，否则为中下品。

（5）杂质，优质独山玉应无杂质，有杂质者为中下品。

（6）加工工艺，独山玉有丰富多彩的颜色，在加工工艺上特别要求要有俏色制作。

按河南省进出口贸易公司的标准，对独山玉进行质量划分，级别如下：

特级品，要求单一色，细腻，无裂纹，重量大于 10 kg 以上者；

一级品，要求白或绿色，色鲜艳，质地好，无裂、无杂质，重量大于 5 kg 以上；

二级品，要求白绿或杂色，色鲜艳，无裂纹，重量大于 3 kg 以上；

三级品，要求色泽较艳，稍有裂纹，重量大于 1 kg 以上；

等外品，要求低，有杂色，色常呈灰绿色，色泽暗，裂纹多块重 1 kg 以下。

6. 市场

独山玉在我国珠宝玉石市场上供应量不是很大，尤其优质品比较少见，并且价格较昂贵。常见多为一般品，价格不是很高。

7. 产地特征

独山玉仅产我国河南南阳独山地区，矿体一般呈透镜状及不规则状，产于蚀变辉长岩中，矿体规模不大。

8. 文化

玉石文化在中国流传甚广，千百年来，玉石一直是历朝历代皇家贵族文人的喜爱之物。中国地大物博，地质资源丰富，玉石遍布全国，因此中国玉石品种丰富，其中最出名的有和田玉、蓝田玉、岫岩玉和独山玉。

独山玉又称南阳玉，这是因为其产自河南南阳的独山，河南省作为中原文化的发源地，独山玉承载中华玉石文化的精华，真实记录中华文明的诞生、延续和发展。考古学家对独山玉的开采历史研究最早可以追溯到6 000多年前的新石器时代晚期，自殷商墟出土的大批量玉器，均使用了独山玉，可能因为殷商都城周口离南阳极近，独山玉成了皇室的玉石贡品。东汉时期的古籍就已经记载过南阳玉石开采的历史，明代又曾流传“蓝田玉和南阳玉是最珍贵之玉”，这些均充分证明南阳玉的名号享誉全国，河南南阳是著名的玉石出产地。改革开放后，独山玉出现新的发展趋势，独山玉产业引进玉雕工艺技术，成为河南南阳经济发展的支柱性产业之一。

二、绿松石（Turquoise）

绿松石是我国使用最早的玉石品种之一，为我国四大古玉之一。同时绿松石是藏族最喜爱的玉石之一。在珠宝市场绿松石也是深受欢迎的玉石品种。

1. 基本性质

绿松石的基本性质受其化学成分、矿物成分和矿物个体之间结合关系制约，其性质比较稳定，可作为其科学鉴定的依据。

（1）玉石名称，玉石名称与矿物名称相同，同称为绿松石，又称为土耳其玉。

（2）矿物组成，绿松石玉石为隐晶集合体，其主要组成矿物为艺绿松石。此外还含有褐铁矿、埃洛石、高岭石、石英、云母、磷铝石、蓝铁矿等矿物，这些矿物在绿松石中的种类、含量将直接影响玉石质量。

（3）化学成分，绿松石玉石主要为一种含水的铜铝磷酸盐，化学成分为$CuAl_6[PO_4]_4(OH)_8 \cdot 5H_2O$，成分中还含有Fe、Zn等杂质元素。

（4）结构构造，组成玉石的矿物多呈隐晶质—非晶质。绿松石玉石的结构构造可分为三种：结核状、浸染状、细脉状。玉石常见的典型特征是在绿色、蓝色的底子上出现有细小、不规则的白色纹理和斑块，该纹理和斑块是由高龄石、石英等浅色矿物构成。绿松石玉石中也常出现褐色或黑褐色的纹理和色斑，在珠宝界称为“铁线”，

该纹理和色斑系褐铁矿等形成。玉石中常见有微小蓝色圆形斑点，是绿松石矿物沉积而成。（图 4–5）

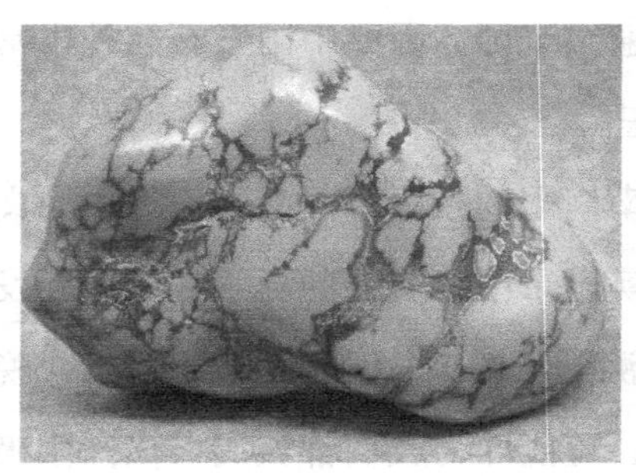
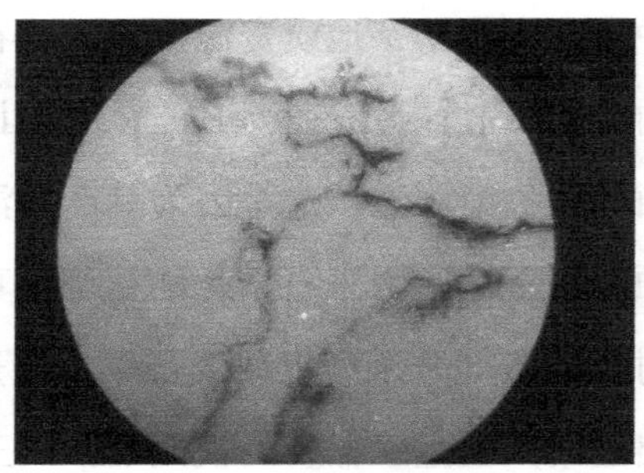

图 4–5　绿松石

（5）光泽，绿松石玉石是隐晶质结构的矿物体，一般呈瓷状—蜡状光泽，个别结晶好的抛光面可呈玻璃光泽。

（6）透明度，绿松石玉石一般呈不透明状。

（7）硬度，绿松石玉石的硬度与质量有密切联系，一般情况下，质量好的玉石硬度大；质量差、颜色杂的玉石硬度低。大多数玉石的 HM=5~6，个别品种可降至 3 左右。

（8）相对密度，绿松石玉石的密度与纯净程度有关，含杂质时密度变化比较大。一般玉石的相对密度为 2.40~2.90，平均值为 2.75 左右。质量高的玉石的相对密度在 2.80~2.90 范围内。

（9）折射率，绿松石玉石的折射率与其纯净程度有关。鲜艳天蓝色的绿松石玉石的折射率为 1.623~1.630；绿色或带黄色调的绿松石玉石的折射率为 1.641~1.670；灰白色玉石的折射率为 1.617~1.626。多数情况下玉石的折射率在 1.61~1.65 之间，常见点测法值为 1.62 左右。

（10）吸收光谱，绿松石玉石在 460 nm（蓝区）处有一模糊的吸收带；在 432 nm（紫区）处可见一吸收带；在 420 nm 处可见有不清晰吸收带。

（11）发光性，绿松石玉石在长波下无荧光或呈黄绿色荧光；在短波下无荧光数。

（12）耐温性，绿松石玉石中由于含“水”，高温下会失水、爆裂。

（13）酸性，绿松石玉石在盐酸中会缓慢溶解。

（14）空隙度，绿松石玉石中空隙越发育，越具有吸水性和易碎的缺陷，因而不宜与有色溶液接触。

（15）韧性，绿松石玉石的韧性较差，脆性强。

（16）颜色，绿松石玉石的颜色比较复杂，可分为三大类。

①蓝色，蓝色绿松石玉石中包括有蔚蓝色、蓝色、天蓝、浅蓝、深蓝色，颜色比较鲜艳。

②绿色，绿色绿松石玉石中包括有深蓝绿色、绿色、浅绿色、黄绿色，其中深蓝绿色很漂亮。

③杂色，杂色绿松石玉石中包括黄色、土黄色、月白色、灰白色。

2. 品种

1）绿松石玉石以颜色为依据划分的品种

绿松石玉石以颜色为依据划分的品种有：蓝色绿松石玉石、白色绿松石玉石、绿色绿松石玉石、浅蓝色绿松石玉石。

2）绿松石玉石以质地为依据划分的品种

（1）晶体绿松石，透明罕见的绿松石晶体，粒度很小，产于美国弗吉尼亚州。

（2）致密块状绿松石，玉石呈致密块状体，硬度大，可呈团块状、结核状，中间可含有颜色鲜艳、均匀、高质量的绿松石原料。

（3）块状绿松石，玉石硬度低于5，质地疏松。

（4）浸染状绿松石，玉石呈浸染状充填于围岩角砾间，常具有斑状、角砾状。品种有铁线绿松石玉石、爆水豆花绿松石玉石。

3. 肉眼鉴别

（1）天然品鉴别，玉石具有特征的天蓝色、绿色，呈不透明的瓷状光泽，底色上常伴有白色细纹，经常见有褐黑色铁线出现。

（2）再造品鉴别，玉石由绿松石微粒、各种铜盐或其他金属盐类的蓝色粉末材料，在一定的温度和压力下压结而成，制品颜色均匀，脉中有蓝色色斑，溶于酸中变蓝色。密度低。

（3）处理品鉴别，玉石处理品包括染色品和注塑品，鉴别染色品，其制品颜色呈深绿色或深蓝绿色，颜色均匀，但不自然。特征如下：颜色比较浮浅，裂隙处有沉淀，颜色易擦去；鉴别注塑品（又称稳定化品），其制品密度小，硬度较低，热针接触具有刺鼻味，折射率低，反光差。

（4）合成品鉴别，合成玉石颜色单一、均匀，成分较均一，纹理生硬，硬度低，底色多呈蓝斑。

4. 主要赝品鉴别

三水铝石，颜色呈浅绿色，无天蓝色调，玻璃光泽，硬度极低，脆性太强，具有泥土味，密度低。

硅孔雀石，具有鲜艳的绿色、蓝绿色，呈亚透明，密度小，硬度极低。

菱镁矿，制品常为染色品，绿色集中于颗粒间。密度大，手掂重。

磷铝石，色发黄，密度低，手掂轻。

天蓝石，密度大，手掂重，颜色有蓝色丝线感。

染色玉髓，透明度较好，油脂光泽，密度小。

蓝铁骨染化石，密度大，手掂重，有骨头结构。

染色羟硅硼钙石，绿色集中于颗粒间，密度低。

玻璃，呈玻璃光泽，有圆形气泡，断口呈贝壳状。

瓷器，密度低，呈瓷状—玻璃光泽。

5. 质量评价

绿松石的质量评价依据包括以下几点。

（1）颜色，优质玉石颜色呈天蓝色，可作宝石。其次为深蓝色、蓝绿色，并要求颜色均匀。浅蓝色、灰蓝色者质量差，价值较低。黄褐色质量最差，价值更低。

（2）质地，高档玉石要求质地好，即要求具有较高的密度和硬度。一般优质品的相对密度 2.7 左右，硬度 HM=6 左右。密度低，硬度也低，则质量差。

（3）纯净度，优质品要求无杂质。当含有黏土矿物或方解石时，由于这些杂质呈白色，在珠宝界称其为“白脑”。具有白脑的绿松石加工时易爆裂，质量很差。

（4）块度，颜色好的玉石块度要求低；颜色差的玉石要求块度大。

（5）加工工艺，玉石的加工要求构思新颖，工艺复杂，并且充分利用原料特征，如对花纹、铁线等进行艺术处理。

目前，国际珠宝市场上对于绿松石玉石原料的质量评级如下：波斯级（特级品），天蓝色，颜色均一，光泽柔和，表面有玻璃感；美洲级（一级品），浅蓝色，不透明，无铁线；埃及级（二级品），绿蓝色，有铁线；阿富汗级（三级品），黄绿色，铁线多。

6. 市场贸易特征

一般绿松石工艺品要上蜡保护，珠宝市场上交易量中等。

7. 产地

绿松石产地多，产量较大。主要产地有中国、伊朗、美国、墨西哥、埃及等国家。我国的绿松石主要产于湖北省、河南省与陕西省交界的武当山地区，其中以湖北武当山地区陨阳所产的绿松石最为著名。

8. 保养

绿松石中含有水分和空隙，一般情况下易失水，易污染，特别在高温或存在有色溶液的环境中，上述情况特容易发生。因此，要常将绿松石工艺品放入清水中保养，特别要避免与酸、碱接触，防止失色。

9. 文化

有一种玉石，在全世界广受青睐，在中国拥有数千年的历史，它是夏代的“神玉”，是清代的“祭月宝玉”，是藏族人的寄魂宝物——绿松石。如果要找一种能代表中国历史文化发展脉络的玉石，恐怕非绿松石莫属了。

绿松石是我国历史上应用最早、最广泛的重要玉石之一，中国绿松石拥有悠久的使用历史和丰富的文化内涵，在人们的政治、宗教和日常生活方方面面扮演着重要角色。

中国最早的绿松石出自新石器时代的裴李岗文化。裴李岗文化贾湖遗址（距今8 000年左右）出土了一批绿松石几何形饰，位于墓主头部，摆放成特殊的天文形，象征先民沟通天地的理想。

在河南的二里头文化（距今3 900—3 600年）遗址中发现大量的绿松石块粒，和相当数量的松石镶嵌饰品，甚至还有一条精美异常的“绿松石龙”，它被誉为真正的中国龙。

春秋战国越王勾践剑。汉代（距今2 000年左右）流行吉祥文化，绿松石被赋予了辟邪的文化内涵，成为护身符。同时由于丝绸之路开辟，外来宝玉石品种与西方加工工艺进入中原，绿松石饰品具备中西结合的文化特征。

明清二代（距今600—100年），绿松石有了新的发展，尤其是清代，因其“色相如天”而深受宫廷喜爱，被称为“天国宝石”，一般用于金钗、耳钉等镶嵌类饰品。《大清五朝会典·光绪会典图》记载，皇帝在夕月祭月时穿白色朝袍，佩挂绿松石朝珠。

三、蛇纹石玉（Serpentine）

蛇纹石玉也是我国历史上使用最早的玉石品种，它与和田玉、独山玉、绿松石玉

宝石学与宝石文化

合称我国古代四大名玉。由于使用的历史悠久，也与软玉等玉石一起，造就了我国的玉文化与玉文明，深得我国人民的喜爱。它也是目前市场上出现数量最多，流通范围最广的玉石品种。

1. 基本性质

蛇纹石玉的基本性质受其化学成分、矿物成分和矿物个体之间结合关系所制约，其性质比较稳定，可作为其科学鉴定的依据。

（1）玉石名称，蛇纹石玉主要以产地命名，最著名的产地是辽宁省鞍山市岫岩县，该玉石常被称为岫玉。

（2）矿物组成，蛇纹石玉是以蛇纹石矿物为主组成的隐晶集合体。它的矿物组成除了蛇纹石外，还含有透闪石、滑石、菱镁矿、白云石、绿泥石、透辉石、铬铁矿、磁铁矿等杂质矿物，并且这些杂质矿物在蛇纹石玉中的含量和赋存状态变化很大，并随着蛇纹石玉产地的不同而差异很大，对蛇纹石玉的特征与质量有明显的影响。如岫玉矿物组成，有蛇纹石占 95%，白云石、菱镁矿、水镁矿、绿泥石等占 5% 的；有蛇纹石占 70%，透闪石占 20%~30% 及少量碳酸盐矿物的；有蛇纹石含量为 65%，绿泥石和碳酸岩矿物占 35% 的；也有蛇纹石透闪石玉，透闪石含量占 75%，蛇纹石和透辉石占 25% 的，玉种矿物组成十分复杂。

（3）化学成分，蛇纹石玉主要由蛇纹石矿物组成，蛇纹石矿物的化学组成为 $Mg_6[Si_4O_{10}](OH)_8$。玉石中还含有 Mn、Al、Ni、Fe、Cu、Cr 等杂质元素。玉石中蛇纹石含量高时，玉石化学成分接近理论值；玉石中透闪石含量高时，成分富硅、富钙、贫镁；玉石中绿泥石含量增高时，成分贫镁、贫硅、富铝。

（4）结构构造，玉石中所含蛇纹石矿物属单斜晶系，晶体理想形态呈纤维状或叶片状。蛇纹石玉主要呈毡状纤维结构，致密块状构造。一般情况下，矿物颗粒细小，肉眼难以鉴别，在高倍显微镜下可见微呈定向排列的纤维状的蛇纹石矿物个体。

（5）光泽，蛇纹石玉呈典型的蜡状光泽，个别品种可达到玻璃光泽。

（6）透明度，蛇纹石玉常呈半透明至不透明状。

（7）硬度，蛇纹石玉的硬度受杂质矿物组成的影响，杂质矿物的种类与含量不同，引起玉石的硬度也就不同，一般 HM=2.5~6.0。当含蛇纹石比较高而纯净时，其硬度 HM=3~3.5。

（8）相对密度，蛇纹石玉的密度同样受杂质矿物的种类与含量的影响较大，一般相对密度为 2.43~2.70，个别品种相对密度可达 2.8，平均值为 2.57。

（9）折射率，蛇纹石玉的折射率受组成矿物的种类与含量的制约，变化较大，折射率常在 1.550~1.570 之间，点测法得到值为 1.56。

（10）吸收光谱，通常情况下蛇纹石玉无特征吸收光谱，有时在蓝区可见吸收光谱线带。

（11）发光性，大部分的蛇纹石玉呈惰性荧光，个别品种在长波下呈弱绿色荧光。

（12）韧性，蛇纹石玉无解理，断口呈平坦状，结构呈纤维毡状结构，导致其韧性较强。

（13）包裹体特征，蛇纹石玉中常见黑色包裹体、灰白色透明状包体、灰绿色绿泥石鳞片状包裹体，这些包裹体在玉石中可呈丝状、细带状、条带状或团块状分布。

（14）颜色，蛇纹石玉颜色受组成杂质矿物的影响。玉种当蛇纹石含量比较多时呈无色、浅黄色、黄绿色、绿色；当含其他杂质矿物时，颜色变化多端，主要呈深绿色、绿色、黄绿色、褐绿色、灰黄色等；当含不均匀的白云石类矿物时，在绿蓝色中常有白斑出现，被称为“石花”。（图 4–6）

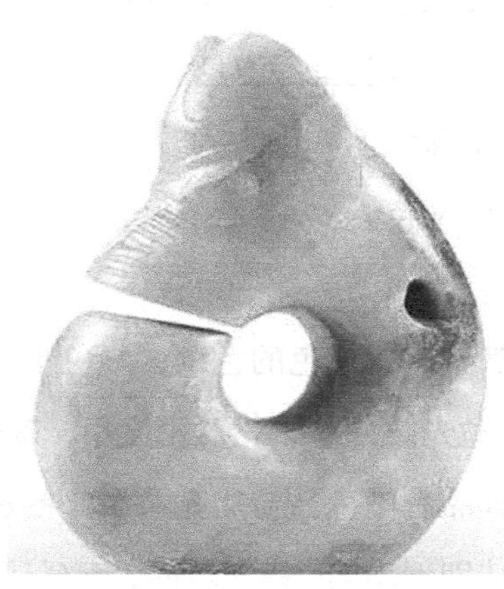

图 4–6　蛇纹石玉

2. 品种

蛇纹石玉的产地很多，不同产地蛇纹石玉的矿物组成不同，引起颜色等物理性质也明显不同，从而也形成不同玉石品种，各品种往往以产地命名，各玉石特征如下。

（1）岫玉，产于辽宁省岫岩县。玉石颜色各种各样，但大部分带有黄绿色调，玉石透明度好。

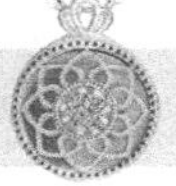

（2）南方玉（又称信宜玉），产于广东省信宜市。玉石含有深绿或浅绿色。

（3）酒泉玉，产于甘肃省酒泉地区。玉石颜色呈暗绿色中带黑丽花纹，质地细腻，颜色呈深色斑点或黑色团块，因制成夜光杯而闻名。

（4）昆仑玉，产于新疆昆仑山区，玉石常与软玉共生，颜色较浅，常呈浅绿色或无色。

（5）朝鲜玉（又称高丽玉），产于朝鲜。玉石颜色呈黄色或浅黄色。

（6）台湾玉，产于我国台湾省花莲县。玉石颜色呈草绿色—暗绿色，具有黑点或黑色条纹。

（7）陆川玉，产于广西壮族自治区陆川县。玉石有两种颜色，其一为带浅白色花纹的翠绿色—暗绿色；其二为青白色—白色。具有丝组光泽，并含有透闪石矿物成分。

（8）云南玉，产于云南地区。玉石颜色呈浅绿色—暗绿色。

（9）吕南玉，产于山东省吕南县。玉石颜色呈褐绿色。

（10）京黄玉，产于北京的西山地区。玉石颜色呈米黄色或蜡黄色。

（11）竹叶玉，产于青海省都兰县。玉石颜色呈绿色，像竹叶一样分布。

（12）泰山玉，产于山东省泰山地区。玉石颜色呈墨绿色。

（13）侧文玉，产于新西兰。玉石颜色呈深绿色。

（14）威廉玉，产于美国。玉石颜色呈深绿色。

3. 肉眼鉴别特征

（1）天然品鉴别，蛇纹石玉颜色一般都带有黄绿色的色调，颜色中经常有白色石花出现。呈典型的蜡状光泽，透明度较差，抛光效果差，相对密度小，韧性较强。

（2）处理品鉴别，蛇纹石玉常见的处理品有染色品与蜡充填品。鉴别特征如下：染色品，玉石颜色集中于裂隙处，颜色分布特别不均匀；蜡充填品，玉石具有蜡状光泽，热针接触会出“汗”，可以嗅到蜡味。

（3）蛇纹石玉主要赝品鉴别：

软玉（碧玉），密度大，手掂重，硬度大，抛光效果好，工艺细腻。

翡翠，密度大，手掂重，硬度大，抛光效果好，有翠性。

玉髓，硬度大，透明度好。

玻璃，具有气泡，玻璃光泽，断口呈贝壳状。

4. 质量评价

蛇纹石玉的质量评价依据包括以下几点。

（1）颜色，玉石颜色呈深绿色—绿色者质量佳；带黑色条块或黑点者质量差。

（2）透明度，玉石质量高者则要求透明度要好，即水头足。

（3）质地块度，优质玉石的块度相对要大，且无瑕疵、无裂隙。

（4）加工工艺，玉石质量高者要求加工工艺要精细，特别要注意俏色处理效果。

玉石料按上述要求分级如下：特级品，玉石颜色呈碧绿色、黄绿色，可含轻微杂质，半透明状，重 50 kg 以上；一级品，玉石颜色呈碧绿色、浅黄绿色，可有杂质，半透明，重 10 kg 以上；二级品，玉石颜色呈浅碧绿色、浅绿色，可有杂质，但无裂隙，半透明，重 5 kg 以上；三级品，玉石颜色的色泽好，半透明，重 2 kg 以上。

5. 市场

蛇纹石玉产量大，产地多，价格相对低廉，对加工要求高，玉石工艺品要构思好，工艺水平高。

6. 产地

蛇纹石玉在世界范围内产地特多，产出量特别大。主要产出国家有阿富汗、南非、中国等。特别是我国，应用历史悠久，产地众多，产量巨大。但以辽宁省岫岩县产的蛇纹玉最著名。

7. 文化

蛇纹石玉，亦称岫玉，多产自辽宁省鞍山市岫岩县，与和田玉、蓝田玉、独山玉并称为中国四大名玉。

蛇纹石玉是人类最早认识和利用的玉石品种，在中国距今约 7 000 年的新石器文化遗址中出土了大量的蛇纹石玉器。

蛇纹石玉在自然界分布广泛，因产地不同而有不同的玉石名称，如广东的信宜玉、广西的陆川玉、甘肃的酒泉玉、新疆的昆仑玉，以及美国、新西兰和阿富汗的鲍文玉等。

第四节 低档玉石

低档玉石是一类在价值档次上比较低廉的玉石品种，在自然界产出量很多，产地也特别多，所包括的玉石种类非常丰富。这些玉石的价值主要体现在加工工艺水平上，玉石主要用在大型的艺术品制作。作为玉器工艺品，它们在玉石行业中大有作为，使玉石世界变得更加多姿多彩。

一、查罗石（Charoite）

查罗石因在俄罗斯贝加尔湖地区查罗河附近被发现而命名，是种深受人们喜爱的玉石。

1. 基本性质

查罗石的基本性质受其化学成分、矿物成分和矿物个体之间结合关系的影响，其性质比较稳定，可作为其科学鉴定的依据。

（1）玉石名称，查罗石是根据该玉石产于查罗河附近而命名的。

（2）矿物组成，查罗石主要组成矿物是隐晶质的紫硅碱钙石，矿物成分比较复杂，有时可含有少量的碳酸盐矿物包体。

（3）化学成分，查罗石为硅酸钙钾钠其化学式为（K，Na）$Ca_2[Si_4O_{10}]$（OH，F）H_2O。

（4）结构构造，查罗石为隐晶质结构，呈致密块状、纤维状放射状、束状、玫瑰花状构造。

（5）光泽，查罗石为典型的丝绢光泽，断口呈锯齿状。

（6）透明度，查罗石呈半透明—不透明状。

（7）硬度，查罗石的硬度较低，HM=5。

（8）相对密度，查罗石的相对密度较低，其值在2.54~2.78，比较脆。

（9）折射率，查罗石的折射率比较固定，用点测法得到的值在1~1.56之间。

（10）颜色，查罗石的颜色比较丰富，主要呈浅紫色—紫红色。

（11）多色性，查罗石具有明显的浅紫色—深紫色的二色性。（图4–7）

图 4–7 查罗石

2. 肉眼鉴别特征

查罗石呈柔和的紫色，具有丝绢光泽及独特的曲线花纹。

3. 质量评价

查罗石质量评价的关键是杂质含量，杂质含量小于 10% 者是特级品。

4. 产地特征

查罗石主要产于正长岩体与碳酸盐接触带，是特殊的矽卡岩矿物。目前仅在俄罗斯贝加尔湖地区查罗河附近被发现。

5. 文化

查罗石，又叫“紫龙晶”，由于其高贵的气质和稀有度，被广大藏友昵称为紫色王子石，优质的紫龙晶只含有紫色和白色两种颜色，白色丝光分布在紫色之间，不含绿色及黑色等杂色。紫龙晶纹路清晰流畅，整体均匀协调，白色丝光自然分布，从不同角度欣赏给人不同的美感。

紫龙晶是 1978 年才在苏联雪利河畔发现的罕见稀有的紫色宝石，是由含强碱性的霞石正长岩入侵到石灰岩中由于特殊的压力、温度、化学成分、物理条件所构成的转变，形成了世界独特的“紫龙晶”。

二、丁香紫玉（Lilac–jade）

丁香紫玉是我国近年来新发现的一种玉石，因其颜色美丽而深受人们的喜爱。

1. 基本性质

丁香紫玉的基本性质受其矿物成分和矿物个体之间结合关系的影响，其性质比较稳定，可作为其科学鉴定的依据。

（1）玉石名称，丁香紫玉是因该玉石颜色像丁香花的颜色而命名的。

（2）矿物组成，丁香紫玉的主要组成矿物是呈显微鳞片状产出的锂云母；其次有少量的锂辉石、钠长石、石英及铯榴石等矿物组分。

（3）化学成分，由于组成丁香紫玉的主要矿物是锂云母，它是含挥发物质的钾锂铝硅酸盐矿物，其化学组成为 $K\{Li_{2-x}Al_{1+x}[Al_{2x}Si_{4-2x}O_{10}](FOH)_2\}$。此外，成分中还含有少量的 Rb、Cs、Na、Mg、Mn 等元素，F 的含量可达 5%~8%。

（4）结构构造，丁香紫玉呈隐晶致密块状构造。

（5）光泽，丁香紫玉呈典型的珍珠丝光泽。

（6）透明度，丁香紫玉呈透明至半透明到微透明状。

（7）硬度，丁香紫玉的硬度比较低，HM=3.2~3.7。

（8）相对密度，丁香紫玉的相对密度在 2.85 左右，比较脆。

（9）折射率，丁香紫玉的折射率变化较大，用点测法得到值在 1.54~1.56 之间。

（10）颜色，丁香紫玉具有独特的紫色，即玫瑰紫色与丁香紫色。（图 4–8）

图 4–8　丁香紫玉

2. 肉眼鉴别特征

丁香紫玉具有独特的紫色，硬度低，易抛光和琢磨，光泽柔和。

3. 主要赝品鉴别特征

萤石，呈典型玻璃光泽，透明度好，解理发育。

紫晶，透明度高，硬度大。

4. 质量评价

丁香紫玉质量要求：颜色要鲜艳；块度要致密；无绺无裂；要具有一定尺寸和大小。

5. 产地

丁香紫玉产于花岗伟晶岩中。我国主要产于新疆的天山、阿勒泰山、哈密及陕西等地。

6. 文化

丁香紫玉是20世纪70年代末期在我国新疆阿勒泰山脉发现的玉石新品种。它是在该地区稀有元素矿床矿物中被发现的一种极细粒的锂云母集合体，这种岩石质地致密而细腻，具有艳丽的丁香紫色，光洁度好，颜色像丁香花盛开时的颜色，故被命名为丁香紫玉。

丁香紫玉在阿勒泰山脉以外的其他地区也有发现，但质量都欠佳，不能用作玉石。这种高质量玉石的资源非常稀缺，只有新疆和田玉储量的千分之几。

丁香紫玉除具有柔和明亮、赏心悦目的丁香紫色外，其他颜色还有玫瑰色、紫罗兰色等。细腻而致密的质地，呈块状具有弹性和良好的磨光、抛光性。因此用这种玉材加工出的产品，无论是素身戒面、手镯或是较精细的工艺品，抛光后其光洁度均良好，给人们一种美的享受。

三、方钠石玉（Sodalite）

方钠石玉是一种紫色调的玉石。颜色基本纯净，外貌与智利青金石玉类似，在市场上具有一定影响力。

1. 基本性质

方钠石玉的基本性质受其矿物成分和矿物个体之间结合关系的影响，其性质比较稳定，可作为其科学鉴定的依据。

（1）王石名称，该玉石名称与组成矿物名称相同，同称为方钠石。

（2）矿物组成，方钠石玉是一种以方钠石矿物为主的隐晶集合体玉石，矿物成分比较纯净。

（3）化学成分，方钠石玉的化学成分主要是 $NaAl[SiO_2]Cl_2$，也可含有 K、Ca 等杂质成分。

（4）结构构造，方钠石玉一般呈致密的结核状或浸染状、条带状构造。

（5）光泽，方钠石玉呈玻璃—油脂光泽，解理面具有珍珠光泽。

（6）透明度，方钠石玉呈半透明—不透明状，具有参差状—贝壳状断口。

（7）硬度，方钠石玉的硬度一般较低，HM=5~6。

（8）相对密度，方钠石玉的相对密度变化不太大，值一般在 2.15~2.40 之间，平均值为 2.25。

（9）吸收光谱，方钠石玉无特征吸收光谱。

（10）发光性，方钠石玉常具有杂斑状的橙色紫外荧光。

（11）共生矿物，方钠石玉为集合体，共生矿物有霞石、钙霞石、黑榴石、方解石、黄铁矿等。

（12）其他性质，方钠石玉受热可熔化为玻璃，遇盐酸可分解。

（13）颜色，方钠石玉的颜色常呈蓝色，也常带有白色或粉红色的条纹和色斑，也可呈现紫色、粉红色、白色。（图 4–9）

图 4–9　方钠石玉

2. 肉眼鉴别特征

方钠石玉颜色呈蓝色、紫色，硬度低，密度低。

3. 主要赝品鉴别特征

青金石玉，密度低，结构细腻致密，常含有黄铁矿包体。

硅孔雀石，隐晶质，多呈绿色、浅蓝绿色，硬度特低。

4. 产地

方钠石玉主要产出国家和地区有美国缅因州、加拿大安大略、俄罗斯乌拉尔、意大利的维苏威山、挪威、德国、玻利维亚、西南非洲等国家和地区。我国四川产的一种方钠与霞石、磷灰石等构成方纳石化磷霞岩，岩石块体上因有云雾状蓝色条纹，被称为“蓝纹石”。

5. 文化

方钠石是似长石类矿物中的一类，它是一种含钠、铝及氯的硅酸盐矿物。方钠石因颜色与青金石相似，商业上也称之为“加拿大青金石”或“蓝纹石”。

紫方钠石是一种极为少有的富含硫的方钠石品种，紫方钠石在阳光下表现出变色的能力。紫方钠石这种由于光导致的变色效应是所有宝石光学现象中最为罕见的。紫方钠石与苏纪石非常相像，但是宝石级紫方钠石比苏纪石产量要少，也更为稀有。

四、粉翠（Rhodnoite jade）

粉翠因其颜色呈粉红色而命名，是一种达到玉石级的蔷薇辉石隐晶集合体，因其最先于北京被发现，因而有“京粉翠”之称。

1. 基本性质

粉翠的基本性质受其矿物成分和矿物个体之间结合关系的影响,其性质比较稳定，可作为其科学鉴定的依据。

（1）玉石名称，粉翠因颜色呈粉红色而得名。

（2）矿物组成，粉翠的主要组成矿物为隐晶质的蔷薇辉石；其次有少量的蔷薇石英、钠长石、石英等矿物成分。

（3）化学成分，由于组成粉翠的主要矿物为蔷薇辉石，它是锰硅酸盐。蔷薇辉石的晶体化学式为 $MnSO_3$，此外玉石中还含有少量的 Ca 等元素。

（4）结构构造，粉翠呈隐晶致密块状构造。

（5）光泽，粉翠呈典型的玻璃光泽，断口呈油脂光泽。

（6）透明度，粉翠呈半透明—不透明。

（7）硬度，粉翠的硬度比较大，HM=5.5~6，一般在 3.75 左右，比较脆。

（8）相对密度，粉翠的相对密度高，且变化较大，值为 3.40。

（9）折射率，粉翠的折射率变化较大，用点测法得到的值在 1~1.75 之间。

（10）颜色，粉翠具有独特的米红色、粉红色和粉红色。

2. 粉翠的品种

粉翠依颜色可分为以下几种。

（1）灰粉色粉翠，呈浅粉色—灰粉红色的致密块体，硬度 HM=5.7，相对密度为 3.63，为三级品。

（2）紫红色粉翠，呈紫红色致密块体，硬度 HM=5.6，相对密度为 3.61，为二级品。

（3）粉红色粉翠，呈粉红色致密块体，硬度 HM=5.8，相对密度为 3.65，为一级品。

（4）红白花京粉翠，粉红色品种与白色硅化石英组成。硬度 HM=5.8~7，相对密度 3.19。玉石中蔷薇辉石似玫瑰花瓣散落在乳白色半透明的石英集合体中，很漂亮，很美观，为北京独产品种，为特级品。

3. 肉眼鉴别特征

粉翠具有独特的玫瑰红色花瓣与典型的基质状黑色氧化锰条纹。

4. 主要赝品鉴别特征

菱锰矿，解理发育，遇稀盐酸起泡，硬度低。

蔷薇石英，透明度高，硬度大。

5. 质量评价

粉翠质量要求：颜色鲜艳，块度大致密，无绺无裂，具有一定大小和尺寸。

其质量特征要求：以粉红色、紫红色、灰粉红色者最佳。

对于京粉翠则要求红白分明，无裂纹。

6. 产地

粉翠产于与含锰岩石有关的接触矽卡岩带中和热液脉中。国外产地有澳大利亚、俄罗斯、印度、瑞典、芬兰、日本等国。我国主要产地有北京、吉林、四川、新疆、青海等地区，目前仅有北京的玉料被利用。

7. 文化

京粉翠也被叫作“桃花石”“桃花玉”，因最先产自北京地区而得名，它是一种由蔷薇辉石构成的玉石，常见粉红色。蔷薇辉石中的透明—半透明质结构是可以用来雕琢的宝石，其中澳大利亚产的褐红色晶体色泽优美，罕见少有，具有很高的价值，是收藏家手中的珍品。桃花玉的颜色是姻缘色，一直被人们视为永恒爱情的象征，可以促进彼此之间的感情，使其感情更加稳定。

五、菊花石（Chrysanthemum stone）

菊花石以其形状像菊花而得名。我国所产的菊花石有两种，性质差异很大。

1. 基本性质

（1）玉石名称，因玉石结构特征像菊花而得名。

（2）矿物组成，菊花石的主要组成矿物随种类、产地的不同而不同：湖南省浏阳县永和镇浏阳河底的菊花石主要产在石灰岩和钙质黏土板岩中，由方解石和天青石组成；北京西山的菊花石是在碳质板岩中，由呈束状和放射状的灰白色红柱石组成。

（3）品种特征，湖南菊花石，基底呈灰白—灰黑色，有暗紫色调，质地比较致密，菊花瓣清楚可见，花瓣呈白色—灰白色，直径在 5~8 cm 之间，单瓣呈长条状，组合呈放射状，加工后呈不同姿态的菊花形状。

北京菊花石，基底呈灰黑色，质地比较疏松，花瓣多呈紧密致密的放射状形态。

2. 肉眼鉴别特征

菊花石以独特结构和组成的“菊花瓣”构成鉴别标志。若菊花瓣为红柱石则为北京西山菊花石；若菊花瓣为方解石或天青石则为湖南浏阳菊花石。

3. 质量评价

湖南浏阳菊花石要求花瓣美丽，边界清楚，菊花颜色越白则质量越好。基底无裂纹、细腻、色暗。

4. 产地

湖南浏阳菊花石产于下二叠统石灰岩和钙质板岩中；北京西山菊花石产于北京西郊房山周口店的石炭纪板岩中，为热接触变质的产物。

5. 文化

“不是花中偏爱菊，此花开尽更无花”，是唐代诗人元稹对菊花的赞美，菊花自古以来就备受人们喜爱，文人墨客崇尚菊花，誉菊花以“清雅、高洁”的品格，与梅、兰、竹一同被誉为“花中四君子”。在自然界中，有一块盛开“菊花”的石头，被称为地质“花卉”，异常精美奇特，这就是菊花石，又名石菊花。地质界老前辈章鸿钊先生有这样的看法：“盖当方解石结合之时，其质由散而聚，即聚即凝，向中愈密，以其余液，迸流四射，辄复坚结，玉洁冰莹，宛若花瓣，或大或小，而常为菊花之形，此菊花石之所名也。”

六、孔雀石（Malachite）

孔雀石玉因其颜色像孔雀绿色而得名，这种漂亮的绿色、特殊的生长纹和特有的造型深受珠宝界人士的喜爱，是市场上深受欢迎的玉石品种之一。

1. 基本性质

孔雀石玉的基本性质受其矿物成分影响，其性质比较稳定，可作为其科学鉴定的依据。

（1）玉石名称，玉石的颜色因像孔雀绿色而得名。

（2）组成矿物，孔雀石玉是一种隐晶单矿物集合体，组成的矿物主要为孔雀石。此外，还含有方解石、褐铁矿等杂质矿物。

（3）化学成分，孔雀石为含水的铜碳酸盐化合物，其化学成分为 $Cu_2[CO_3]_2(OH)_2$。

（4）结构构造，孔雀石玉为集合体，一般呈同心环带状结构，呈葡萄状、皮壳状、钟乳状、结核状、肾状构造，也可呈放射状、纤维状的集合体构造。

（5）光泽，孔雀石玉呈玻璃光泽—丝绢光泽。

（6）透明度，孔雀石玉呈半透明—微透明—不透明状。

（7）硬度，孔雀石玉的硬度不大，HM=3.5~4。

（8）相对密度，孔雀石玉的相对密度较大，一般为 3.5~4.10 之间，平均值为 3.95。

（9）折射率，孔雀石玉的折射率变化范围较大，一般在 1.6~1.91 之间，点测法值为 1.85。

（10）吸收光谱，孔雀石玉无特征吸收光谱。

（11）发光性，孔雀石玉在紫外线下呈惰性。

（12）其他性，孔雀石玉具有可溶性，遇盐酸起泡，易溶解。

（13）颜色，孔雀石玉呈孔雀绿色、浅绿色、艳绿色、深绿色和墨绿色，但以孔雀绿色为最佳。

2. 品种

孔雀石玉按其形态、物质成分、特殊光学效应和用途可分为以下几种。

（1）晶体孔雀石，具有一定晶形的透明—半透明状的孔雀晶体，一般不常见，晶体个头小，可作刻面宝石。

（2）块状孔雀石玉，具有块状、葡萄状、同心层状、放射状和带状等致密块体的孔雀石玉，其块体大小不等，多作为雕件和首饰。

（3）青孔雀石玉，呈青绿色的孔雀石玉，为蓝铜矿和孔雀石的混合品。一般形成致密块状，蓝色与绿色相辉映，为名贵玉石材料。

（4）孔雀石猫眼，具有平行排列的纤维状构造的孔雀石玉，垂直纤维琢磨成弧面宝石，呈猫眼效应。

（5）天然艺术品孔雀石，自然界天然形成的形态奇特的孔雀石玉，可作为观赏石和盆景。

3. 肉眼鉴别特征

（1）天然品，孔雀石玉具有特有的孔雀绿色，常具有由同心层状结构构成的花纹，密度大，手掂重。

（2）合成品，合成孔雀石玉为致密状的小球粒团块生长而成。其品种可以分为以下几种。

①带状合成孔雀石玉，由针状或板状孔雀石晶体和球粒状孔雀石集合而成，颜色呈淡蓝色、深绿色、黑色，纹带宽窄不等，但呈直线、微弯曲或复杂的曲线状。

②丝状合成孔雀石玉，由长几十毫米的单晶体构成的丝状集合体，具有猫眼效应，垂直晶体延伸方向切割的横截面呈黑色。

③胞状合成孔雀石玉，呈放射状和中心带状。颜色中心呈黑色，边缘呈浅绿色。仪器鉴别中，最有效的仪器为差热仪。

4. 质量评价

孔雀石玉质量评价包括以下几点。

（1）颜色，优质孔雀石玉要求颜色鲜艳，以孔雀绿色为最佳，而且花纹要清晰、美观。

（2）质地，优质孔雀石玉要求结构紧密，质地细腻，无孔洞，而且密度与硬度要大。

（3）块度，孔雀石玉要求块度越大越好。

5. 经济评价

根据孔雀石玉的颜色、花纹、质地等条件可以分为以下等级。

（1）A 级，玉石颜色较深，呈翠绿色、墨绿色、天蓝色，可见条带和同心环带花纹，结构致密，质地细腻，硬度、密度较大。

（2）B 级，玉石颜色偏浅，呈绿色，常见由粉白和翠绿相间构成的环带和条带花纹，但粉白色质地较软，呈凹沟，整体的硬度较软，且有变化。

6. 产地

孔雀石玉世界产地多，产量大。主要的产出国家和地区有俄罗斯的乌拉尔地区、赞比亚、津巴布韦、纳米比亚、扎伊尔、中国、美国、澳大利亚、法国、智利、英国、罗马尼亚等。我国孔雀石玉主要产自广东省、海南省、湖北省、江西省、内蒙古自治区，甘肃省、西藏自治区、云南省等地，其中以广东阳春和湖北的大冶、海南省石碌及湖北马鞍山所产最著名。

7. 文化

孔雀石，英文名称为 Malachite，源于希腊语 Mallache，意思是“绿色”。这是一种娇贵且漂亮的宝石，虽没有宝石的光华，其浓、正的颜色和花纹却有一种独特的魅力和高雅气质。因颜色酷似孔雀羽毛上斑点的绿色而获得如此美丽的名字。

作为一种古老的玉石，早在 4 000 年前，古埃及人就开采了苏伊士和西奈之间的矿山，利用孔雀石作为儿童的护身符，他们认为在儿童的摇篮上挂一块孔雀石，一切邪恶的灵魂将被驱除。

七、梅花玉（Plum blossom-jade）

梅花玉为一种形态似梅花的玉石，是我国特有的一种玉石。

1. 基本性质

梅花玉的基本性质比较稳定而独特，可作为其科学鉴定的依据。

（1）玉石名称，玉石因形态似梅花而得名。

（2）矿物组成，梅花玉为一种特殊结构的安山岩，由斑晶与基质构成，常含有杏仁体。杏仁体的主要组成矿物有石英、长石、绿帘石、绿泥石、方解石等。

（3）化学成分，梅花玉的化学成分比较复杂，主要成分有 SiO_2（62.66%~64.98%）、Fe_2O_3（5.53%）、FeO_3（3.96%）、Al_2O_3（11.93%~12.26%）、TiO_2（1.25%）、K_2O（3.16%~2.22%）、MgO（1.18%~1.67%）、Na_2O（4.00%）、CaO（0.76%）、P_2O_5（0.40%）、MnO（0.05%）等。

（4）结构构造，梅花玉呈斑状和杏仁状构造。

（5）光泽，梅花玉呈隐晶质玻璃光泽。

（6）透明度，梅花玉呈次透明—不透明状。

（7）硬度，梅花玉的硬度变化较大，HM=3~7。

（8）相对密度，梅花玉的相对密度变化较大，比较脆，值在 2。

（9）折射率，由地点测法得到的梅花玉的折射率不太稳定，在 1.50~1.60 之间。

（10）颜色，梅花玉的颜色主要呈棕红色、白色，底色呈照成暗棕色。

（11）形态，梅花玉由细脉与杏仁体形成梅花图案。杏仁体充填物不同则颜色不同，当充填物为含铁的玛瑙时呈红色；为绿帘石时呈黄绿色；为绿泥石时呈深绿色；为方解石或石英时呈白色。

2. 鉴别特征

梅花玉具有独特的黑色基质和梅花图案。

3. 质量评价

梅花玉质量评价要求：玉料块度大，裂纹少，基质越黑越好，梅花图案越美观漂亮越好，主要制作手镯和摆设。

梅花玉按质量可分为以下三级。

一级品，基质黝黑，梅花图案明显。

二级品，基质黝黑，梅花图案较明显。

三级品，基质灰黑，梅花图案不明显，质量较差。

4. 产地

梅花玉是火山喷流出的岩浆冷却后形成的具有气孔状构造的安山岩，这些气孔被后来物充填。梅花玉目前的产地仅为我国河南省汝阳县上店乡。

5. 文化

梅花玉一般为原石上有花纹为梅花，或有花纹为梅花树的原石品种，在奇石大家族中，梅花石是我国特有的石种。

梅花玉历史文化丰厚，《水经注》中有这样一段记载：紫逻南十里，有玉床，阔二百丈，其玉甚密，散见梅花，曰宝。早在殷周时期，古代先民们已开采梅花玉，考古工作者在殷、周、春秋战国的墓葬中就发现有梅花玉的器皿和饰品。梅花玉鼎盛时期在汉朝，汉光武帝曾将梅花玉册封为国宝。皇帝的玉玺及宫中器物均梅花玉所制。

1983 年，河南地质局在河南省汝阳上店镇重新发现了梅花玉矿体，从而使这一古老的玉种重放异彩。梅花玉酒瓶，已被我国礼宾司定为馈赠外国领导人礼品杜康酒的装瓶。1988 年国际象棋大赛奖杯和 1990 年第 11 届亚运会奖杯均为梅花玉制作。但由于近几年过度开采，导致矿源濒临枯竭。

八、青金石玉（Lazurite）

青金石玉主要矿物组成是青金石，是市场上深受人们欢迎的玉石品种之一，特别深受藏族人民的喜爱。

1. 基本性质

青金石玉的基本性质受青金石矿物成分所影响，可作为其科学鉴定的依据。

（1）玉石名称，玉石名称取自主要组成矿物青金石的名称。

（2）矿物组成，青金石玉的矿物组成主要是青金石，此外，还有蓝方石、方解石、黄铁矿、方钠石、透解石、黑云母、角闪石等矿物。

（3）化学成分，青金石玉是以青金石为主组成的，含 $[SO_4]Cl$，S 的架状硅酸盐集合体，其成分为 $(Na，Ca)_8(Al，SiO_4)_6(SO_4，Cl，S)_2$。此外，玉石成分受所含杂质矿物的影响而变化。

（4）结构构造，青金石玉呈粒状结构，块状构造。

（5）光泽，青金石玉呈玻璃—树脂光泽，光泽暗淡柔和。

（6）透明度，青金石玉呈半透明—不透明状。

（7）硬度，青金石玉的硬度不太高，HM=5.5。

（8）相对密度，青金石玉相对密度变化主要取决于其中黄铁矿的含量，值一般在 2.5~2.9 之间，平均值为 2.75 左右。

（9）折射率，青金石玉的折射率低，点测法得到的值为 1.50。

（10）吸收光谱，青金石玉无特征吸收光谱。

（11）发光性，青金石玉在短波下呈绿色或白色荧光；若含方解石，则在长波下呈褐红色荧光。

（12）包裹体，青金石玉中常含有方解石白色团块；黄铁矿呈金黄色斑点。

（13）性质，青金石玉当含有方解石时则遇酸起泡。

（14）颜色，青金石玉常呈深蓝色、深紫蓝色或呈蓝白斑杂色。

（15）条痕，青金石玉具有白色到浅蓝色条痕。（图 4–10）

图 4–10 青金石玉

2. 品种

青金石玉的品种以所含杂质种类作为划分依据，可分为以下三种。

（1）青金石，玉石纯净，颜色比较深、艳丽即质纯色浓艳的青金石品种。

（2）金克浪，玉石中含有较多黄铁矿晶体，呈金光闪闪的星点或星片状分布的青金石品种。

（3）催生石，玉石中含有白色的方解石斑点，呈蓝、白相间分布的青金石品种。

3. 肉眼鉴别特征

（1）天然品，玉石呈紫蓝色或深蓝色，常含有金黄色星点状分布的黄铁矿，玉石折射率低，光泽暗淡柔和，在宝石边缘可见蓝色光晕。

（2）合成品，此合成品由吉尔森公司制造出的一种人造材料，为青金石玉仿制品，是一种含水的磷酸锌，不透明，边缘不出现蓝色光晕，颜色分布均匀。结构细腻均一，孔隙度大，易吸水，密度小，黄铁矿晶体边缘平直完好。

（3）处理品，青金石玉常见的处理品品种包括染色品和上蜡品。染色品，染料会沉淀在玉石的裂隙处形成富集，颜色不耐久，擦洗会掉色。上蜡品，玉石表面的蜡层有脱落、剥离现象，热针接触会受热“出汗”，黏合品是由青金石粉末与塑料或树脂黏结的成品，热针接触后会有塑料气味产生，处理品制品具有碎块构造。

4. 主要赝品肉眼鉴别特征

方钠石玉，粗晶质结构，颜色呈斑块状，在蓝色底上常有白色或深蓝色斑痕，密度低，手掂轻，少见黄铁矿包体。

蓝铜矿，密度大，深蓝色，常与孔雀石共存。

天蓝石，密度大，颜色呈浅蓝色，缺少紫色调。

蓝线石石英岩（即蓝色东陵石），半透明，具有玻璃光泽，层状构造，密度低，颜色蓝色中常带有灰色调。

染色碧玉（又称瑞士青金石），颜色分布不均匀，颜色在条纹和斑块中富集，无黄铁矿包体，断口呈贝壳状，密度低，手掂轻。

熔结合成尖晶石，颜色明亮，分布均匀，光泽强，密度大，手掂重。

染色大理岩，颜色集中在裂隙和颗粒边界处，硬度低，易划出条痕，颜色掉色。玻璃含有气泡，旋涡纹理，密度低。

5. 质量评价与市场

青金石玉的质量评价依据包括颜色、质地、缺陷、块体、矿物包体等方面。

（1）颜色，优质青金石玉呈紫深蓝色，颜色均匀，光泽好。

（2）质地，优质青金石玉质地细腻致密，无缺陷，无裂纹。

（3）包裹体，优质青金石玉包裹体少，当含有大块包体，尤其含方解石包体时质量降低。

（4）加工工艺，优质青金石工艺品构思新颖，加工精细。

6. 主要产地

青金石玉产于接触交代矿床中，主要产出国家及产品质量如下：阿富汗产出品颜色好，呈带紫的蓝色，包体少，质量高；俄罗斯产出品颜色色调丰富，包体为黄铁矿，质量较好；智利产出品带有绿色调，含有方解石包体，价值低。此外，还有缅甸、美国等也有产出，但产出品质量较差。

7. 文化

青金石是一种较为罕见的宝石，其中以深蓝色、无裂纹、无杂质、质地细腻者最为珍贵。中国自汉代以后开始大量运用青金石。青金石的蓝色给人以深邃、纯正、庄重而不失绚丽之感，有“色相如天” 之美誉，符合当时贵族的审美情趣和精神境界。我们在诗歌中就可以找到大量古人借用青金石之色形容江水的。如唐代著名诗人白居易《暮江吟》中“一道残阳铺水中，半江瑟瑟半江红”之句，其中“瑟瑟”就是指青金石的颜色。

青金石在清代也备受重视。清代皇帝祭天的时候，就要佩戴青金石的朝珠。在雍正八年前四品官的顶戴也以青金石制成。由此可见青金石在清代日渐贵重。

明清时期，用青金石进行雕刻开始兴起，青金石除了用作佛珠、朝珠外，还可雕饰为摆件、人物（如弥勒、罗汉）、如意、香炉、手镯等。清代宫廷所用佛教用品，也大量镶嵌青金石，如金嵌珍珠宝石佛塔、金嵌珠石立佛像、香炉、金嵌珠宝藏经盒等。

九、石英质玉（Quartzite）

石英质玉为一类品种特别多，质量差异特别大，产地特征复杂的玉石。长期以来，石英质玉一直被人们所利用和喜爱。在我国的历史长河中，石英质玉曾得到上至帝王将相，下到寻常百姓人家的钟情、喜爱。它是玛瑙首饰的主要材料，同时也是财富的象征及标志。

1. 基本性质

石英质玉是以石英类矿物组成的隐晶或微显晶集合体，其基本性质稳定，可构成其科学鉴定的依据。

（1）玉石名称，石英质玉的名称非常多，命名并不统一。

（2）矿物组成，石英质玉的组成矿物以石英为主，还含有少量或微量的云母、绿泥石、黏土矿物、褐铁矿等杂质矿物，杂质矿物的种类多而复杂。

（3）化学成分，石英质玉化学成分以 SiO_2 为主，还含有少量的 Ca、Mg、Fe、Mn、Ni 等其他化学成分。

（4）结构，石英质玉的结构可分为显晶质与隐晶质，这两种结构中，由于矿物的结晶程度、颗粒排列方式等方面存在差异，所形成玉石的物理性质差别较大。

（5）构造，石英质玉中，显晶质品种一般呈块状构造；隐晶质品种一般呈团块状、皮壳状、钟乳状构造。

（6）透明度，石英质玉中，显晶质品种呈透明—半透明状；隐晶质品种一般呈不透明状。

（7）光泽，石英质玉一般抛光面呈玻璃光泽，断口呈油脂光泽。

（8）硬度，石英质玉硬度随其结晶程度变化而变化，显晶质硬度较大，HM=7；隐晶质硬度较低，HM=6.5。

（9）相对密度，石英质玉由于含杂质种类、数量的差异，相对密度会有一定的变化范围，一般值在 2.60~2.65 之间变化。

（10）折射率，石英质玉的折射率变化范围较小，点测法值为 1.53~1.54。

（11）吸收光谱，石英质玉一般无特征吸收光谱，个别品种因含致色离子而出现吸收光谱。

（12）荧光性，石英质玉一般无荧光性。

（13）韧脆性，石英质玉韧性差，脆性强。

（14）颜色，石英质玉纯净时呈白色，但当含杂质离子时，颜色种类比较丰富，主要有红色、绿色、黄色、黑色等颜色。（图 4–11）

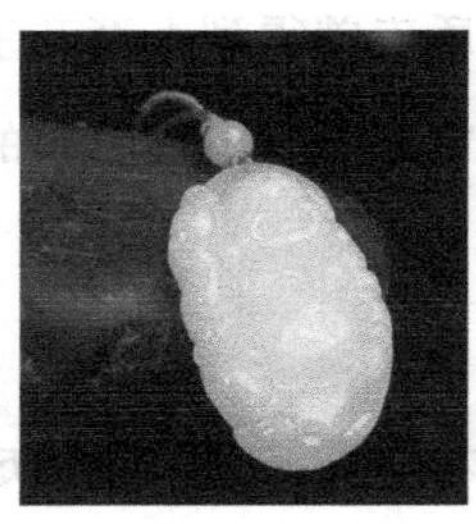
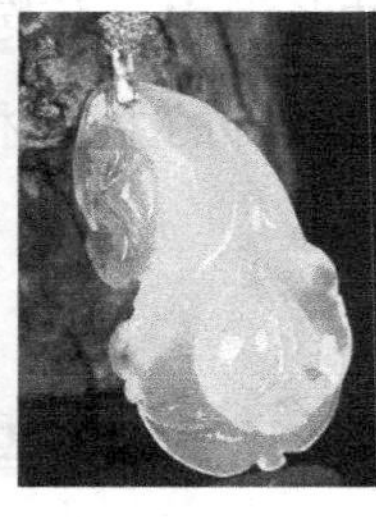

图 4–11　石英质玉

2. 品种

石英质玉根据结晶特点、结构构造划分可以分为显晶质和隐晶质两类。

1）显晶质，玉石集合体呈块状，微透明—半透明状。依组成矿物不同可分为如下品种。

（1）东陵石，一种具有砂金效应的石英岩。含铬云母者呈绿色，被称为绿色东陵石；含蓝线石者呈蓝色，被称为蓝色东陵石；含锂云母者呈紫色，被称为紫色东陵石；含绿色纤维阳起石者，被称为绿色东陵石；含赤铁矿者呈红色，被称为红色东陵石。东陵石中石英颗粒较粗大，片状矿物也较粗大，在日光下片状矿物呈现闪闪发光的砂金效应。

（2）密玉，产于我国河南省新密市的一种呈绿色致密状石英岩，矿物组成为石英（97%~99%）、绿色水云母（1%~3%），还含有少量的金红石、锆石、电气石等矿物。密玉颜色以绿色为主，也有肉红色、黑色、乳白色，结构较细腻致密，无砂金效应，云母呈均匀的层状分布，相对密度为 2.7。

（3）京白玉，产于我国北京西山地区的一种白色致密块状石英岩。京白玉的矿物组成主要有石英（90%）、白云母（10%），还有其他的杂质矿物，京白玉颜色以白色为主，也有灰色、灰白色等，结构较致密细腻。

（4）贵翠，产于我国贵州省的一种绿色石英岩。贵翠的矿物成分主要有石英（80%~95%）、绿泥石（5%~20%）及其他少量的杂质矿物。贵翠颜色以艳绿色、绿色、深绿色为主，结构较致密细腻。

（5）台湾翠，产于我国台湾省花莲县的一种呈蓝色致密块状石英岩。

（6）砂金石，是一种呈砂金效应的石英岩。其矿物组成主要是石英，还含有片状形态的赤铁矿或云母片，这些片状矿物在阳光下呈现星点状金黄色的闪光效应。

（7）马玉，即马来西亚玉，是一种结构较细的染色石英岩。马玉石英颗粒直径小，硬度 HM=6.5~7，相对密度在 2.63~2.65 之间，分光镜下具有在 660~680 nm 处的吸收带，短波下可具有暗绿色荧光。

（8）木化石，是植物或矿物被 SiO_2 交代后，保留了植物或矿物的外形及生长纹理的交代产物，包括木变石和硅化木。

（9）木变石（石化矿物），是蓝色钠闪石石棉被 SiO_2 部分置换，残余的钠闪石石棉及完全被置换的钠闪石石棉保留其纤维状晶形外观而形成的产物。木变石原矿物为镁钠闪石石棉。在显微镜下，闪石纤维细如发丝，定向排列，交代的 SiO_2 已具脱玻化现象，呈细小的石英颗粒。由于置换程度的不同，木变石的物理性质有差异。置换程度高，硬度接近 7，密度低。颜色呈黄褐色、褐色、蓝灰色、蓝绿色。依颜色可分为：虎睛石，颜色呈黄色、褐黄色的木变石，表面具有丝绢光泽，弧面形宝石常具有猫眼效应，一般表现出一条不十分明显的宽眼线左右摆动；鹰睛石，颜色呈蓝色、灰蓝色的木变石；斑马石，颜色呈黄褐色、蓝色并以斑块状间杂分布的木变石。

（10）硅化木（石化植物），是 SiO_2 置换了数百万年前埋入地下的树干，并保留了树干及其结构的产物。硅化木化学成分以 SiO_2 为主，常含 Fe、Ca 等杂物。颜色呈土黄色、浅黄色、黄褐色、红褐色、灰白色、黑色等。抛光后具有玻璃光泽，不透明。硬度 HM=7，相对密度为 2.65~2.91。硅化木按成分可分为普通硅化木、玉髓硅化木、蛋白石硅化木。

2）隐晶质，玉石集合体呈不透明状，比较致密。按结构、构造和杂质特点玉石可分为玛瑙、玉髓、碧玉。

（1）玛瑙，具有环带状结构的玉髓。按颜色、条带、杂质或包裹体等特点可分为许多品种。

①玛瑙按颜色划分的品种如下。

白玛瑙，玉石颜色呈白色—灰色，环带结构，由颜色或透明度色差异的条带组成，颜色均匀者可作为雕刻品。

红玛瑙，玉石颜色多呈较浅的褐红色、橙红色，块体内不同深透明度的红色环带与白色环带相间分布。红色由细小的氧化矿物引起。

绿玛瑙，玉石颜色呈淡淡的绿色—灰绿色，绿色由所含细小的绿泥石等矿物引起。

②按条带划分的品种如下。

缟玛瑙，即条带玛瑙，颜色简单，条带相对平直的玛瑙。常见的条带呈黑白相间或红白相间。

缠丝玛瑙，缟玛瑙中条带变得特别细小、十分窄细时称为缠丝颗粒。当缠丝由细小红白相间的条带组成时则为佳品。

③按杂质或包裹体划分的品种如下。

苔藓玛瑙，一种具有苔藓状、树枝状图形的含杂质玛瑙。一般常见到绿色苔藓纹，由绿泥石细小鳞片聚集而成。黑色树枝状物由光泽铁、锰氧化物构成。这些玛瑙在工艺上和自然审美上为工艺师提供了客观条件。一般这种玛瑙价值比较昂贵。

子孙玛瑙，一种在玛瑙中含有比较小玛瑙包体的玛瑙。

火玛瑙，是一种含深层“包裹体”的玛瑙。在玛瑙的微细层理之间含有薄层的液体或板状矿物包裹体，在光的照射下可产生薄膜干涉效应，加工后可产生五颜六色的晕彩效应。

水胆玛瑙，是一种“含水包裹体”的玛瑙，玛瑙中的水可分为腔水和水胆。腔水，指的是玛瑙空腔中的水，当腔水被玛瑙四壁由微粒石英组成的不透明壳遮挡时，玛瑙在摇动时可听到水声，但工艺价值不大。而当壁壳透明时，腔水可看见时工艺价值高。水胆，常位于空腔以外的透明—半透明玛瑙体中的水，或实心玛瑙中较大的包裹水，这种玛瑙具有较大工艺价值。

（2）玉髓，隐晶质石英集合体，单体呈纤维状、杂乱或微定向排石列。颗粒间充填水或气泡，块状结构。一般含 Fe、Al、Ca 等细小矿物杂质。玉髓按颜色可分为以下品种。

①白玉髓，玉石颜色呈灰色—灰白色，微透明—半透明。

②绿玉髓，玉石呈不同色调的绿色，微透明—半透明、绿色是含 Fe、Ni、Cr 的杂质元素或绿色的阳起石或绿泥石矿物所引起的。

③红玉髓，玉石颜色呈橙红色、褐红色，微透明—半透明状，颜色系微量的 Fe^{3+} 引起，Fe_2O_3 一般含量为 1.7%。

④蓝玉髓，玉石颜色呈灰蓝色、蓝绿色，微透明—半透明状，蓝色由含铜矿物引起，我国台湾省花莲县出产的蓝玉髓，硬度 HM=7，相对密度为 2.58。颜色呈蓝色、蓝绿色，色调均匀，无瑕疵，微透明—半透明状，质量高时与绿松石颜色非常接近。

⑤澳洲玉，一种含镍的绿玉髓，颜色呈带黄色调和灰色调的绿色，硬度 HM=7，相对密度为 2.58。

（3）碧玉，一种含杂质的玉髓，其中杂质矿物主要是氧化铁、黏土矿物，其含量可达 20% 以上。不透明。颜色呈暗红色、暗绿色或暗杂色。珠宝界按颜色及花纹划分的品种如下。

①红肝石，一种呈暗红色、不透明的玉髓。

②绿肝石，一种呈暗绿色、不透明的玉髓。

③风景碧玉，一种彩色碧玉。不同颜色呈条带、色块相互交织展布，犹如一幅美丽的风景画。

④血滴石，一种暗绿色不透明的碧玉，其上散布着棕红色的斑点，犹如滴滴鲜血，其最有名的产地在印度。

3. 肉眼鉴别特征

（1）显晶质品种，玉石具有颜色特征，半透明状，呈油脂质玻璃光泽。不同品种具有不同颜色与不同种类的显晶矿物包体。

（2）隐晶质品种，不同品种玉石具有各自明显的特殊结构，不透明，质细，看不见矿石物包体。

（3）处理品，目前主要有处理玛瑙制品，其鉴别特征如下：热处理品，热处理的玛瑙颜色均匀，常呈鲜艳的黄红色。虎睛石热处理后呈褐红色（氧化条件下处理）、灰黄色、灰白色（还原条件下处理）。染色品，玛瑙制品颜色鲜艳呈均蓝色等，环带结构不清或无环带，常呈现鲜艳的红色、绿色。玛瑙注水，玛瑙呈树脂光泽，水胆不自然。

（4）主要仿制品（即赝品），染色玻璃，玻璃呈均质性，含气泡，密度低，手掂轻。

4. 质量评价与市场

石英质玉由于品种多，不同品种的质量有不同的要求，一般的要求如下。

（1）颜色，石英质玉要求具有相对均匀的颜色，有时也可形成多种颜色。对质量高的玉石特别要求颜色要正、鲜艳。

（2）特殊颜色图案及包裹体，当石英质玉具有一定花红包纹图案时，其价值高。

（3）质地，优质石英质玉要求材料颗粒均匀，粒度要相对细腻，质地要致密。

（4）透明度，优质石英质玉要求材料具有一定的透明度，完全不透明的材料质量较差。

（5）块度，优质石英质玉要求具有一定块度，且块度越大越好。

（6）加工工艺，石英质玉原材料价值一般较低，因此，要求其加工中设计构思巧妙，俏色处理要新颖，加工要精细。对于石英质玉玛瑙的质量评价要求为：颜色要艳，透明度要高，块度要大，要求无杂质、无裂纹，工艺性要求构思巧妙，加工精细，石英质玉俏色新颖。玛瑙价格依红、蓝、紫、粉红色颜色逐渐降低。精细构思加工的玛瑙工艺品价值也很昂贵，如玛瑙制品虾盘等雕件均为我国国宝级的工艺品。

5. 产地

石英质玉在世界上产地多，产量大，产出环境复杂。主要产出国有巴西、印度、中国等。我国的玛瑙产地较多，比较著名的产地有辽宁省阜新市、内蒙古等地。

6. 文化

石英的化学成分为 SiO_2，在地壳中分布广泛，以石英为主的玉石品种繁多。按照结晶程度可分为显晶质石英质玉石（石英岩、木变石等）和隐晶质石英质玉石（玉髓、玛瑙等）。石英质玉石的应用历史悠久，早在 50 万年前周口店北京人文化遗址中就发现有用玉髓制作的石器。

《本草纲目》金石部第八卷记载：“马脑，释名玛瑙。呈淡红色，像马的脑，故叫玛瑙珠，属玉石类，重宝也。”

十、水钙铝榴石玉（Hydrogrossular）

水钙铝榴石玉是一种比较少见的玉石，以其翠绿颜色而得到人们的喜爱。

1. 基本性质

水钙铝榴石玉是一种主要由水钙铝榴石组成的隐晶集合体，其基本性质稳定，可构成其科学鉴定的依据。

（1）玉石名称，玉石名称取自主要组成矿物的名称。

（2）矿物组成，水钙铝榴石玉的主要组成矿物为隐晶状的水钙铝榴石，其次有少量的铬铁矿、石英及钙铝榴石等矿物。

（3）化学成分，水钙铝榴石玉是由含水的钙铝硅酸盐矿物组成，其成分为 $Ca_3Al_2[SiO_4]_{3-x}(OH)_{4x}$。

（4）结构构造，水钙铝榴石玉呈隐晶致密块状构造。

（5）光泽，水钙铝榴石玉呈典型的玻璃光泽，断口呈油脂光泽。

（6）透明度，水钙铝榴石玉呈半透明—不透明状。

（7）硬度，水钙铝榴石玉的硬度较大，HM=7。

（8）相对密度，水钙铝榴石玉的相对密度较大，值在 3.15~3.55，玉性比较脆。

（9）折射率，水钙铝榴石玉的折射率比较固定，用点测法得到的值为 1.73。

（10）颜色，水钙铝榴石玉的颜色比较丰富，主要呈绿色、蓝绿色、粉色、白色或无色。（图 4–12）

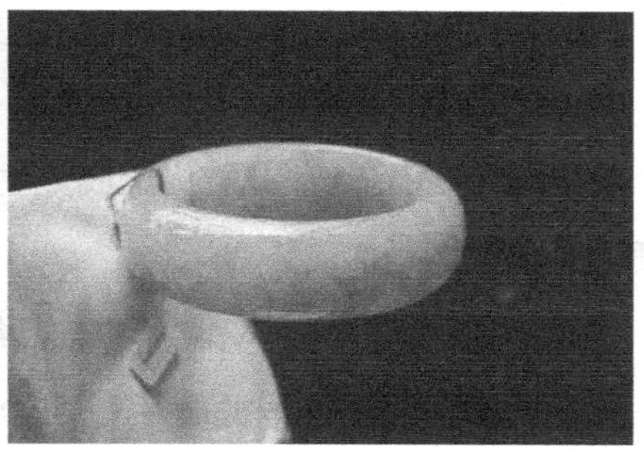

图 4–12 水钙铝榴石玉

2. 肉眼鉴别特征

水钙铝榴石玉密度大，手掂重，常见呈黑点状分布的铬铁矿包体。

3. 产地特征

水钙铝石玉产于蚀变岩中，主要产地有南非德兰士瓦、新西兰，美国犹他州及我国的青海省。在我国珠宝行业中被称为“青海翠”的玉石就是水钙铝榴石玉。

4. 文化

水钙铝榴石，行业内人士称之为“不倒翁”，为翡翠四大杀手之一，是一种钙铝榴石的多晶质集合体，也称南非玉或德兰瓦翡翠，在商业上称“青海翠”。“不倒翁”，为缅语的译音，这种绿色的玉石产于缅甸北部帕敢东北部地名为“葡萄”的地方，缅语译音近似“不倒翁”，故云南边境市场称其为“不倒翁”。

十一、大理岩玉（Dalistone-Jade）

大理岩玉是一类主要由隐晶质碳酸盐矿物组成的玉石，它的品种较多，除主要包括大理岩玉（又称汉白玉）外，它还包括了与碳酸盐有关的其他玉石品种，如产于我国陕西省的蓝田玉。这些玉石品种在我国应用的历史也比较悠久。

大理岩玉作为玉石材料，在装饰材料行业早已得到广泛的使用，也可作为玉石雕刻材料。

1. 基本性质

（1）玉石名称，大理岩玉又称汉白玉（因从汉代开始使用），因云南大理是其著名产地而命名。

（2）矿物组成，大理岩玉的矿物组成主要为隐晶质的方解石，还有一些其的碳酸盐矿物。

（3）化学成分，大理岩玉的化学成分主要为 $CaCO_3$，此外还含有 Mg、Fe、Zn、Mn 等杂质元素。

（4）结构构造，大理岩玉呈隐晶质细晶结构，块状构造。

（5）光泽，大理岩玉呈半玻璃—半油脂状光泽。

（6）透明度，大理岩玉呈半透明—不透明状，常呈不透明状。

（7）硬度，大理岩玉的硬度不太大，HM=3。

（8）相对密度，大理岩玉的相对密度比较低，值常在 2.65~2.75，平均值为 2.70。

（9）折射率，大理岩玉的折射率变化范围比较大，一般在 1.486~1.658 之间。

（10）发光性，大理岩玉的发光性多变。

（11）吸收光谱，大理岩玉的吸收光谱随所含杂质的不同有所不同。

（12）其他性质，大理岩玉遇稀盐酸分解起泡。

（13）颜色，大理岩玉由于所含杂质离子的不同，具有各种颜色。

2. 品种

按不同用途，大理岩玉可分为建筑装饰材料和玉石雕刻原料，后者占绝大多数。在作为玉石雕刻原料中，可形成以下许多品种。

（1）蓝田玉，玉石颜色呈绿色、黑色、墨绿色条带的蛇纹石化大理岩，因产于陕西省蓝田县而得名。

（2）点苍玉，玉石因产于云南大理点苍山而得名。玉石含有各种颜色和美丽的花纹。

（3）曲阳玉，玉石因产于河南曲阳地区而得名。玉石呈灰色、青灰色、雪苍白色、肉红色、桃花红等颜色。

（4）曲纹玉，玉石产于贵州省。玉石抛光后在奶油黄色的底色上呈现出深红色铁质纹和粗粒方解石组成的弯曲花纹，从而构成其识别特征。

（5）紫纹玉，玉石产于湖北省大冶，因含铁质成分呈现深浅不同的紫色花纹，因此而得名。

（6）莱阳玉，玉石因产于山东省莱阳地区而得名。玉石含有均匀分布的橄榄绿色蛇纹石。

（7）满天星玉，玉石产于陕西省潼关，因在蛋白色基底上出现黑色蛇纹石斑点，被称为“满天星”玉。

（8）桃红玉，玉石产于河北省，以抛光后像微斜长石的桃红色而得名。

3. 肉眼鉴别

（1）天然大理岩玉，玉石硬度低，遇稀盐酸易分解起泡，雕刻品比较粗糙。

（2）处理品，主要包括染色品、充填品和辐照品，特点如下：染色品，工艺品缝隙中有染料存在，颜色易脱落；充填品，热针试验可有胶或塑料反应，乙醚擦洗可有溶解物出现；辐照品，颜色不稳定，遇光或热颜色会变浅。

4. 质量评价

玉石级的大理岩玉质量要求：玉石结晶颗粒细小、致密、无杂质、块度大、颜色鲜艳。

5. 产地

大理岩玉的产地主要有美国、墨西哥、英国、法国、德国、冰岛、意大利、巴基斯坦、罗马尼亚、俄罗斯、中国等。我国云南大理所产的条带状大理石闻名于世，其间的条带颜色和形状构成了一幅幅的山水画，因而成为上等的装饰材料。

6. 文化

大理岩这个名称很显然是来源于地名，虽然以地名来命名的岩石并不少，但以我国的地名来命名的却不多，大理岩就是其中之一，因盛产于我国云南大理而得名。但盛产不等于独占，因此在我国及世界上的其他地区，也有广泛的分布，如我国广东、福建、江苏、湖北、四川等地都有产出；在世界上，意大利、美国、俄罗斯、印度等也都有着著名的大理岩产区。

由于发生了重结晶，大理岩中的方解石和白云石颗粒之间形成了紧密镶嵌的构造，部分大理岩中的方解石颗粒较细、光轴呈定向排列，且内含杂质少，就会形成质地细腻、透光性好的白色大理岩。它是一种十分优质的石材，无论是曾经的世界奇迹圆明园，还是经典的断臂维纳斯雕塑，都采用了这种石材，也被称为汉白玉。

而那些因含有杂质而呈现其他颜色，并在高温高压下被挤压成独特条纹的大理岩，也因具有山水画般的写意之美，被用于制作屏风、镇纸、花瓶等装饰物，为生活增添了不少美感。如金庸先生就曾惊叹于大理岩自然造化之奇美，并挥毫题词："云山变化，天人合一，大理奇景也。"

十二、白云石玉（Dolomite Jade）

白云石玉在自然界中也比较常见，主要用作雕刻材料。

1. 基本性质

（1）玉石名称，玉石因主要组成矿物为白云石而得名。

（2）矿物组成，白云石玉的矿物组成主要为隐晶质的白云石，还含有一些其他的碳酸盐矿物。

（3）化学成分，白云石玉的化学组成为 $CaMg(CO_3)_2$，此外还含有 Fe、Zn、Mn 等杂质元素。

（4）结构构造，白云石玉呈隐晶质细晶结构，块状构造。

（5）光泽，白云石玉呈半玻璃—半油脂状光泽。

（6）透明度，白云石玉常呈半透明—不透明状，以不透明状为主。

（7）硬度，白云石玉的硬度不太大，HM=3~4。

（8）相对密度，白云石玉的相对密度比较低，一般在 2.65~2.90，平均值为 2.80。

（9）折射率，白云石玉的折射率变化范围比较大，一般在 1.486~1.658 之间。

（10）发光性，白云石玉的发光性多变，在紫外线下可有橙、蓝、绿、绿白等多种颜色的荧光。

（11）吸收光谱，白云石玉的吸收光谱不特征，随所含杂质的不同有所不同。

（12）其他性质，白云石玉遇稀盐酸缓慢分解起泡。

（13）颜色，白云石玉由于所含杂质元素的不同，具有各种颜色，常呈白、黄色。

2. 主要品种

（1）蜜蜡黄玉，玉石的色泽如蜜蜡而得名，主要产于我国新疆的哈密地区。

（2）米黄玉，玉石颜色似小米黄色而得名，主要产于我国新疆东部地区。

（3）西川玉，玉石因产于四川的丹巴地区而得名。玉石颜色呈绿色，主要由白云石和铬云母组成。

3. 我国主要产地

白云石玉主要产自我国新疆的哈密、四川的丹巴地区。

4. 文化

白云石是碳酸盐矿物，分别有铁白云石和锰白云石。它的晶体结构像方解石，常呈菱面体。遇冷稀盐酸时会慢慢出泡。有的白云石在阴极射线照射下发橘红色光。白云石是组成白云岩和白云质灰岩的主要矿物成分。我国白云岩矿床分布在碳酸盐岩系中，时代愈老的地层赋存的矿床愈多，且多集中于震旦系底层中。如东北的辽河群、内蒙古的桑子群、福建的建瓯群中都有白云岩矿床产出。其次，震旦系、寒武系中白云岩矿床也比较广泛，如辽东半岛、冀东、内蒙古、山西、江苏等地也有大型矿床产出。石炭、二叠系中的白云岩矿床多分布于湖北、湖南、广西、贵州等地。

十三、菱锰矿玉（Rhodochrosite Jade）

菱锰矿玉由于含锰离子而使玉石颜色特别漂亮，是一种深受人们喜爱的玉石。

1. 基本性质

（1）玉石名称，菱锰矿玉因主要组成矿物为菱锰矿而得名。

（2）矿物组成，菱锰矿玉的矿物组成主要为隐晶质的菱锰矿，还含有一些其他的碳酸盐矿物。

（3）化学成分，菱锰矿玉的化学成分主要为 $MnCO_3$，此外还含 Ca、Fe、Mg 等杂质元素。

（4）结构构造，菱锰矿玉呈隐晶质细晶结构，块状构造。

（5）光泽，菱锰矿玉呈半玻璃—半油脂状光泽。

（6）透明度，菱锰矿玉呈不透明状。

（7）硬度，菱锰矿玉的硬度变化较大，HM=3~5。

（8）相对密度，菱锰矿玉的相对密度比较大，值一般在 3.5~3.70，平均值为 3.60。

（9）折射率，菱锰矿玉的折射率变化范围比较大，一般在 1.597~1.817 之间。

（10）发光性，菱锰矿玉在长波下呈无—中等的粉色荧光；短波下呈无—弱的红色荧光。

（11）吸收光谱，菱锰矿玉的吸收光谱比较特征，具有在 410 nm 处强吸收带，在 450 nm、545 nm 处弱吸收带。

（12）其他性质，菱锰矿玉遇稀盐酸分解起泡。

（13）颜色，菱锰矿玉由于含有锰离子，呈粉、粉红颜色，常见有白、灰、褐或黄色条带，也可见红色与粉色相间的条带。（图 4–13）

图 4–13　菱锰矿玉

2. 品种

按不同用途，菱锰矿玉可分为建筑原料和雕刻原料，并以后者占绝大多数。

3. 肉眼鉴别特征

（1）菱锰矿玉，玉石具有特征的粉色或粉红色颜色，密度较大，手掂重，遇稀盐酸分解。

（2）主要赝品鉴别：蔷薇辉石，硬度大，遇稀盐酸不分解；仿制玻璃品，密度低，有气泡。

4. 质量评价

玉石级的菱锰矿玉质量要求：玉石要求结晶颗粒细小、致密、无杂质、块度大、颜色鲜艳。菱锰矿玉的产出最好的国家是：南非、美国、秘鲁、阿根廷。

5. 菱锰矿玉的产地

在我国菱锰矿玉主要产自东北、北京、赣南等地。世界上产出菱锰矿的有美国、秘鲁、阿根廷、罗马尼亚、日本、南非等国家。

6. 文化

红纹石，学名是菱锰矿 Rhodochrosite，名字来源于希腊语“rhodon 玫瑰”和“chrosis 色”，意为其颜色为玫瑰色，因多数有红白相间的纹理，国内商业名称翻译为红纹石。

在古老神秘的印加文化中，红纹石有另一个坚强而美好的名字，南美原住民称其为“印加玫瑰”。产于安第斯山脉的红纹石色泽通透精美，像玫瑰一般娇艳刻骨，人们相信这是由高贵纯净的能量汇聚而成的，将它比喻为珍惜生命的印加少女战士，象征坚强忠贞，赐予人们以勇气战胜困难的决心。

阿根廷民间传说：一对恋人死后变成了红色石头，因石头如桃花一般的嫩粉色，所以红纹石有非常好听的别称“爱神小丘比特”或“爱情灵石”。正如别称所说，这个“小丘比特”被寄予能带来美好姻缘的含义，代表着无私的爱与怜惜。

十四、天然玻璃（Natural-glass）

天然玻璃是在自然条件下形成的玻璃，它的品种可有玻质黑曜岩、玄武岩玻璃、玻璃陨石、莫尔道玻璃、雷公墨等。

（一）玻质黑曜岩

1. 矿物成分

玻质黑曜岩为酸性火山岩快速冷凝的产物，是以火山玻璃构成基质，还含有少量石英等矿物的微晶集合体，有时也含有少量的石英、长石等矿物构成的斑晶和骸晶。玻质黑曜岩的化学组成为 SiO_2（60%~70%），还有 Al_2O_3、FeO、K_2O 等成分。

2. 基本性质

（1）颜色，玻质黑曜岩可呈黑色、褐色、灰色、黄色、绿褐色和红色等，颜色不均匀，常带有白色或其他颜色的斑块与条带，被称为“雪花状黑曜岩”就是这一特征的反映。

（2）光泽，玻质黑曜岩呈玻璃光泽。

（3）透明度，玻质黑曜岩的透明度与其颜色有关，黑色者常呈不透明，其他颜色者透明度不同，颜色深者透明度差；颜色浅者透明度好

（4）折射率，玻质黑曜岩的折射率一般在 1.48~1.52 之间，平均值为 1.49。

（5）硬度，玻质黑曜岩的硬度变化不大，HM=5，断口呈贝壳状。

（6）相对密度，玻质黑曜岩的相对密度在 2.33~2.46 之间。

3. 主要产地

玻质黑曜岩在地球上分布面广泛，主要产地有美国、意大利、墨西哥、新西兰、冰岛、希腊等国家。

（二）玄武岩玻璃

1. 矿物成分

玄武岩玻璃是玄武岩快速喷发、快速冷凝的产物，是以玄武岩玻璃构成基质，还含有微晶长石等矿物的集合体。有时也含有少量的辉石、长石等矿物，构成斑晶和骸晶玄武岩玻璃化学组成为 SiO_2（40%~50%），还有 Al_2O_3、FeO、Fe_2O_3、Na_2O、K_2O 等成分，FeO、Fe_2O_3 含量比玻质黑曜岩高。

2. 基本性质

（1）颜色，玄武岩玻璃呈带绿色调的黄褐色、蓝绿色，颜色不均匀。

（2）光泽，玄武岩玻璃呈玻璃光泽。

（3）透明度，玄武岩玻璃的透明度与其颜色有关，一般颜色深者透明度差；颜色浅者透明度好。

（4）折射率，玄武岩玻璃折射率一般在 1.58~1.65 之间，平均值为 1.6。

（5）硬度，玄武岩玻璃的硬度变化较大，HM=3~5，呈贝壳状断口。

（6）相对密度，玄武岩玻璃的相对密度在 2.70~3.00 之间。

3. 主要产地

玄武岩玻璃在地球上分布广泛，最主要产地是澳大利亚的昆士兰州。

（三）玻璃陨石

1. 矿物成分

玻璃陨石是由陨石形成的天然玻璃，是石英质陨石在坠入大气层燃烧后快速冷凝的产物。

2. 基本性质

（1）颜色，玻璃陨石可呈绿色、绿棕色、棕色，颜色不均匀。

（2）光泽，玻璃陨石呈玻璃光泽。

（3）透明度，玻璃陨石的透明度与其颜色有关，一般颜色深者透明度差；颜色浅者透明度好。

（4）折射率，玻璃陨石折射率一般在 1.48~1.51 之间，平均值为 1.49。

（5）硬度，玻璃陨石的硬度变化较小，HM ≈ 5，呈贝壳状断口。

（6）相对密度，玻璃陨石的相对密度在 2.34~2.42 之间，平均值为 2.38。

（7）结构构造，其原石表面常具有特征的高温熔蚀结构。

（8）内部特征，玻璃陨石内部常见圆形气泡，具有塑性流变构造。

3. 玻璃陨石与人造玻璃的鉴别

玻璃陨石，密度固定，折射率固定，常有“雏晶”矿物包体。

人造玻璃，密度变化大，折射率变化大，无特征矿物包体。

4. 主要产地

玻璃陨石在地球上分布比较广泛，最主要产地有捷克的波希米亚、利比亚、美国得克萨斯、澳大利亚的西部与东南地区及中国海南岛等。

第五章

图章石

第一节 概述

一、图章石概论

图章是中华民族一种历史悠久、具有重要意义的文化标志，在世界上也是一种独特的民族文化现象。图章体现着国家的权威性，也可作为国家权力的代表。同时它也是个人、单位身份证明的标志。使用石头制作图章在我国具有悠久的历史，以至于形成了专用于制作图章的石头，称为图章石。图章石颜色瑰丽，质地温润，易于雕刻制作。它是产于自然界中，由地质作用形成，主要由迪开石、高岭石、叶蜡石等矿物组成的达到玉石级的隐晶集合体。目前图章石也是一种高档的雕刻材料。

二、图章石矿物组成及化学成分

图章石主要由迪开石、高岭石、叶蜡石、珍珠陶石等黏土矿物组成。在不同种类的图章石中，这些矿物的含量有所不同。此外，图章石还含有少量的水铝石、石英、绢云母、辰砂等杂质矿物，这些杂质矿物对图章石的质量影响很大。

图章石的化学成分以 SiO_2、Al_2O_3 为主，占总成分的 80%~90% 以上，同时也含有 Fe_2O_3、FeO、MnO、CaO、TiO_2、MgO 等成分，这些微量成分不但影响图章石的颜色、质地等物理性质，而且决定其价值。

三、图章石的物理性质

图章石中由于含有不同种矿物和许多杂质元素，往往呈现出丰富多彩的颜色，可呈白色、绿色、红色、灰色、紫红色、黑色、粉红色、褐色、青色等，并且可呈现单一颜色或多色共存的特点。图章石的相对密度在 2.5~2.7 之间，并随所含矿物种类和含量不同而变化。图章石的硬度均低，HM=1~2。图章石主要呈蜡状光泽，少数呈油脂光泽。性质比较脆，有滑腻感，呈半透明—不透明状。

四、图章石主要产地

我国图章石主要产于蚀变火山岩中，分布在我国福建、浙江、山东、广东、广西、内蒙古、安徽、北京等地区。

第二节　寿山石

寿山石（Shoushan-Stone）因产于福建省福州北郊的寿山乡而得名，是中国“四大名石”之一，用其制作图章历史十分悠久。

一、基本性质

（1）章石名称，寿山石因产于福建省福州北郊的寿山乡而得名。

（2）矿物组成，寿山石的矿物组成主要为迪开石、珍珠陶石、高岭石、伊利石、叶蜡石、滑石和石英等矿物。此外，还含有硬水铝石、红柱石、绿帘石、黄铁矿等杂质矿物。

（3）质地特征，寿山石的矿物组成决定了其质地。据张蓓莉等人研究，寿山石主要由迪开石组成时呈无色或白色，硬度适中；主要由珍珠陶石组成时呈金黄色，透明度较高，呈半透明的冻状，且质地较硬；主要由迪开石和珍珠陶石组成时呈黄色，这两种矿物的比例不同会引起黄色深浅不同，迪开石大于珍珠陶石含量时呈浅黄色，迪开石和珍珠陶石含量相同则呈黄色，迪开石小于珍珠陶石含量时呈深黄色，呈不透明—微透明状；当由吸附铁等杂质的高岭石组成时，呈紫红色、灰紫色、黄紫色，呈不透明状；当含叶蜡石时，透明度、硬度和细腻程度均降低，工艺性变差；当含微量石英时呈黄色、黄白色、灰白色，色泽柔和，星半透明状，质地细腻，硬度高些。当含石英斑晶、黄铁矿及红柱石时，硬度高于粘土硬度，不利于雕刻。

（4）化学成分，寿山石的化学成分是 SiO_2（45%~50%）、$A1_2O_3$（37%~40%）、FeO（0.1%~0.2%）、CaO（0.01%~0.03%）、MgO（0.01%~0.03%）、K_2O（0.60%）、Na_2O（0.05%），其化学组成与高岭石族矿物相近。其颜色主要由铁含量决定。

（5）结构构造，寿山石呈隐晶结构、细粒结构、显微鳞片变晶结构及团粒超微结构。寿山石主要呈致密块状构造；次要呈角砾和缟纹构造。有些品种如田黄石具有特征的条纹构造，被称为“萝卜纹”，指的是内部若隐若现的纹理。

（6）光泽，寿山石呈蜡状光泽或油脂光泽。原石呈土状光泽，光泽暗淡、柔和。

（7）透明度，寿山石常呈半透明—微透明—不透明状，个别近于透明状。

（8）硬度，寿山石的硬度不太高，HM=2~3，其断口呈贝壳状，断面光滑。

（9）相对密度，寿山石的相对密度变化不大，值一般在2.5~2.7之间，平均值为2.60左右。

（10）折射率，寿山石的折射率变化不大，点测法值为1.56。

（11）发光性，寿山石在长波下发弱的乳白色荧光。

（12）颜色，寿山石呈白色、乳白色、黄白色、灰白色、红色等颜色，大多数颜色是因为含的铁元素和有机质所产生的粉红色、紫红色、褐红色、黄色、浅黄色、深黄色、金黄色、褐黄色、浅黄绿色、绿色、黑褐色、黄褐色、棕色、黑色及无色等。（图5–1）

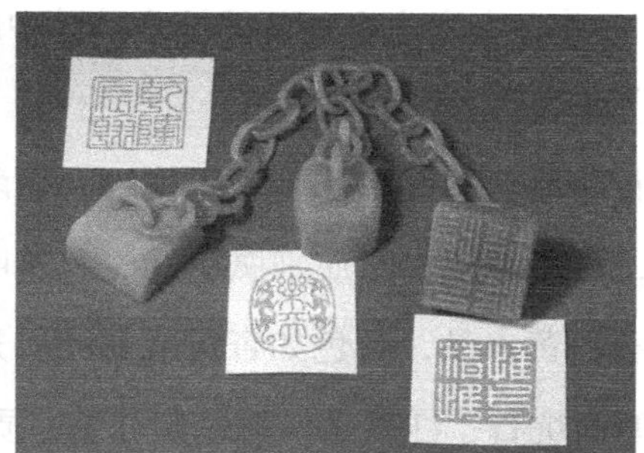

图5–1 寿山石

二、分类与品种

据崔文元等人研究，寿山石按形成环境可分为三大类，即田坑石、水坑石、山坑石。

（1）田坑石，分布在高山东南面的坑头溪及下游寿山溪流域的地里，是沙石层中的寿山石。从溪上游到下游可分为上坂、中坂和下坂田坑石，以中坂田坑石质量最佳。田坑石按颜色可分为黄色田坑石、白色田坑石、红色田坑石、黑色田坑石。

①黄色田坑石，产于中坂田坑石中，也称为“田黄石”。按其质地可分为田黄冻、田黄石、银裹金三种。呈半透明—亚透明状，石质均细的黄色田坑石被称为田黄冻，

是田坑石的上品；呈不透明—半透明状的黄色田坑石被称为田黄石，其按黄色差异又可细分为黄金黄、橘皮黄、枇杷黄、熟栗黄、桂花黄和桐油黄等品种；由外壳一层纯白色半透明的迪开石包裹内层金黄色半透明状的珍珠陶石组成的田坑石被称为银裹金。

②白色田坑石，主要产于上坂和中坂田中，颜色呈白色，又称“白田石”。主要品种为白田石，坑石呈纯白色的田坑石。

③红色田坑石，主要产于上坂和中坂田坑中，颜色呈红色，又称“红田石”。主要品种为正红田和煨红田。正红田按颜色又可细分为：枣红田，即颜色如丹枣的红色田坑石；橘皮红田，即颜色鲜艳浓红带有黄色，如橘皮般呈半透明的红色田坑石；黄红田，即红色较浅，黄色调较浓的红色田坑石；煨红田，由烧草积肥等人为因素在田坑石表面形成一层红色薄层，肌里仍保持原颜色。

④黑色田坑石，主要产于上坂和中坂田坑中，颜色呈黑色的田红色田坑石。坑石，又称“黑田石”。主要品种有：纯黑田，通体为黑色，带鳍色调的田坑石；灰黑田，颜色通体呈灰黑色的田坑石；黑皮田，外壳呈微透明的黑色石皮，内部颜色深浅不均匀的田坑石，又称为“乌鸦皮”或“蟾蜍皮”。

（2）水坑石，分布在寿山乡南部的坑头矿脉中的寿山石。水坑石按透明度可分为坑头晶、坑头冻、冻油石、坑头白。

①坑头晶，石质晶莹透明如水晶的水坑石。按颜色又可细分为白水晶、黄水晶、红水晶。白水晶，石色纯白，石质细腻脂润，呈透明—半透明状，常含点状突起和棉花状细纹的水坑石；黄水晶，石色如杏黄或如刚剥开的新鲜枇杷，质地通透、细腻、脂润，间有红筋的水坑石；红水晶，石色如红烛，质地通透的水坑石。

②坑头冻，石色丰富，呈现各种颜色，石质似胶冻，呈微透明—半透明状，纯净无瑕的水坑石。按颜色又可细分为：桃花冻、玛冻、天蓝冻、鳝草冻、牛角冻、环冻。桃花冻，石色为白，质地透明，含有密或疏分布的如桃花般鲜红色颗粒的水坑石；玛瑙冻，石色为红、黄、灰色相间的似玛瑙纹，石质呈半透明状，石质温润、坚而不脆的水坑石；天蓝冻，石色为蔚蓝或浅灰蓝色，石质呈半透明状且含有棉花纹或色点的水坑石；鳝草冻，石色为微带黄色调的灰色或灰白色，石质呈半透明状，隐见有暗色小点或含有粗纹的水坑石；牛角冻，石色为浅灰色、深灰色或带赭色调的黑色，石质呈半透明状含有萝卜纹的水坑石；环冻，含有灰白色或深灰色的小圆环——单环、双环或者多环相连的水坑石。

③冻油石，石色为纯白色微带黄、灰色调并间有小黑点，石质洁净，微透明，犹如结冻的油蜡且坚硬、裂纹多的水坑石。

④坑头白，石色呈黄、红、灰、白、蓝及其混合色，石呈不透明—微透明—半透明状，石性坚硬的水坑石。

（3）山坑石，分布在寿山、月洋矿区中的寿山石。按其产地和特征可分为高山石、都成坑石、虎岗山石、月尾石、金狮峰、吊笕石、老龄石、豹皮冻、牛蛋黄、芙蓉石、峨眉石。

①高山石，产于高山旁，石质粗糙，光泽不好，不透明的山坑石。按颜色可再分为红山坑石、黄山坑石、白山坑石及俏色山坑石等。其按质地又可分为：高山晶，产于高山矿洞，质地晶莹透明；高山冻，产于高山矿洞，石质细腻温润呈半透明状。

②都成坑石，产于都成坑，颜色娇艳，内外一致，呈黄、红、白色及混色，石质细腻，透明度高，致密坚硬，且含石英类“砂钉”。其按颜色可细分为黄都成，颜色呈桂花黄、熟栗黄、枇杷黄等；红都成，颜色呈橘皮红、朱砂红、桃花红等；白都成，颜色呈青蓝色、灰色、浅黄色调的白色；五彩都成为各种颜色交错在一起的都成坑石。

③虎岗山石，产于虎岗山，有虎皮斑纹，呈不透明状、性脆、微坚硬的山坑石。按颜色可细分为老虎黄和老虎青。

④月尾石，产于月尾山，质地细腻，微透明者称为月尾石。按颜色细分为紫、绿两种。

⑤金狮峰，产于金狮公山，质地粗硬，色呈黄或红色者，称为“金狮峰”。

⑥吊笕石，产于吊笕山，透明度高，石质坚硬，性脆，颜色多以黑或蓝黑为主。按颜色可细分为：吊笕冻，颜色呈石苍蓝色，半透明，肌里有隐黑色条纹；虎皮冻，颜色呈黄褐色且具有灰白、黑色虎皮状斑纹。

⑦老岭石，产于老岭旁，质地坚硬，性脆，透明度差，颜色呈青翠或黑黄色者，称为“老岭石”。质地纯正，近于透明者称为 “大山通”；质地细腻，呈半透明，颜色呈豆青色者称为“豆叶青”。

⑧豹皮冻，产于猴潭山皮冻老岭，透明，有豹皮花纹。

⑨牛蛋黄，产于旗山南麓的溪润砂石或田地中，质地细腻，不透明，形状如鹅卵。

⑩芙蓉石，产于芙蓉山，质地纯正，微透明，颜色呈红、白或黄色。

⑪ 峨眉石，产于月洋山北，质地细腻，颜色呈灰或粉或黄色。

三、肉眼鉴别特征

1）天然品

（1）田坑石，有萝卜纹，细密有序、错落有致，有石皮，颜色外浓而内浅，石质极温润可爱，光泽暗淡，透明度中—微，具有格纹或红筋，块度小。

（2）水坑石，偶有萝卜纹，无石皮，断面新鲜，光泽亮强，棱角分明，颜色内外一致，石性坚硬。

（3）山坑石，无石皮，无萝卜纹，光泽强，石质疏松而干糙，颜色内外一致。

2）处理品

（1）煨乌黑田，将低级寿山石雕件或在原料表面涂油煨于炉火中，使其表面染成黑色。

鉴别特征：表皮颜色漆黑、均匀、分布完整；光泽太亮给人有干燥、呆板之感；石皮太薄、均匀，仅有薄层表面色；水头低，无萝卜纹；石质坚硬酥软，裂纹多，不易雕刻。

（2）煅红寿山石，表皮颜色红艳、均匀、分布完整；光泽太亮如玻璃光泽，给人有干燥、刺眼之感；石皮太薄、均匀，仅有薄层表面红色；不透明，无水头，无萝卜纹；石质坚硬、酥软、裂纹多。

（3）染色寿山石，主要有仿田黄石。石皮表面有擦痕，黄色深，不易雕刻。裂隙或空洞中黄色料集中，石粉呈黄色，棉球擦洗染成黄色，石质较干燥，无萝卜纹。

3）拼合品

拼接寿山石或镶嵌寿山石在雕件转折处有低洼或洼陷存在，红格纹不连续，萝卜纹粗细不均匀，分布不整齐，或密集或稀疏，且萝卜纹有断开现象。

四、主要赝品肉眼鉴别特征

（1）仿田黄石，为半透明或透明的浅黄色塑料品。

鉴别特征：个体巨大，无石皮，黄色深，十分均匀，不自然且内外一致。无萝卜纹，无红筋，无红格，透明度均匀一致。密度太低，热针触及会变形、软化冒白烟，手摸有温感。

（2）叶蜡石，呈粗糙晶质结构，典型蜡状光泽，断口粗糙，敲击易裂开。硬度很低，HM=1~2，易被指甲划伤。

（3）滑石，呈细粒至粗粒结构。颜色鲜艳，多呈白、绿、背、红、黄、淡紫、粉红等颜色。呈强油脂—珍珠光泽。质地柔软，硬度很低，HM=1.5~2.5，易被指甲划伤。滑感强，石质松脆。

（4）绿泥石玉，玉石颜色呈各种绿色，水头足，透明度高，呈半透明—透明状，绿泥石颗粒呈鳞片状定向排列。

（5）广绿石，玉石颜色单调，呈各种绿色。硬度低，易划伤。常具有“细砂钉”现象。

（6）青田石，玉石颜色单调，多呈黄、绿、紫色。无石皮，石质松散，易含颗粒散砂，加工有“梨肉中含梨砂”感觉。

（7）昌化石，玉石无石皮，颜色因含辰砂具有鲜艳红色，无萝卜纹和红格现象。

（8）巴林石，玉石具有鲜艳红色，无石皮，质地更细腻，块度更大，无萝卜纹，但构造花纹更突出，表面湿润，石质润软坚实，石易于雕刻。

五、质量评价与市场

寿山石的质量评价依据为颜色、质地、净度、块体等，品种中质量以田坑石最佳，水坑石次之，山坑石最差。总要求为质地要细腻，透明度要高，色泽要鲜艳，花纹图案要清晰美观，无裂纹和砂钉等缺陷，有一定块度，抛光良好。具体评价要求如下。

（1）颜色，寿山石以颜色鲜艳、纯正者为佳品。颜色有单色和混色，以单色者最佳。田坑石中以田黄石最普遍；黄金黄最佳；红田石最珍贵；白田石最罕见。

（2）质地，寿山石中，以石质细腻温润、纯净晶莹、石色鲜艳纯正、块度在500 g以上的田坑石为稀世珍品。评价要在晴天自然光或宝石灯下进行。

据张蓓莉等人研究，寿山石根据石质粗细程度、透明度强弱、石性纯洁与否分为三级：一级品，石质细腻温润，呈亚透明—半透明状，石性纯洁的晶冻；二级品，石质较细腻温润，呈亚透明—微透明状，石性较纯洁者；三级品，石质不够细腻温润，呈微透明—不透明状，石性不够纯洁者。

（3）净度，净度为寿山石含瑕疵的程度。瑕疵有两类：裂纹和杂质。

①裂纹，行话称为“格”，可分为粉格、色格和震格。粉格又称黄土格，寿山石中原生或次生裂隙被黄土等充填；色格，又称红格，寿山石中原生或次生裂隙被铁质

等杂质充填呈暗红色；震格，寿山石在开采或搬运中所产生的裂隙。

②砂格，又称砂隔，为杂质。可分为“绵砂”“砂钉”和“砂团”。绵砂寿山石中未石化部分，呈不规则状；砂钉，夹于寿山石中的石英或金属矿物微粒；砂团，寿山石中呈成团分布，坚硬、色杂的部分。

寿山石以纯净无瑕疵者为佳品，根据瑕疵特征可分为：一级品，纯净，无瑕疵，无裂纹，无杂质者；二级品，少瑕疵，偶见裂纹，含少量杂质者；三级品，多瑕疵，常见裂纹，含较多杂质者。

（4）块度，寿山石块度越大越珍贵，一般要求要达到雕刻印章者可被利用的大小。田坑石 30 g 就成材；250 g 以上为大材；500 g 以上为超级巨材，十分罕见。

总之，寿山石具备细、洁、润、腻、温、凝者为极品；色泽纯净者为佳品；浑浊或混杂者次之。颜色中黄金黄为贵品；橘皮红为罕见品；枇杷黄最普遍；桐油底为下品。白田不多见；黑田多粗劣；金裹银或银裹金为珍品；形状呈方正丰满者为佳品；扁平露棱角者为下品。

六、主要产地

寿山石为火山岩交代蚀变的产物，主要产于我国福建省福州市北部的寿山石乡月洋村，方圆十余公里范围。以寿山矿区为主，月洋矿区为辅。

七、文化

亿万年地壳的变迁，无数次风霜雨雪的浸润，造就了寿山石色彩斑斓、质地脂润、洁净如雪以及晶莹剔透的特质，这些经过独有环境洗礼的石藏，在岁月反复的揉擦下一点点形成如今名扬中外的寿山石，是大自然神奇造化的尤物。

寿，有“帝”“后”之称，彩具有“细、结、润、腻、温、凝”之六德，其质、形、纹丰富多彩，晶莹滋润，储藏品种丰富，硬度 HM= 2.5~2.7 之间，是上等雕刻材料，有“贵石而贱玉”之说。

福州先民早在四千多年前新时器时代就已将它打磨成石珠、石镞了。目前发现的最早的寿山石雕刻品距今已有 1 500余年历史了。南宋时，寿山石矿已成规模开采。经元、明、清发展，形成了独特的寿山石雕产业。

寿山石雕刻艺术品精巧绝伦、巧夺天工。明、清时期，寿山石雕的印钮技法已达到极高的境界，明、清后期，对寿山石印章情有独钟，康熙等皇帝用寿山石制宝玺，寿山石印章成为帝王权力的象征，寿山石特别是田黄石身价也随之倍增，有“一两田黄三两金”之说。寿山石雕技法丰富多彩，技艺精湛，有圆雕、印钮雕、薄意雕、镂空雕、浅浮雕、高浮雕、镶嵌雕、链雕、篆刻和微雕等。作品题材广泛，有人物、动物、山水、花鸟等，寿山石雕刻艺术博采融合了中国画和各种民间工艺的雕刻技艺与艺术精华，它的社会影响面极广。

第三节　青田石

青田石（Qingtian-Stone）因产于浙江省青田县而得名，为中国四大名石之一，早在公元 2 世纪就被开发利用，至今已有近 1 800 年的历史，在我国印章石中享有很高的地位，也是著名的雕刻材料。

一、基本性质

（1）章石名称，青田石因产于浙江省青田县而得名。

（2）矿物组成，青田石主要由叶蜡石、迪开石、伊利石、高岭图石、绢云母和石英等矿物组成。此外，还含有刚玉、蒙脱石、红柱石、绿泥石、蓝线石等杂质矿物。

（3）质地特征，青田石的矿物组成决定了其质地。由叶蜡石组成时呈无色或白色，硬度适中；当含微量石英时呈黄色、黄白色、灰白色，色泽柔和，呈半透明状，质地细腻，硬度高些；当含石英斑晶、黄铁矿及红柱石时，硬度高于黏土硬度，不利于雕刻。

（4）化学成分，青田石的化学成分中 SiO_2（45%~50%）、Al_2O_3（37%~40%）、FeO（0.1%~0.2%）、CaO（0.01%~0.03%）、MgO（0.01%~0.03%）、K_2O（0.60%）、Na_2O（0.05%），其化学成分与叶蜡石族矿物成分相近。其颜色主要由铁含量所决定。

（5）结构构造，青田石呈隐晶结构、细粒结构及团粒超构，主要呈致密块状构造。

（6）光泽，青田石呈蜡状光泽或油脂光泽，原石呈土状光泽，暗淡柔和。

（7）透明度，青田石常呈半透明—微透明—不透明状，个别呈透明状。

（8）硬度，青田石的硬度不太高，一般 HM=1~1.5。其断口呈贝壳状，断面光滑。

（9）相对密度，青田石的相对密度变化不大，一般在2.65~2.90之间，平均值为2.70左右。

（10）折射率，青田石的折射率变化不大，点测法为1.56。

（11）发光性，青田石的紫外荧光不特征。

（12）颜色，青田石呈白色、乳白色、黄白色、灰白色、褐紫色、浅黄色、黄灰色、褐黄色、浅黄绿色、绿色、黑褐色、黄褐色、棕色、黑色及无色等颜色，其中以粉绿色最普遍。颜色是由所含的铁和有机质所引起的。（图5–2）

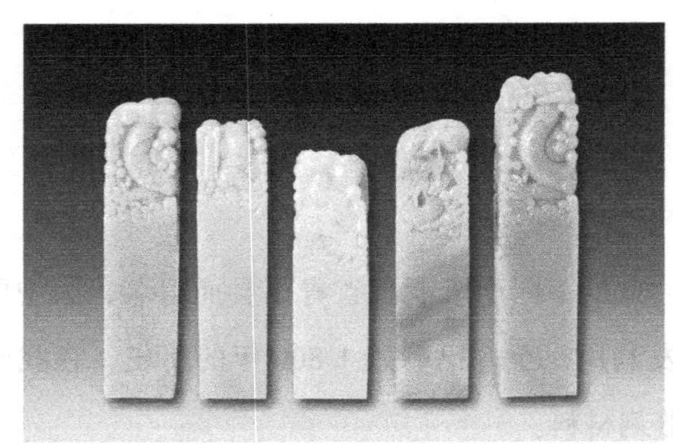

图5–2 青田石

二、青田石的分类与品种

据夏法起研究，青田石按形成环境、产地可分为九大类，即封门石、旦洪石、尧士石、白垟石、老鼠坪石、季山石、岭头石、塘古石、武池石及其他种类，各种类分述如下。

（1）封门石，产在山口镇之西封门村矿区。封门石质地细腻温润，石性结实坚脆，色彩丰富明朗，石坚固不易风化。封门石按颜色、质地可详细分为：

灯光冻，又称灯光石，石微黄，纯洁晶莹如玉，半透明，坚致细密，照之灿如灯辉；

鱼冻，石呈青色微黄，石质温润细腻，肌理隐有浅色斑点或杂质格纹；

兰花冻，石色如芳兰，明洁纯净，通灵微透，适于雕刻，常与其他石头共生，无大块料；

封门青，又称封门冻，石色呈浅青色，质地极其细腻，不坚不燥，肌理常隐有白色、浅黄色线纹，适于雕刻；

青白石，石色青白，质地脆软较粗，产量最多；

白果，石色白微青黄，色彩匀净，质细、结实、不晶莹，适于雕刻；

黄金耀，石色呈黄色，艳丽妩媚，质地纯净细腻，温润脆软；

黄果，石色呈米黄色，色彩匀净，结实少裂，光洁不透；

菜花青田，石质细嫩，石色呈菜花黄，经长期风化，颜色变成酱色者，称为酱油青田；

酱油冻，石色呈深褐色或深棕黄色，如酱油色，颜色有深浅之分，石质细腻光洁，肌理隐有丝纹；

朱砂青田，石色呈红色，艳丽浑厚，质地细腻洁净，一般含有浅黄色斑块；

封门绿，石色呈鲜绿色或翠绿色，质地细腻通灵，石性坚硬，难以雕刻，常生于叶蜡石中；

紫罗兰，石色如紫罗兰叶，雅致而文静，质地细润，石性坚韧，有细砂，肌理隐有青白色细密冻点；

蓝花钉，又称蓝钉青田，石色呈宝石蓝色或紫蓝色的斑点或球块，可含有细针状红柱石、叶蜡石、刚玉，蓝钉为刚玉，难以雕刻；

蓝星，在青色、黄色石料上具有蓝色蓝线石星点，质地软，可以雕刻，蓝星密集呈带状者，称为蓝带；

黑青田，又称牛角冻，石色黝黑发亮，质地细腻温润，色彩纯净无杂质，大块者难得，肌理常有少量格纹；

封门三彩，以黑色为主调，上有酱油冻，两色间有一封门青薄层，有时呈黑、青、黄、棕、蓝多色或仅有两色，石色鲜艳，质地细润；

封门雨花，石花纹美妙精致，如同美丽图画，花纹呈酱菜色，底呈青白色或乳白色，质地坚硬多细砂，难以雕刻；

冰纹封门，封门石中质地温润多裂纹材料，时间长裂纹变为紫酱色冰纹；

金银纹，底呈熟褐色，上有清晰的黄色、白色丝纹，石质细嫩易雕刻者。

（2）旦洪石，产于山口之南1.5 km贴灵溪左边旦洪矿区，石质佳，色彩丰富，产量高，可产出灯光冻佳品。旦洪石按颜色、质地可分为以下几种：

官洪冻，石色呈青色微黄，石质温润细嫩，莹洁剔透，凝腻光滑；

兰花青，石色呈青色冻底，上有墨绿色花斑，比较文雅，石质细润微透明；

麦青，石色呈青色微带灰白色，质地坚韧，结实不晶莹，肌理隐有浅色花纹，石质一般，雨伞撑，矽线石呈白色或紫色放射状产在青田石中，石质松散；

柏子白，石色白净，质地细腻，性脆软，结实、不透明，肌理偶有冻点，具有冻线；

蜜蜡冻，石色黄似蜜蜡，色调深沉，质地细腻通灵，光洁可爱；

夹板黄，石色呈浅黄色层，质地细腻洁净，结实不透明，少裂纹；

黄皮，在青色或褐色石料的外层有一棕黄色皮壳，质地一般细嫩通透；

石榴红，石色呈红色间有青色、黄色斑块，似石榴皮，质地细洁，性脆，微有砂粒，料好而少，不易风化；

红花青田，在青白色石料底上含有红色斑点、斑块，肌理隐有冻点，质地粗糙，经煨火后可变得细腻，光泽强烈；

乌紫岩，石色呈黑色微带紫色调，质地一般，结实少裂纹，肌理隐有疏朗微细的白色花点；

五彩冻，在黑色石料上具有红、黄、紫、绿、白等色块，绚丽多彩，质地细润通透，质坚固，不易风化；

满天星，在熟褐色石料底上布满白色小圆点，如夜空中的满天星光，质地细腻光洁；

松花冻，呈青色冻底，肌理中含有各种花纹斑点，似松树花或花生壳，质地细软温嫩；

松皮冻，石色为底呈黑色，上有黄色、浅青色椭圆形斑点，似松树皮般，石质坚脆、结实、少裂纹；

紫檀纹，在紫檀色的石料底上出现有黄灰色条纹，相互平行疏朗相间，色调古雅，石性坚脆，有细砂出现，结实不晶莹，有裂纹。

（3）尧士石，是产于山口之东 1.5 km 灵溪右边尧士矿区的青田石。所产石料色多呈黄白色带紫色，质地细洁纯滑，可含蓝钉。尧士石按颜色、质地可分为以下几种。

南光青，石色青色明净，纯洁温润，质地细腻，性坚韧，颜色偏白，肌理隐有白色斑点。

金玉冻，石色呈青黄两色，青者温润明净，黄者通透光洁，二色对比柔和，过渡自然，质地细腻微冻，为雕刻上品材料。

夹青冻，石色呈青色，质地温润，晶莹通透，夹于灰青色粗硬石料中。

猪油冻，石色呈白色偏黄，微冻，质地细腻纯净，石性坚脆，富有油腻感，夹于石料中。

蒲瓜白，又称葫芦白，色白微青，质地细润光洁，肌理隐有冻质花纹。

秋葵，石色呈浅黄色如秋葵花冠，色彩娇艳，质地温润凝腻，坚清微冻。

黄青田，石色呈各种黄色，质地脆软、结实、不透明，产量大。

橘红，石色似橘瓣，黄中透红，质地细嫩温润，通透明亮，性脆软，为石料上品。

豆沙冻，石色呈深紫红色，如煮熟的赤豆，质地细腻，纯洁无瑕疵，性软，无裂纹，光泽好。

紫岩，又称沙青田，石色呈沙褐色，色有深浅，质地较粗硬，性坚韧，肌理有花点，产量大。

紫檀花，石色呈深浅紫檀色，肌理上呈黄色、黑色的各种花纹斑点，石质一般，产量大。

紫檀花冻，底色呈紫檀色或红木色，上有青色或黄色冻质花纹、斑块，分布比较杂乱，质地细润，可以进行俏色雕刻。

水藓花，在青白色石料中分布着水草状的黑色花纹，花纹像株株小草，叶茎清晰美丽，犹如植物化石，产于叶蜡石岩层中，是锰的氢氧化物。

笋壳花，底色呈土黄色，上有黑色花瓣，如山中笋壳，石质地较粗，结实，少裂纹，产量大。

爆米花，石色呈青白色，浅黄色冻底，上有黑色花纹和白色斑点，白斑形似爆米花，质地细润，产量少。

千丝纹，又称千层纹，在青黄色石料上肌理呈细密平行的浅色线纹，质地细腻、结实、不晶莹，花纹精致、美观、鲜明。

木板纹，底呈灰黄色或紫酱色，上有深浅不一似木板纹的线纹，线条流畅自如，富有韵味。质地细洁结实，肌理隐有微小的白点、冻点。

芝麻花，底色呈青白色，肌理有细密黑点，质地细腻，料较好，无大块。

（4）白垟石，产于山口之南6 km白垟矿区的青田石。所产石料色多呈青白、微黄色，具有黑纹、棕红纹，石质坚硬，可含蓝钉蓝星、蓝带。白垟石按颜色、质地可详细分为以下几种。

白垟夹板冻，在灰黑色或深色石料中夹有一层或三四层的青色。

黄色冻石，石质地晶莹通透，可进行俏色雕刻。

麻袋冻，深黄色石料，肌理满布浅黄色斑点，如粗麻袋，质地细润、温嫩微透，石料是上品。

煨红，黄色石料经火煨红，以质地细腻纯净者为佳品，一般质性坚硬，易崩裂。

芥菜绿，又称白垟绿冻，色呈青绿，晶莹通透，温润如玉，纯净光洁，石性稳定，石之上品，罕见。

苦麻青，石色呈灰绿色或深绿色，色彩较均净，肌理隐见深色细点，石质微粗，料一般。

黑皮，在青、白、黄色石料上有一层几毫米厚的黑色石料，纯净，石质细软、结实、不透明。

煨黑，在青白色石料上加入油类等有机质，经火烧变成黑色，石质坚脆。

虎斑青田，又称老虎石，底子呈浅黄、黄棕色，上有黑色、棕色、红棕色的虎皮状斑纹，石质微粗，可作普通印章。

头绳缕，石色有白、红、黄等色。在深紫檀色石料中有明显白色平行线纹者，称白头绳缕；在青白色石料中，有红色平行线纹，称红头绳缕；有黄色平行线纹者称黄头绳缕。头绳缕石质微粗，结实少裂。

青蛙子，青色冻底，石质细润，肌理隐有团块状密集细小白点，有的白点含有硬钉，难以雕刻。

旋青花，底呈青灰色，上有青绿色花斑，质地粗糙、不晶莹，料一般。

云彩花，由黑、白、黄三色相间分布，花纹卷如云，石料一般。

冰花冻，石色青色微黄，似冰如冻，可清晰看见内含的白色斑纹，石质细润，产量稀少。

（5）老鼠坪石，产于方山乡跟头村之西 4 km 的群山矿区的青田石。所产石料色彩丰富，石质结实，少细裂纹，光泽好。老鼠坪石按颜色、质地可详细分为以下几种。

老鼠坪冻，石色清丽，质细结实，较透明。

青色冻石，常呈层状，五粘连于黑色石料上，色层厚 1.5 cm 左右。

老鼠坪白，石色白纯净，质地细软，无透明感。

猪肝红，石色深沉，无明显斑块花点，石质纯净，光洁不透明，石结实，少裂纹。

红皮，在青白色石料上有一层红色薄表皮，表皮常呈深褐色，石质一般。

白花，在青色的石料上，分布着白色斑纹、斑点，石质细软，不透明。

金星青田，在青田石中闪烁金星。金星系黄铁矿细粒或晶体，多数呈块状。石色青绿者称金星绿。

（6）季山石，指分布在北山区双垟乡西南 4 km 山沟的青田石。季山石以紫色凝灰岩者居多，石色有红、黄、白等，质地较佳。其按质地、产出特征可详细分为以下几种。

竹叶青，又称竹叶冻或周青冻。石色为青色泛绿，透明纯净，润细洁，石性坚韧，肌理常隐有细小白点，块大者少见。

季山夹板冻，在紫色岩石中夹有一层平薄的青白色冻石，厚 1~2 mm，石质通透细润。

周村黄，石色呈黄色，质地细腻纯净，光泽好，大块者少见。

红木冻，石色呈红木色，石料中常夹青白色条状冻石，质地细腻，色调典雅，光泽好，料少名贵。

龙眼冻，又称圆眼冻。在深紫色料上分布着桂圆状的青色、浅黄色冻石，纯洁无瑕疵，通透细润，光洁可爱。

豌豆冻，在深黑色底上布满青白色蚕豆状的冻石，肌理隐有白色斑点，石质脆软，有细砂。

葡萄冻，底呈深紫色，上有圆形青白色冻点，状似一颗颗葡萄，石质细润。

龙蛋，独块裹生于紫色岩石中，小如蛋，大似瓜，外有深棕色，壳中的黄、青色料由于质地细腻通透，十分珍贵。

（7）岭头石，分布在北山区双垟乡西北仁村岭之顶的青田石。按质地、颜色可详细分为以下几种。

岭头青，呈灰青色，石质较粗糙，微砂，结实，少裂纹，色调灰暗，呈土状光泽。

岭头白，呈白灰色，石质较粗糙，不晶莹，性韧，少裂纹。

岭头黄，呈浅黄、中黄、焦黄等色，石质较粗糙，多细砂，无光泽。

岭头红，呈赭红偏紫色，肌理隐有细小深色斑点，质地结实不透明，性软而脆。

何幽石，呈紫灰—猪肝色，肌理隐有黑点，质粗韧，多细砂，无光泽。

墨青，呈黑偏青灰色，有深浅之分，肌理隐有浅色斑点，质粗韧，多细砂，无光泽。

岭头三彩，呈黑、白、棕等色，色彩呈环状和层状，质地细腻光洁，结实不透明，但色层规则，色调明显。

紫线纹，在土黄色的底上分布许多环形紫色线纹，质地粗实，多细砂。

（8）塘古石，产于山口区吴岸乡的半山腰塘古矿区。石色呈全青或全黄，质地细腻滑软，光泽晶莹，无硬钉，可作印章。其按颜色、质地可详细分为以下几种。

塘古白冻，石呈白色，质地脆软，细腻而晶莹，通透纯洁，常被黑色“龟壳”硬石包裹，大块者罕见。

塘古黄冻，石呈枇杷色，有似熟栗，有似橘皮，色鲜艳透明，纯洁无瑕疵，温润妩媚，近似田黄，原料特别珍贵。

（9）武池石，产于县城西北 30 km 武池原村，石色主要有红、白两种，风化壳呈杂色，石性软而细腻，矿物组成主要是伊利石。其按颜色、质地可详细分为以下几种。

武池白冻，石呈白色，质地细腻，石性脆软，大块者难得。

武池白，石呈白色微粉嫩，质地细腻，松软不晶莹，肌理隐冻质花纹，常含细裂。

武池红，石呈深红色，质地细腻光洁，肌理隐白色花斑冻点。

武池粉，石呈粉红色，质地细腻光洁，肌理隐浅色波纹。

武池黑，石呈浓黑色，质地细腻光洁，多红筋。

武池灰，石呈灰白色或灰褐色，质地细腻、光洁，性脆，肌理隐杂点和黑筋，产量大。

武池花，花点和花纹有两种，一种为红底白点花，似水磨地面；另一种红底有深浅不一的花纹，似行云流水，变幻莫测。

（10）其他青田石。

北山白，产于北山乡，石呈灰白色，质地粗糙，性坚硬多砂，呈干蜡状，光泽差，石质特差。

北山晶，夹岩石而生，呈层状的白色冻石，呈透明状，质地性软，肌理常有灰白色硬钉，块大者难得。

北山红，石色呈浅紫红色，质地粗硬，肌理隐白色花点，石性坚实多砂，无光泽。

山炮绿，产于山口区汤垟乡，石色似翡翠，十分艳丽，质地细微冻，石性坚硬而脆，肌理含有许多白色麻点、黄色斑纹和硬砂，多裂纹，纯净者难得。

石门绿，石色呈灰青绿色，石质细润，肌理隐细密白花点，多纹。

西山青，石色呈灰青色，质地细腻微透，性坚韧，肌理多黑色。

三、肉眼鉴别特征

青田石的产地不同，鉴别特征有差异，主要品种鉴别如下。

封门石，质地细腻温润，石性结实坚脆，色彩丰富明朗，石质坚固，不易风化。

旦洪石，石质佳，色彩丰富，产量高，也可产出灯光冻佳品等。

尧士石，石料色多呈黄白色带紫色，质地细洁纯滑，可含蓝钉。

白垟石，石料色多呈青白色、微黄色，石料含有黑纹、棕红纹，石质坚硬，可含蓝钉、蓝星、蓝带。

老鼠坪石，石料色彩丰富，石质结实，少细裂，光泽好。

季山石，以紫色凝灰岩居多，石色有红、黄、白色等，质地较佳。

塘古石，石色呈全青或全黄色，质地细腻滑软，光泽晶莹，无硬钉，可作印章。

武池石，石色主要有红、白两种，风化壳呈杂色，石性软而细腻，矿物组成主要是伊利石。

总之，青田石颜色丰富，不十分艳丽，且以青色为主，硬度低，明度较差，石质细腻，但砂钉多。

四、主要赝品肉眼鉴别特征

（1）寿山石类，包括田坑石、水坑石、山坑石，鉴别特征如下。

田坑石，萝卜纹细密有序，错落有致，有石皮，颜色外浓而内浅，右质极温润可爱，光泽暗，透明度中—微，具有格纹或红筋，块度小。

水坑石，偶有萝卜纹，无石皮，断面新鲜，光泽亮、强，棱角分、颜色内外一致，石性坚硬。

山坑石，无石皮，无萝卜纹，光泽强，石质疏松而干燥，颜色内外一致。

（2）仿青田石，呈半透明或透明的浅紫色塑料品，个体巨大，无石皮，紫色深，十分均匀，不自然且内外一致，透明度均匀一致，密度太低，热针触及会变形、软化冒白烟、手摸有温感。

（3）叶蜡石，石质粗糙，晶质结构，呈典型蜡状光泽，断口粗糙，敲击易裂开，硬度很低，HM=1~2，易被指甲划伤。

（4）滑石，呈细粒至粗粒结构，颜色鲜艳，多呈白，绿，青红、黄、淡紫、粉红等色。呈强油脂—珍珠光泽。质地柔软，硬度很低，HM=1.5~2.5，易被指甲划伤，滑感强，石质松脆。

（5）绿泥石玉，颜色呈各种绿色，水头足，透明度高，呈半透明—透明状，绿泥石颗粒呈鳞片定向排列。

（6）广绿石，玉石颜色单调，呈各种绿色，硬度低，易划伤，常具有“细砂钉”现象。

（7）昌化石，无石皮，颜色因含辰砂而具有鲜艳的红色。

（8）巴林石，具有鲜艳的红色，无石皮，质地更细腻，块度更大，构造花纹更突出。表面湿润，石质润软坚实，易于雕刻。

五、质量评价与市场

青田石的质量评价依据为颜色、质地、净度、块体等方面。总的要求为质地要细腻，透明度要高，色泽要鲜艳，花纹图案要清晰、美观、无裂纹和砂钉等缺陷，有一定块度，抛光良好。

青田石以纯净无瑕疵者为佳品，根据其瑕疵特征可分为以下几级：

一级品，纯净无瑕疵、无裂纹、无杂质者；

二级品，少瑕疵，偶见裂纹，含少量杂质者；

三级品，多瑕疵，常见裂纹，含较多杂质者。

块度，青田石块度越大越珍贵，一般要求原料达到雕刻印章的大小要求即可。

六、产地特征

青田石为火山岩交代蚀变的产物，主要产于我国浙江省青田县城周围的山口区等方圆逾 10 km 范围，以山口区为主，北山区为辅。

七、文化

传说远古时期，女娲在大荒山炼石补天后，还剩一块五彩石。她见东海之滨水涝严重，命此遗石下凡，造福人间。据说当年遗石落下的地方正是现在青田境内的山口、方山一带，而这五彩石便是今天人们用于雕刻的青田石。

青田之美，最美在石，最神在雕。它是令人神往的“中国石文化之都”，它是名闻中外的“天下第一雕”，它是万众敬仰的“印石之祖”，更是代代流传的“史诗传奇”。

青田石还被誉为“印石之祖”，引发了中国篆刻用材的大革命，推动了中国篆刻艺术的大发展。数百年来，文人雅士推崇青田石治印篆刻经久不衰。青田印石中最具代表性的是封门青。封门青青色清淡，质地脆软，有“石中君子”之称。欣赏一枚封门青制作而成的印章，犹如和一位温文尔雅的文人雅士在谈心。

第四节 鸡血石

鸡血石（Chicken blood-Stone）因石质中含有鲜红艳丽的辰砂如鸡血一般而得名，其中辰砂红色的部分被称为血，其余部分被称为底子，其材料可用于印章石或工艺品材料，因美丽的颜色得到人们的喜爱。

一、基本性质

（1）章石名称，章石因具有红如鸡血的矿物辰砂而得名。

（2）矿物组成，鸡血石的组成矿物主要有迪开石（85%~95%）、辰砂（5%~15%）及高岭石。其次，含有珍珠陶石、明矾石、硬水铝石、黄铁矿和石英（1%~5%）等杂质矿物。

（3）质地特征，鸡血石的矿物组成决定了其质地：由极细微粒迪开石与辰砂组成时其质地细润，呈半透明状，犹如胶冻，称为“冻底鸡血石”；当其含较多明矾石时，其质地透明度降低至不透明，光泽减弱甚至无光泽，硬度增大，脆性增大；当含较多石英、黄铁矿时，其硬度高于黏土硬度，不利于雕刻，这些矿物常作为砂钉出现。

（4）化学成分，鸡血石的化学组成有 SiO_2（41%~45%）、Al_2O_3（37%~40%）、FeO（0.1%~0.2%）、CaO（0.01%~0.03%）、MgO（0.01%~0.03%）、K_2O（0.60%）、Na_2O（0.05%），其化学组成与高岭石族矿物相近，其颜色主要由铁元素含量的多少决定。

（5）结构构造，鸡血石呈显微隐晶结构、显微细粒结构及显微鳞片状结构，其中辰砂呈微细粒状、他形粒状或鳞片状，结晶颗粒极细小，常聚集成斑块状。鸡血石主要呈致密块状构造。

鸡血石中血呈细脉状、条带状、片状、团块状、斑点状、云雾状分布于底上。

血按分布形态可分为点状、线状和团状，点状为辰砂微粒呈星点状、浸染状或云雾状分布；线状为辰砂微粒沿鸡血石的节理分布，当垂直节理面切割则呈面状，血很薄；团状为辰砂微粒呈团块状分布于底上，血深厚。

（6）光泽，鸡血石呈蜡状光泽或油脂光泽，原石呈土状光泽，光泽暗淡柔和。血可呈金刚光泽。

（7）透明度，鸡血石呈半透明—微透明—不透明状，个别冻底呈透明状。

（8）硬度，鸡血石的硬度不太高，HM=2~3。其断口呈贝壳状，断面光滑。

（9）韧性，鸡血石韧性极好，具有滑感，并具抗水解性。石性分为性绵和性脆，性棉鸡血石裂纹少，硬而不脆，多为水坑石或浅坑石，石性柔和，易雕刻；脆性鸡血石裂纹多，多为旱坑石或深坑石，石性脆裂，不易雕刻。

（10）相对密度，鸡血石的相对密度值变化不大，值一般在 2.53~2.68 之间，平均值为 2.61 左右。

（11）折射率，鸡血石的折射率值变化不大，点测法值为 1.56。

（12）发光性，鸡血石在长波下发弱的乳白色荧光。

（13）鸡血石的颜色包括底的颜色和血的颜色。底通常呈瓷白色、白色、乳白色、黄白色、深灰色、灰白色、红色、粉红色、紫红色、浅黄色、黄灰色、褐黄色、浅黄绿色、绿色、黑褐色、黄褐色、棕色、灰黑色、黑色、无色及混合色等颜色，其中以黄绿色、紫色最普遍。血常呈鲜红、朱红、暗红和浅红色，血的颜色是由辰砂的颜色、含量、粒度及分布状态所决定的。当辰砂含量小于 9% 或大于 20% 时，血色不鲜艳；辰砂含量为 9%~20% 时，血色鲜艳。辰砂颗粒大，血色较暗；辰砂粒度越细小，血色越纯正；辰砂颗粒分布越均血色越明快。（图 5–3）

图 5–3　鸡血石

二、品种

（1）鸡血石按产地可分为以下几种。

昌化鸡血石，产于浙江省昌化镇，其血色鲜活浑厚，纯正无邪，但底微差。因产于我国南方而有“南血”之称。

巴林鸡血石，产于内蒙古巴林右旗，其质地细腻滋润，透明度好，以冻底为主，不含砂钉，但血色浅薄娇嫩。因产于我国北方被称为“北血”。

（2）按底的矿物成分、透明度和硬度等因素鸡血石可分为以下几种。

冻底鸡血石，石质地细润清亮，透明度好，如胶冻一般。底子主要由迪开石和高岭石组成，颜色丰富，强蜡状光泽或油脂光泽，呈微透明—半透明状。硬度低，HM=2~3。

软底鸡血石，石质地较细腻，底子主要由迪开石和高岭石组成，且含有一定的明矾石。颜色丰富，蜡状光泽，呈微透明—不透明状。硬度微大，HM=3~4。

刚底鸡血石，石质地较粗糙，具玉感，底子主要由迪开石、高岭石、明矾石组成，并含有一定的显晶质石英，颜色丰富，蜡状光泽，呈微透明—不透明状。硬度较大，HM=4~6。

硬底鸡血石，石质地较粗糙而干燥，底子主要由次生石英岩化凝灰岩或残余流纹岩组成，颜色呈灰、白色，无光泽，不透明，无油性，硬度大，HM=6~7，性脆。

（3）据张蓓莉等人研究，鸡血石以底的颜色、透明度和血的特点可详细分为以下几种。

羊脂冻鸡血石，底子呈乳白色，微透明—半透明状，特别鲜嫩，如凝固的羊脂肪般，底上有鲜艳的鸡血红色，形成红、白相互辉映。

红冻鸡血石，底子呈红色，微透明—半透明状，底上均匀分布约 15% 的血，又称全红石。

瓜瓤红冻鸡血石，底子呈较浓的红色，色彩艳丽，并含一条条更红的红筋，石质细腻柔和，半透明的冻状。以红色均匀、纯正，红筋明显，透明度高者为上品。

芙蓉冻鸡血石，底子呈粉红色，石质温润柔和，呈微透明—半透明状，少绺裂，底与血混为一体，色彩均匀协调。底子与血反差小，色调不明快，无纹、无杂质者少见。

杨梅冻鸡血石，底子呈粉红—浅红色带紫色调，似熟透的杨梅。石质温润柔和，少绺裂，呈微透明—半透明状。

藕粉冻鸡血石，底子呈带黄绿色的浓粉色调，石质温润柔和，呈微透明—半透明状，石性绵润，极少绺裂，易于雕刻，常见巴林鸡血石中。

黄冻鸡血石，底子呈鸡油黄色，石质温润柔和，坚而不脆，呈微透明—半透明状，石性绵润，极少绺裂，易于雕刻。若有纯正鲜艳的鸡血者，则构成极品，有“巴林田黄”之誉。

黑冻鸡血石，底子呈灰色，从灰色—黑灰色，可出现其他杂色。或纯净无瑕疵，或内有纹理，似牛角状，又名“牛角冻”。石质或温润柔和，坚而不脆；或性脆。石性或少绺裂或有开裂。若在灰底上呈有纯正鲜艳的鸡血红色，底色与血对比强烈时，则为天然佳品。

灰冻鸡血石，底子呈明亮浅灰色或瓦灰色，呈微透明—不透明状，有杂色或条纹，以色浅或白色条纹者多见。

朱砂底鸡血石，底子呈枣红色，底与血分不清，石质温润，呈不透明—半透明状，坚硬不干燥，肌理隐现微细的闪光点。

石榴红鸡血石，底子呈黄红色或红中泛黄，似成熟石榴色，底色与血太相近，有合二为一之特点。石质不坚硬、不干燥、无条纹，美丽者可作为观赏石。

瓷白底鸡血石，底子呈象牙白色或瓷白色，与血对比明显。石质干燥，不透明，缺乏活力、灵气。

红花底鸡血石，底子呈红色或以红色为主，呈不透明—半透明状，石性脆，常见绺裂。底色与血太相近，有底子“吃血”现象。花纹美丽者可作为观赏石。

花生糕鸡血石，底子呈灰黄绿色，其上有黄、白色斑块，即在黄色底子上含有白色的角砾，似花生糕。以底子上斑块边缘整齐，血色浓艳者为佳品，呈微透明—半透明状，为昌化石常见品种。

大红袍鸡血石，血含量大于70%，几乎全为血，且血呈鲜艳的朱红色，品种可分为冻底鲜红血、软底鲜红血和冻底大红血。

刘关张鸡血石，底子呈黑、黄色或白色，无杂色。在黑、白底子上配以鲜红的血色，三色相聚，各色比例相近，寓意“桃园三结义”，是鸡血石中的极品。

水草花鸡血石，底子多呈浅色，不透明—半透明状。白底黑花，在白色底上分布有黑色或灰色松枝状花纹，上有点滴状的血，种少见。而底佳、水草鲜明、清晰、生动、血色鲜艳均匀者则为极品。

羊脑冻鸡血石，底子多呈浅粉色，上分布有不十分规则的白色半透明斑块，加上有浅红色或血色线条呈网纹状分布，似羊脑上的血管。石性温润，易于雕刻，无绺裂。

红帽子鸡血石，血含量大于30%，上部全为血，下为冻石，如冻石头上戴一顶红帽子。

红云篇鸡血石，血如云如雾，散于各种底子上，形成形态各样的自然景观。

三、肉眼鉴别特征

按自然界产出特征，鸡血石分为昌化鸡血石和巴林鸡血石，鉴别特征如下。

（1）昌化鸡血石，石血色纯正、浓艳、深厚，多呈鲜红色；血色发亮，较难褪色；血呈金刚光泽；血形呈条带状、片状、团块状，微具方向性；血浓聚；石底多呈灰白色、浅黄绿色，冻底少、块度小、杂质多，主要由迪开石、高岭石及明矾石组成；硬度大，透明度低，抛光后光泽亮，硬朗如镜面；多呈油脂—玻璃光泽。石性坚韧，抗压抗打击能力强。总之，昌化鸡血石清雅脱俗，给人艳丽清亮之感觉。

（2）巴林鸡血石，石血色偏赭，浅薄，多呈大红和赭红色，较易褪色，血形呈棉絮状，星点状和云雾状；血清散，无方向性，石底多呈乳白色，青灰色，灰黑色和无色，冻底多，块度大，杂质少；主要由迪开石、珍珠陶石及高岭石组成；石硬度小，透明度高，抛光后光泽亮，多呈油脂—蜡状光泽；石性细嫩易裂开，抗压抗打击能力较差。总之，巴林鸡血石娇嫩妖媚，给人以模糊浑浊之感，总的特征主要以含鸡血差别构成三者特有鉴别标志。

（3）处理品鉴别，处理品鸡血石主要为染色品，可分手绘鸡血石和充填鸡血石。鉴别特征如下。

血色异样红，色单调，整体上基本一致；在日光和灯光下品堂闪光，多呈脉状，与裂隙无关，脉粗细不一，排列组合不符合真血分布规律，具有不自然之感；红色全山无定形的染料颗粒或油漆及树脂组成，血形大小形态比较一致；底子含树脂导致硬度增大，铜针刻划会打滑，使用小刀刻划会起皮，呈片状剥落；底子多为色暗透明度差的石质，血与底子不匹配，界线分明，有生硬呆板之感；密度低，手掂有轻飘之感；用棉球蘸化学试剂，如酒精之类擦洗会掉色；热针触及会软化冒白烟。

四、主要赝品肉眼鉴别特征

（1）血玉髓，又称血滴石，是含红—棕红色斑点的不透明—半透明的暗绿色玉髓。血色常呈斑点状、星点状和血滴状，底呈暗绿色，呈玻璃光泽—油脂光泽；贝壳状断口，硬度大，HM=6.5~7，小刀划不动。

（2）朱砂玉，又称牡丹玉或金顶红，是含辰砂呈鸡血红色的石英隐晶致密块体，1981 年发现于吉林。辰砂颗粒非常细小，多均匀分布，呈棕红色或鲜红色，局部紫红或浅暗红色。也有许多似玛瑙缠丝的暗红色环。呈金刚—油脂光泽，不透明。质地细腻致密，见不到石英颗粒，坚硬，HM=7，小刀划不动。密度大，手掂有沉重感。韧性差，裂纹少，可见微细石英脉切穿缠丝状色环。

（3）寿山桃花冻，石呈红色，色呈圆点状，仅米粒大小，或密或稀，均匀分布。

（4）染色岫玉，石血色为紫红或玫瑰红色，血色不正，血受裂隙控制而呈粗细不一的脉状，并形成蛛网状。底为白色或浅绿色，透明度好，多呈半透明状。玉制品常为手镯、玉佩等。

（5）仿鸡血石，指用黑或灰黑色塑料作底，用辰砂粉末或红色有机染料作血，在外涂一层保护树脂，称为“工艺鸡血石”。鉴别标志：颜色均匀单调、不透明、不含杂质；密度小，手掂有轻飘感；加热血和底均软化、变形、熔融冒白烟，贴于面部有温感。

（6）组合鸡血石，可分为拼接鸡血石（即碎块粘成大块）和镶嵌鸡血石（血块粘在无血底子上），主要用于制作摆件工艺品之类。鉴别标志：在接合部观察摆件转折处或血周围是否有胶存在，用热针触及洼陷部位冒白烟，血色和血形特征不相同，在同一块鸡血石上同时出现两或三种血色等级的团块状，团块孤立分布，血颜色不同，血不连续则是拼合石。

五、质量评价与市场

鸡血石的质量评价依据为血、底子、净度、块度等，评价要求如下。

（1）血，血的质量由血色、血量、浓度、血形来决定，观察时利用晴天上午 9—10 时的日光漫反射下进行。血色，要求艳而正，要活并渐融于底中，以纯正无邪的艳红色为最佳；朱红色次之；暗红色最差。血量，即血在鸡血石中所占的百分量。

一般血含量越多，所覆盖面积越大，含血面越多，则品级越高，价值也越高。血的形态及构成的花纹图案美观漂亮，则品级和价值也高。一般血含量大于 50% 者为特级品；血含量大于 30% 者为一级品；血含量大于 10% 者属二级品；血含量小于 10% 者属三级品。对于方章，全血者上品；六面均含血者为特级品；四面、五面含血者次之；三面和二面者又次之；单面和顶含血者最差。浓度，以血浓者为上品；血清淡者为中品；血散者为下品。“浓”，含血呈鲜红色，分布集中；“散”，血分散而不集中，为稀少、淡薄者。血形，含团血（块状血）、条血（脉状血、丝状血）者为佳品；含点血（星点状血、云雾状血）为次品。但构成图案优美者，其品级和价值可提高许多。

（2）底子，鸡血石底子的质量由颜色、透明度、光泽和硬度来决定，评价利用晴天上午 9—10 时日光漫反射下进行观察。颜色，颜色深沉、淡雅、均匀的单色底为佳品。透明度，冻底半透明者最佳；软底微透明者次之；刚底不透明者更次之；硬底不透明者最差。光泽，冻底油脂光泽者最佳；冻底强蜡状光泽者较次之；软底蜡状光泽者次之；刚底弱蜡状光泽者又次之；硬底无光泽或土状光泽者最差。硬度，冻底（HM=2~3）最佳；软底（HM=3~4）为次之；刚底（HM=4~6）为又次之；硬底（HM=6~7）最差。

（3）净度，净度为鸡血石内含瑕疵的程度。瑕疵有两类，绺裂和杂质。

①杂质，有软性杂质（与鸡血石硬度相近杂质）和硬性杂质（硬度大的矿物包体）之分。

软性杂质，影响鸡血石美观，干扰血构成图案，但当构成具有观赏价值的图案时则会提高价值。

硬性杂质，构成“砂钉”，影响鸡血石美观和雕刻，导致工艺性差。

②绺裂，有原生裂纹（绺）和次生裂纹（裂）之分。原生裂纹，为成矿早期或同期形成的裂纹，又被后期充填，一般影响工艺品性能和质量。后生裂纹，为鸡血石上长而深，明显可见的裂原，或浅而短隐约可见的裂隙，严重影响鸡血石的质量。

（4）块度，鸡血石块度越大越珍贵，一般要求原料达到雕刻印章的大小即可。

总之，鸡血石具备血色漂亮美丽，底子呈颜色深沉或淡雅，具半透明、强蜡状光泽和硬度小的冻底，净度高者则为佳品或精品。

六、主要产地

鸡血石为火山凝灰岩交代蚀变的产物，产于我国浙江省临安市昌化镇玉岩山至康石岭一带的侏罗系上统劳村组的流纹质晶屑玻璃屑凝灰岩中；也产于内蒙古巴林右旗大板镇以北 50 km 的雅玛山北侧的侏罗系上统玛尼吐组的紫色流纹岩中。二者均产于中生代交代蚀变酸性火山岩的次级断裂小构造中。

七、文化

鸡血石是中国特有的珍贵石种之一，具有鲜红如鸡血般的色彩和美玉般的光泽，以“国宝”之誉驰名中外，是中国四大名石之一。

鸡血石文化底蕴深厚，千百年来，一直受到帝王将相、达官显贵、文人雅士、商贾富豪的珍爱与收藏。如作为历代帝王印章六十颗之一的“乾隆宸翰”玉玺，现珍藏于北京故宫博物院珍品馆内，被誉为国宝。慈禧太后以及其他皇妃们也喜欢把鸡血石作为宝玺。中华人民共和国成立后，鸡血石得到了国家最高领导层的喜爱和重视，升格为国礼。鸡血石作为国礼赠送给友邦，交流文化，传播友谊，可谓实至名归。

远古时候天庭中的一对美丽的凤凰听到人间的哀怨之声，此刻人间蝗虫成灾、作物不长、百姓愁苦。善良的凤凰决定到人间去消灭蝗害、驱散瘟疫、拯救生灵。在凤凰的帮助下百姓又过上了幸福的日子，而凤凰也留在当地恩泽一方百姓。可惜山中来了一头强横的猛狮，它对凤凰产生了忌妒之心。一天，他趁雌凰进入孵育期，雄凤外出觅食之际，偷袭凤巢，雌凰被猛狮咬断了一条腿，鲜血流入当地的岩石中，这就是鸡血石的来历。在这美丽传说的衬托下，鸡血石显得是那么的珍贵和引人注目。

第五节　其他印章石

（1）阳平石，因产于浙江省阳平县而得名，石色呈灰、白、黄、红等色，石质细嫩。

（2）宁波石，因产于浙江省宁波市郊而得名，石色多呈黑色斑点，石质细嫩，又称为“大松石”。（图 5–4）

图 5-4　宁波石

（3）宝花石，产于浙江省天台县，石色呈黄、红等色，石质细嫩，又称“天台石”。

（4）东兴石，因产于广西东兴市而得名，石色呈粉白、土红、赭黄等色，石质细嫩，微透明，常含有“石钉”。（图 5-5）

图 5-5　东兴石

（5）京西石，因产于北京市西门头沟区而得名，料是块状叶蜡石色呈灰白色，石质细润。

第六节　砚石

石砚（Inkstone），即由砚石制作的研墨工具，作为文房四宝之一，在我国历史悠久，构成我国历史文化的象征。

砚石，即制作石砚的岩石。在自然界中，只有具备质地致密滋润、细中有锋、硬度一定、厚度较大的沉积岩或变质岩才能够制作石砚。

一、基本性质

（1）矿物组成。砚石主要由硬度较低的黏土矿物或细品方解石组成；其次，还要有一定比例的硬度较高的石英、黄铁矿、红柱石、铁矿等矿物，以提高砚石的研磨性能。不同产地的砚石矿物组成是不相同的：由泥岩、板岩和千枚岩类岩石构成的砚石主要由硬度较低的黏土矿物和硬度高的石英、黄铁矿、红柱石等矿物组成；由灰岩、大理岩类构成的砚石主要由方解石和石英、赤铁矿等矿物组成。我国四大名砚的矿物组成如下。

①端石，又称端砚，主要由为含赤铁矿的水云母泥岩或板岩制成。斧柯山端砚为水云母泥岩或板岩，质地柔润；北岭山端砚为含赤铁矿的泥岩，质地偏红微干燥。主要组成矿物为水云母（87%~96%）、赤铁矿（3%~5%）、石英（1%~2%）、方解石（1%）及微量的电气石、金红石、锆石等矿物。

②歙石，又称歙砚，主要由含绿泥石的水云母质的千枚岩或板岩制成。主要组成矿物为蠕绿泥石（35%~40%）、多硅白云母（25%~30%）、石英（25%~30%）、长石（2%~3%）及微量的电气石、锆石和碳质矿物等。

③洮石，又称洮砚，主要为含叶绿泥石的水云母质板岩，主要组成矿物为叶绿泥石（35%~40%）、水白云母（59%~64%）、石英（1%）等。

④红丝石，又称红丝砚。由微晶灰岩制成。主要由方解石及少量的铁质、微量石英和云母类矿物等构成。

（2）化学成分。砚石的化学成分随组成岩石类型的不同而不同，泥岩、板岩和千枚岩类砚石主要成分为硅酸盐，化学性质较稳定。灰岩、大理岩类砚石主要成分为碳酸盐。化学成分随产地不同而不同。

我国四大名砚的化学成分如下。

端砚，其化学成分为 SiO_2（62%~65%）、Al_2O_3（15%~17%）、（$FeO+Fe_2O_3$）（5.1%~6.2%）、CaO（0.15%~0.20%）、MgO（1.2%~2.5%）、K_2O（5.60%）、Na_2O（0.005%）、Cr_2O_3（0.08%）、TiO_2（1%）、MnO（0.11%）、CoO（0.07%）、NiO（0.32%）、P_2O_3（0.41%），反映端砚是由含铁质的富钾型岩石制成的。

歙砚，其化学成分为 SiO_2（61%~63%）、Al_2O_3（12%~13%）、（$FeO+Fe_2O_3$）

（5.00%~6.00%）、CaO（3.15%~4.20%）、MgO（1.2%~2.5%）、K_2O（3.23%）、Na_2O（1.605%）、Cr_2O_3（0.08%）、TiO_2（1%）、MnO（0.11%）、CoO（0.07%）、NiO（0.32%）、P_2O_3（0.88%），反映歙砚也是由含铁质的富钾型岩石制成的。

洮砚，其化学成分为 SiO_2（60%~63%）、Al_2O_3（14%~16%）、（$FeO+Fe_2O_3$）（6.00%~8.00%）、CaO（1.15%~3.20%）、MgO（4.2%~5.5%）、K_2O（4.23%）、Na_2O（0.985%）、Cr_2O_3（0.08%）、TiO_2（0.72%），反映洮砚也是由富钾型岩石制成的。

红丝石，其化学成分为 SiO_2（30%~40%）、Al_2O_3（1.3%~1.6%）、（$FeO+Fe_2O_3$）（0.90%~1.50%）、CaO（0.15%~33.20%）、MgO（0.2%~1.5%）、K_2O（0.53%）、Na_2O（0.38%）、TiO_2（0.05%）、MnO（0.21%）、CoO（0.17%）、NiO（0.00%）、P_2O_3（0.38%），反映红丝石是由富钙型岩石制成的。

各种砚石化学成分中常含有一定量价态不同的铁质，导致砚石呈现美丽的紫红色、猪肝色、灰黄色和绿色等。含一定量的 P_2O_3 和 SO_2 使砚石所研磨出的墨汁油润有光，所作的字、画不易被虫蛀。

（3）结构构造。各种砚石的结构构造由于组成矿物及形成环境的不同而差异比较大，表现如下：砚石具有隐晶质结构、泥质结构和显微粒状结构等，并随砚石品种而变化。据张蓓莉等人研究：端砚，多具有变余碎屑凝灰（粉砂）结构或泥质结构，矿物粒径小于 0.01 mm，少量矿物粒径在 0.01~0.04 mm 之间；歙砚，多具有变余碎屑凝灰（粉砂）结构或泥质结构，优质品为变余泥质结构，次要为显微变晶结构、等粒变晶结构、他形变晶结构及鳞片变晶结构等，矿物 80% 粒径小于 0.01 mm；洮砚，主要具有变余结构，次要为显微变晶结构、等粒变晶结构、他形变晶结构及鳞片变晶结构等，组成矿物中水云母和石英占 80%，矿物粒径在 0.01~0.02 mm 之间；红丝砚，主要呈微晶或细晶结构，组成矿物中，方解石占 80%，粒径在 0.01~0.08 mm 之间。

砚石的构造依形成环境可分为沉积构造、变余构造和变质构造。各构造又可细分：沉积构造，可分为层理构造、球粒构造等；变余构造可分为变余层理构造、变余球粒构造等；变质构造可分为板状构造、千枚构造、条带状构造等。不同砚石品种其构造特征不同。

端砚，主要呈块状构造、层理构造、同心圆状构造、条纹状构造、条带状构造等，形成的纹饰主要有石眼、鱼肚冻、火捺、猪肝冻、蕉叶白、金银线、冰纹和青花等。

歙砚，主要呈变余层理构造、变余球粒构造等，还具有斑点构造、板状构造、板状—

千枚状构造、千枚—片状构造、条带状构造(条带呈长条状、短条状、纹带状、板状带等)，又被称为眉纹构造。形成的花纹有原生花纹；变余花纹（刷丝纹、罗纹、枣心纹、紫玉云斑）；斑点状花纹(青绿晕、鱼子纹或鳝肚纹)；板状花纹(罗纹、眉纹、水浪纹)；千枚状花纹（刷丝纹、罗纹）；条带状花纹（玉带纹、眉纹）；次生花纹包括硫化物花纹（金星、银星、金晕、银晕、金线、银线、金斑、银斑、葵花等）、碳质花纹（鳝肚纹、鳅背纹）。

红丝砚，主要呈丝状弯曲纹理构造。铁质多呈不规则的波状或波纹状纹理出现，纹理宽度多在 0.02~0.40 mm 之间，形成灰黄色的刷丝纹。（图 5–6）

（a）端砚　（b）歙砚　（c）洮砚　（d）红丝砚

图 5–6　砚石

（4）光泽，砚石光泽一般较淡，主要呈土状光泽、油脂光泽、蜡状光泽、珍珠光泽、丝绢光泽等，砚台光泽较莹润。

（5）透明度，砚石呈微透明—不透明状。

（6）硬度，砚石的硬度取决于组成主要矿物的硬度，还与主、次矿物的比例、粒径和分布有关。砚石的硬度 HM=2.5~4，其中端砚 HM=2.5；歙砚 HM=3.24。多具有细粒状断口，断面不太平整。

（7）相对密度，砚石的相对密度变化不大，值一般在2.5~3.0之间。端砚为2.78；歙砚为2.75；松花石为2.11。

（8）韧性，砚石有一定韧性，具有抗压抗研磨能力。

（9）渗透率，砚石的渗透率极低，即吸水性和透水性都很差将砚石浸于水中取出后用小刀刮表皮可见干燥的岩石组成特征。

（10）颜色，砚石呈黝黑色、暗绿色、灰绿色、紫红色、褐黄色、灰白色等。其中歙砚常呈黝黑色，水浸呈青黑色；潭柘紫石颜色为酱紫色或猪肝色；洮石多呈暗绿色；松花石呈灰绿色；红丝石主要呈紫红色；尼山石呈褐黄或橙黄色；菊花石呈灰白色。

砚石的颜色与所组成矿物种类和含量有关，当含较多的赤铁矿或褐铁矿时呈紫红色、酱紫色、灰黄色；当含较多绢云母时呈灰绿色、暗绿色、绀绿色；当含碳质较多时呈黑色、灰黑色、黝黑色；泥质含量高时呈灰白色。

二、分类与品种

砚石按形成环境可分为两大类，即沉积岩类和变质岩类。每一类按其颜色、质地、产地可进行细分。其特征分述如下。

（1）沉积岩类砚石，主要由沉积作用形成的砚石岩类，又可分为泥岩类砚石，主要由黏土矿物、细碎屑及少量粉砂碎屑组成，具有泥质结构、层理构造的沉积岩，如广东的部分端砚、贵州的思石、湖南的菊花石、浙江的西石、江苏的硇村石、山东的田横石和温石等均属于此岩类凝灰岩类砚石，主要由沉积作用形成，由粒径小于2 mm的火山碎屑物（77%）和粒径在0.06~2 mm的火山灰组成以绢云主的凝灰岩，如浙江的越石、广东的部分端砚属于此岩类化。

（2）变质岩类砚石，主要由沉积变质作用形成的砚石岩类，又可分为以下几种。

板岩类砚石，主要为泥质或粉砂质及部分中酸性凝灰岩的矿物经初步重结晶形成的，颗粒极细，具隐晶质结构、板状构造，并由绿泥石或云母类矿物组成的极低级变质岩，如广东的端砚、安徽的歙砚、江西的龙尾石、甘肃的洮砚、宁夏的贺兰石、河南的天坛石、四川的苴却石等均属于此岩类。

千枚岩类砚石，主要由泥质或粉砂质及部分中酸性凝灰岩的矿物经较强重结晶形成的，颗粒微粗且具隐晶质结构、千枚状构造，并由绿泥石、云母、长石和石英类矿物组成的一类变质岩。如砣矶石和安徽部分歙岩等属于此岩类。

灰岩类砚石，主要由细粒方解石（大于 50%）及少量陆源碎屑或黏土矿物组成，并具有隐晶质结构、层理构造的碳酸盐岩。包括泥灰岩、含泥灰岩、云灰岩及微晶灰岩，如山东的红丝砚、尼山石、淄石、徐公石、燕子石，吉林的松花石，内蒙古的斑马石，安徽的乐石和磬石，湖南的菊花石等属于此岩类。

大理岩类砚石，由灰岩或泥灰岩经变质所形成的碳酸盐类岩石，并具有细粒状—显微变晶结构、块状及条带状构造，如蔡州白石、织金石等属于此岩类。

三、主要品种肉眼鉴别特征

（1）泥岩类砚石，砚石颜色单调，主要呈灰色、灰白色、青灰色、深灰色、黑灰色、黑色和深紫色。光泽暗淡，呈土状光泽或无光泽。具泥质或隐晶质结构，层理构造，遇酸不起泡。

（2）凝灰岩类砚石，砚石呈灰褐色，蜡状光泽，具典型凝灰岩结构，块状构造，含玻屑、晶屑和岩屑，遇酸不起泡。

（3）板岩类砚石，砚石颜色较鲜艳，主要呈黑色、酱紫色、绀绿色，光泽暗淡，无丝绢光泽。具隐晶质结构和完好的由黏土矿物火化为定向排列组成的平面层理，平面层理间距小于 1 mm，常与岩石层理斜交，遇酸不起泡。

（4）千枚岩类砚石，此砚石发育弱片理，片理上有强烈丝绢光泽，具隐晶质结构和皱纹线理构造、褶劈构造或分凝条带构造，含较多黏土矿物与石英，遇酸不起泡。

（5）灰岩类砚石，砚石颜色鲜艳，主要呈黄红色、橙黄色、深绿色及灰黑色等。具隐晶质结构和层理构造，发育有美丽、漂亮的花纹图案。

（6）大理岩类砚石，砚石主要呈黑或白二色，玻璃光泽，粒状结构。主要由微粒方解石或夹泥灰质组成，遇酸起泡。矿结构，粒度较粗，肉眼可见方解石微晶，遇酸起泡。可按指按是否有手印，哈气是否凝聚露珠等确定细腻程度。肉眼鉴别要点，观察砚石是否见颗粒，手摸是否有柔嫩之感，用小刀刮之，以岩石内部是否干燥或滴水、吸收快慢来判断其吸水率或渗透率。用小刀或指甲刻划确定其硬度，进而判断可否适合雕刻及质量高低和档次。观察矿物成分和种类，判断砚的下墨、贮墨效果。

四、质量评价与市场

安砚石的质量评价依据为色泽、质地、净度、块度等。评价要求如下。

（1）色泽，砚石颜色要求素雅深沉、深浅合适、柔和悦目，以黝黑色、酱紫色、暗绿色为最佳；褐黄色、灰绿色次之；灰白色最差。

（2）质地，砚石质地要求既细腻润泽又微有芒锷，有利于“发墨”。要求砚石结构要致密，组成矿物颗粒均匀细小，一般半径在 0.1 mm 左右。主要矿物解理面要排列有序，形成特殊的芒锷，易下墨。矿物分布均匀。泥质与硅质共存，经变质作用使质地致密刚柔相济，透水性差，贮墨不枯。砚石要有韧性，容易研磨墨锭。砚石最佳硬度 HM=3~4，次要矿物硬度高于主要矿物硬度，硬度太大“下墨”效果差；硬度太小砚堂易磨损，且不发墨。

（3）净度，砚石应无裂隙、无筋，但石筋构成一定花纹图案时可提高价值。

（4）块度，砚石块度有要求，一般要求能雕琢一方砚台。常见规格是 25 cm× 13 cm× 9 cm，砚石厚度要大于 30 mm 以上。当砚石由泥岩、凝灰岩、大理岩组成时容易达到要求，而由板岩和千枚岩构成时比较困难。

总之，佳砚应该既下墨又不损毫，既易墨又发墨，若具有各种天然花纹及块度巨大者，则构成砚石中的珍品。

五、主要产地

世界上出产砚石的国家不多，仅有中国、日本、朝鲜等国家。中国的砚石以产量大，质量精美，工艺精湛而独占鳌头。据统计，我国古今砚石多达百余种，现今也有 50 余种产出，分布于 22 个省、4 个自治区和 2 个直辖市。主要集中于我国华东、华南和西南三大区，其次为西北、华北、东北及台湾省。华东地区现生产砚石有 20 余种，分别为越石、青溪石、西砚石、乐石、磬石、紫云石、歙石、寿山石、龙岩石、闽石、龙尾石、罗纹石、金星宋石、石城石、贡砚石、红丝石、淄石、徐公石、燕子石、尼山石等，其中以歙石、红丝石、龙尾石最为有名。华南地区现生产砚石有 8 种，分别为天坛石、方城石、冰河石菊花石、三叶虫石、水冲石、端石、柳石等，其中以端石、天坛石最著名。西南地区现生产砚石有 9 种，分别为苴却石、蒲石、北泉石、嘉陵峡石、金音石、白花石、思州石、织金石、仁布石，以苴却石最有名。西北地区现生产砚石有 5 种，分别为菊花石、金星石、贺兰石、洮河石、嘉峪石，以洮河石最出名。华北地区现生产砚石有4种，分别为斑马石、潭柘紫石、易水石、五台石，以易水石最有名。此外，还有吉林的松花石、台湾的螺溪石也在生产。

六、文化

砚台是一种研墨和掭笔的文房器具，是中华传统文化的产物。我们把用来制作砚台的"石头"称作砚石。

广东端溪的端砚、安徽歙县的歙砚、甘肃南部的洮砚和河南洛阳的澄泥砚并称为"四大名砚"，其中尤以端砚和歙砚为佳。

端砚始于唐朝武德年间，至今已有1 300余年，其石质柔润，发墨不滞，三日不涸，被誉为四大名砚之首。用于制作端砚的砚石产于广东肇庆。

歙砚又称"龙尾砚""婺源砚"，产于安徽省歙县境内，因古属歙州，故而得名。

鲁砚石指山东境内出产的砚石的总称。鲁砚石质地细腻、嫩润，坚而不顽，细而不滑，发墨快而细，不损毫。鲁砚石种类繁多，纹理丰富，五颜六色。其中，最具代表性的为红丝砚，其制砚用石为红丝石。

第七节　萤石

萤石（Fluorite）以含有磷光效应被称为"夜明珠"而闻名中外，也以漂亮的颜色被称为"软水晶"而深受人们喜爱。在珠宝市场上也占有一定的地位。

一、基本性质

（1）矿物名称，萤石，在矿物学中属于萤石族。

（2）化学成分，萤石是氟化物。萤石的化学成分是CaF_2，萤石中常含有稀土元素（主要为Th、Ce、U等）和Y等稀土元素替代，也可呈独立矿物包体出现于萤石晶体中。此外，萤石中还含有Fe_2O_3、Al_2O_3、SiO_2等杂质矿物成分。

（3）形态，萤石为等轴晶系。单晶呈立方体、八面体、菱形十二面体及聚形。（图 5–7）。

图 5–7　晶体原石

（4）光泽，萤石为典型的玻璃光泽，断口为油脂光泽。

（5）透明度，萤石呈透明—半透明状。

（6）硬度，萤石的硬度较低，HM=4。发育有八面体解理。

（7）密度，萤石的相对密度值中等，值为 3.18 左右，性比较脆。

（8）折射率，萤石的折射率比较固定，用点测法得到的值在 1.434。

（9）发光性，萤石具有发光性，一般有四个热发光峰位，分别为 150℃、200℃、250℃、300℃左右，其发光位及发光强度与其稀土含量有关。在萤石中，少数品种具有磷光效应被称为“夜明珠”。

（10）颜色，萤石的颜色比较丰富，主要呈绿色、黄色、蓝色紫色、紫黑色、黑色、白色或无色。

二、肉眼鉴别特征

萤石密度较大，硬度低，有完全解理，性脆。

三、主要赝品的鉴别

水晶，硬度大，无解理。

玉髓，硬度大，油脂光泽。

绿柱石，硬度大，密度低，无解理。

四、产地特征

萤石主要产于热液矿床中，主要产地有中国、美国、哥伦比亚、加拿大、英国、南非、俄罗斯、奥地利、瑞士等国家。我国宝石级与玉石级萤石的主要产地有浙江、安徽、江西、福建、河南、湖南、湖北、广西、四川、贵州、青海、新疆、内蒙古等地区。

五、文化

萤石是自然界中常见的一种矿物，它的发现和使用历史已久。早在古印度，人们就发现了一种能在夜幕中散发出微弱荧光的矿物，取名为“蛇眼石”；古罗马，人们就已用萤石来雕刻杯、碗、瓶等装饰品；在中国，7 000 年前的浙江余姚河姆渡人已开始选用萤石制作装饰品。北京故宫博物院珍藏有清代乾隆皇帝的萤石质地宝石印玺，足见国人对萤石的喜爱。

现如今，萤石已经成为我国战略性非金属矿产之一，是各行各业所需氟元素的主要来源，其应用领域涵盖新能源、新材料、国防、制冷、光学、电子、冶金、化工、原子能工业、建材、医药、农药等新兴产业和传统产业，我国在政策层面也已将萤石定位为“可用尽且不可再生的宝贵资源”。

第六章

有机宝石

第一节 有机宝石概论

有机宝石为天然生物作用所形成，全部由有机物组成的或部分为无机物、部分为有机物组成的装饰品或工艺品。在珠宝市场上，有机宝石也是一支生力军，占有很重要的地位，是人们喜爱的宝石种类之一。

有机宝石与无机宝石相比，由于组成宝石材料的特殊性和形成环境的独有性，形成了一系列共有性质，这些共性既是有机宝石类的主要属性，也是构成有机宝石特有的鉴别标志。有机宝石的共性如下。

一、宝石由生物作用或生物遗骸形成

有机宝石的形成是有生物参与的。不同的宝石种类为不同种生物在不同的环境与条件下形成的，如珍珠为贝类形成的，贝类既可在淡水环境（湖水、江水、河水）中形成珍珠，也可在海水环境中形成珍珠；而珊瑚则为珊瑚虫遗骸堆积而形成的。这种生物种属与形成环境的差异也可以导致有机宝石有不同的质量与价值。

二、宝石含有有机质组分

有机宝石的组成中含有不同的有机组分，这些有机组分既可以构成宝石的主体或全部，如琥珀就是全部由有机成分构成的；也可以部分由有机组分组成，部分由无机物构成，如象牙、珍珠等。同时不同有机宝石中，这些有机物的含量、种类、特征差异特别大，也就形成不同宝石特有的性质，因而呈现出不同的美丽。

三、宝石硬度相对较小

有机宝石中由于部分或全部含有有机组分，在有机化学成键范围内，化学键的强度均比无机物的化学键小，元素之间的结合力比较弱，从而导致了有机宝石的硬度均比较低，其硬度值 HM 很少有超过 4 的，容易被破坏和损伤。如琥珀全由氧、氢、碳之间以氢键为主进行结合，这些化学键都是弱键，使得琥珀的硬度特别低，其 HM 只有 2~3。

四、宝石具有再生性

有机宝石大部分为现代生物作用所形成，由于生物的生长具有生生不息的特点，可以在较理想的环境条件下进行繁衍、成长，子孙后代可以不断地生存。所以也就使得所形成的宝石种类随生物的生存而出现，随生物的成长而长大。既可以随生物的死亡而停止，也可以随新一代生物的出现而再次孕育再次成长壮大，如珍珠、龟甲等有机宝石的生长就具有再生性。但也有少部分有机宝石是一次性生成的，无再生性，如琥珀、煤精等有机宝石均为一次性生成的，无再生性。

五、宝石怕酸怕碱怕有机溶剂

有机宝石中，由于含有不同种、不同量的有机质，这些有机质相互之间结合差，化学键强度比较低，同时由于组成的无机元素之间的结合力比较弱，这就造成它们抗击外界破坏能力也比较差。在酸、碱及有机溶剂存在的环境中，有机宝石的物理、化学性质很快发生改变，宝石中的有机部分会出现溶解、分解或改变性质的现象，这也就改变了有机宝石的稳定性，缩短了有机宝石的寿命。这就要求有机宝石保存的环境应避免接触这些带有破坏性的物质。

六、宝石相对密度值低

有机宝石中含有不同种、不同量的有机质，构成有机物的化学元素主要是碳、氢、氧,都是一些原子量比较小的元素,并且这些元素在形成化学键时以共价键或氢键为主,这些化学键具有方向性和饱和性，导致它们之间的堆积不可能紧密，因而使得有机宝石的相对密度比无机宝石、玉石的相对密度要小得多。因此，所有有机宝石手掂起来都比较轻，有轻飘飘的感觉。

七、宝石的保存时间、保存历史相对较短

有机宝石抗击外界破坏能力比较差，在酸、碱及有机溶剂存在的环境中，有机宝石的物理、化学性质很快会发生改变，使宝石中的有机部分溶解、分解或改变颜色与性质，这也就改变了有机宝石的稳定性，从而缩短了有机宝石的寿命。在历史上有机

宝石一般很难保存下来，一般只能保存几百年，不会像无机宝石或玉石那样可以长久地保存。

第二节　高档有机宝石

高档有机宝石指一类在价值档次上比较昂贵的有机宝石品种。在自然界，这些宝石产出较低，主要品种有象牙、珍珠等。这些宝石具有各自不同的鉴定特征，其价值也各不相同。

一、象牙（Ivory）

象牙是自然界特有的一类牙齿类有机宝石，它有专指或泛指之分。专指为大象的一对长牙及两边的小牙；泛指为包括象牙在内的一些哺乳动物的牙齿，如河马、猛犸、海象、鲸的长牙和疣猪的獠牙等。这些动物牙齿，尤其是象牙制作的有机宝石以特有的魅力得到人们的喜爱，构成珠宝市场上重要的一种有机宝石。

1. 基本性质

（1）宝石名称，以宝石的原材料取自大象的牙齿而得名。

（2）化学成分，象牙的化学组成由有机物和无机物两部分构成，有机物主要是角质蛋白和弹性蛋白，占总量的35%左右；无机物是磷酸盐，主要为结晶质的磷酸钙，矿物上被称为磷灰石的晶体物质，占总量的65%左右。这种比例随象牙的品种而改变。此外，象牙中还含有10余种微量元素，这些元素也会影响象牙的物理性。

（3）形态特征，象牙多呈牛角状，呈弧形弯曲物，几乎一半是空心状。很薄的外层由珐琅质组成。象牙大多数长1.5~2 m，重6~7 kg，特殊者有大于4 m，可重达百公斤。

（4）结构构造，象牙的横切面呈圆形、近似圆形、浑圆形，直径、形状随象牙品种、生长年龄、生长部位的变化而变化。一般大象的生长年龄越长，牙的横切面直径越大，从象牙尖到牙根横切面的直径逐渐变大。

象牙横切面具有特殊的勒兹纹理线（Retzius）结构，又称为旋转引擎纹理线结构，肉眼可见。勒兹纹理线结构由两组纹理线组成斜十字交错状，并且纹理线的交角构成以大于 115° 或小于 65° 为特征的菱形图案。象牙的横切面还具有分层结构，从牙中心至最外表呈层状，且层之间分界线清楚，各层厚度随象牙品种、生长年龄、生长部位而变化。一般可分为四层：最外层呈致密的同心圆状层，很薄，0.3~0.5 mm；次外层呈粗勒兹纹理线构成的斜十字交错菱形图案，纹理线交角较大，近 124° ，纹理线间距较宽，1~2.5 mm；次内层呈细勒兹纹理线构成的斜十字交错菱形图案，纹理线交角较小，近 120° ，纹理线间距较窄，0.1~0.5 mm；内层呈致密状或空心状，象牙纵切面呈近于平行的波纹线。

（5）光泽，象牙内部细孔被油脂或蜡纸溶液充填，因而呈现美丽柔和的油脂—蜡状光泽。

（6）透明度，象牙呈透明—半透明—微透明—不透明状，其透明度与象牙品种、生长年龄、生长部位有关。

（7）硬度，象牙的硬度比较低，HM=2.2~2.75，可为铜针划破，硬度可随象牙品种、生长年龄、生长部位而变化，断口呈裂片状、参差状。

（8）相对密度，象牙的密度比较小，一般相对密度在 1.70~2.00 之间，平均值为 1.8。密度可随象牙品种、生长年龄而变化。

（9）折射率，象牙的折射率一般在 1.535~1.540 之间，点测法值为 1.54。

（10）发光性，象牙在紫外线下呈弱—强的白蓝色—蓝紫色荧光。

（11）弹性和韧性，象牙的弹性与韧性极好，这是由于象牙具有特殊的细孔结构，细孔封闭紧密，孔内具有高含量的胶质蛋白和弹性蛋白。

（12）显微特征，象牙横切面上可清楚地观察到勒兹纹理线及分层特征。

（13）溶解性，象牙短时可被酸软化，长期浸于酸中可被溶解。将大块象牙短时浸泡于酸中软化后可削成长片，可在上面雕刻和绘制图案。

（14）易染性，象牙由于具有特殊的多孔结构，很容易被染成各种颜色，尤其易被咖啡或茶水污染。

（15）易漂白性，象牙由于特殊的组成，利用氧化剂与象牙中的有机质反应，生成简单有机物，溶解或破坏着色物的结构而使其褪色。

（16）颜色，象牙新鲜时呈白色、奶白色、瓷白色、绿色等，陈旧后呈黄白色、淡黄色、浅褐黄色，史前象牙呈蓝色、绿色等。（图 6–1）

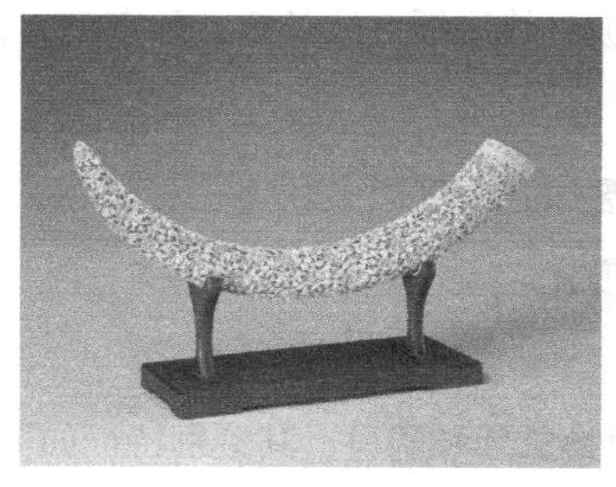
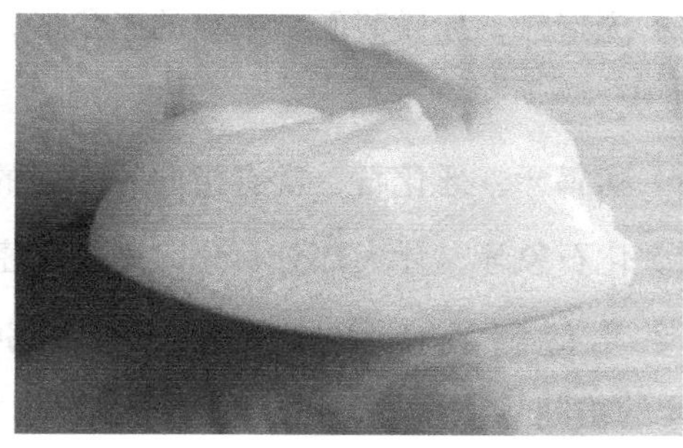

图 6–1 象牙

2. 品种与产地

象牙在世界上品种很少，目前仅有非洲象牙和亚洲象牙，特征如下。

（1）非洲象牙，指的是非洲公象和母象的长牙和小牙，牙颜色呈白色、绿色等，质地细腻，截面上带有细纹理。非洲象主要生活在科特迪瓦、坦桑尼亚、塞内加尔、埃塞俄比亚等国家，以坦桑尼亚的潘加里附近所产象牙质量最佳。

（2）亚洲象牙，指的是亚洲公象和母象的长牙和小牙，牙颜色多呈白色、淡玫瑰白色等，质地较疏松、柔软，容易变黄。亚洲象主要生活在斯里兰卡、泰国、印度、巴基斯坦、马来西亚、中国西双版纳、缅甸、越南等国家和地区。

3. 肉眼鉴别特征

象牙具有特征的勒兹纹理线结构，其韧性好，弹性强，难刻画，难研磨，易吸水，容易被污染，具有较强的油脂—蜡状光泽，结构致密、细腻。

4. 相似牙的鉴别

（1）河马牙，牙颜色呈纯白色，结构细腻，不易被污染，截面上具有密集排列的由长波纹、短波纹构成的同心线结构，牙密度较大，硬度较大。

（2）一角鲸牙，牙横截面呈带棱角的同心环，中间空，纵切面结构粗糙，纹理线有分支，牙密度大，手掂重，硬度大。

（3）抹香鲸牙，牙横截面分为两部分，呈牙质厚外层和规则年轮状的同心环状内层构造，横截面内外颜色不一致，内层呈淡黄或褐黄色，外层呈纯白色，纵截面也分为两部分，呈弯曲平行的牙齿状外层和两组相等相交成 V 字形的平行线构造，有时会出现瘤状构造，牙密度大，手掂重，硬度大。

（4）海象牙，牙结构明显分为内外两部分，内部有独特的大理岩状或瘤状外观，结构粗糙；外部纹理呈波状起伏，波幅低，分支明显。牙密度大，手掂重，硬度大。

（5）疣猪牙，牙横截面呈中空的三角形，波纹线平缓，波长短，牙密度大，手掂重，硬度大。

（6）猛犸牙，牙化石，常有指向外表面的裂纹，密度微大。

（7）化石象牙，牙大部分石化，硬度、密度比较大。

5. 主要仿制品（象牙赝品）的鉴别

象牙的仿制品（赝品）主要包括骨制品、植物象牙和塑料，其鉴别特征如下。

（1）骨制品，一般具有空心管状构造，横截面细管呈圆形或椭圆形；纵切面呈线条状的哈氏结构。污垢可以渗入管中。制品颜色发黄，干涩，特粗糙，不致密。

（2）杜姆棕榈坚果，是生长在南美洲森林中一种矮棕榈树的种子，鸡蛋大小，呈蛋白色或白色，表面粗糙。横切面呈蜂巢状结构；纵切面呈平行粗直线，线条中还具有鱼雷状细胞结构。在硫酸中浸泡，坚果呈玫瑰色调。坚果密度小，手掂轻，韧性极好。

（3）埃及棕榈坚果，产于埃及和中非，质地松软，横切面呈密集分布的繁星状结构；纵切面呈断续分布的波纹线或蠕虫状。坚果密度小，手掂轻，韧性极好。

（4）塑料品，最常见的仿制材料为赛璐珞，横切面无勒兹纹理线结构；纵切面条纹规则。表面光滑，制品呈灰白色，有模具痕迹，不变黄，韧性好，硬度低。

6. 质量评价

象牙质量评价包括颜色、质地、水头、重量、造型、工艺水平等内容，要求如下。

（1）颜色，象牙的颜色以白色、奶白色、瓷白色为主，彩色象牙非常少见，绿色与玫瑰色者为珍品。象牙白色的色泽越纯白越珍贵，价值也越高。颜色白中带黄或黄白色者一般价值较低。

（2）质地，象牙纹理线细，质地细腻，结构致密者为佳品。亚洲象牙纹理线粗，结构粗糙，质地疏松，因而价值低；而非洲象牙纹理线细，质地细腻，结构致密，品质好，价值高。

（3）水头，象牙水头指的是透明度，大多数象牙呈半透明—微透明状，水头越足越好，即透明度越强越好。象牙优质品柔和、美丽，具有暖色外观，呈油脂和蜡状光泽。受过热辐射或暴晒者则干涩、无光泽。

（4）重量，一般象牙块度越完整，价值越高，重量越大越好。

（5）造型，象牙饰品造型要求款式新颖、精美，构思独特，别具风格。

（6）工艺水平，象牙工艺要求细腻精湛，要做到雕琢精湛、精雕细刻。而造型精美、技艺高超之象牙作品的价值极其昂贵。

7. 原料特点

为了保护地球环境和生态平衡，目前国际上严格禁止猎杀大象和获取象牙原料，严禁象牙贸易和使用象牙作为工艺品原料。我国法律也禁止象牙贸易和禁止猎杀大象。

8. 文化

象牙雕历来是人们公认的高档奢侈品，早在远古时代，人类就利用牙角制成各种简单的饰品来粉妆自己，美化生活。此后，随着人类对生活认知程度的逐步提高，以及对生活质量的不断追求，牙雕的形制和用途也发生了根本变化。所雕牙角，不仅精致细巧，题材广泛，其工艺也达到了相当高的水准。

唐代，牙雕越发精致完美，呈现出自己独特的艺术风格和新的雕琢技法。至今我国仍保存着唐代历史文化的风格及工艺，深受人们的喜爱。

明朝李时珍的《本草纲目》已经证实了象牙的药用效果，如象牙磨制成粉能定惊、安神，还能祛湿解毒。另外，象牙粉还可以用来美容。象牙曾多次在佛经中出现，并且在佛教中也有着崇高而神圣的地位，因此象牙一直都有辟邪纳福、安神镇宅等象征意义。反映到牙雕艺术中，以佛教为题材的牙雕艺术品，自然也成为神圣的辟邪吉祥物，很受欢迎。

二、珍珠（Pearl）

珍珠是人类最先认识与使用的珠宝，也是珠宝玉石中的重要品种，有“珠宝皇后”之美称。我国是世界上最早发现和使用珍珠的国家。早在公元一千多年前就记载有珍珠，以致成语“隋侯之珠”已构成了珍珠的代名词。直到今天，珍珠也一直是人们喜爱的有机宝石种类。

1. 基本性质

（1）珍珠概念，珍珠是由贝体内分泌的以碳酸钙为主而形成的物质，其外包以光滑珍珠层，即被称为珍珠光泽的硬性物质。无珍珠光泽的以碳酸钙为主的硬性物质被称为“骨珠”。

（2）化学成分，珍珠的化学组成中，$CaCO_3$（82%~90%），界壳有机质（10%~16%），水分（2%~4%）及少量的氧化钙、磷酸钙、氧化硅等。角质蛋白（界壳有机质）中含有近 20 种氨基酸。珍珠中还含有多种微量元素，主要有镁、铝、铜、铁、钠、锌、硅、钛、锶等，这些微量元素对珍珠的颜色起着重要作用，如珍珠的金色、黄色、奶油色是由铜和银导致的；肉色和粉红色是由钠和锌导致的等。所含角质蛋白对化学试剂抵抗能力较强，在低温下无机酸难分解，酶类也很难将其消化掉。

（3）结构，珍珠是由珠核围成的具有放射状的同心圆结构。珍珠结构一般分为四层：内层，一般称珠核，是外来物，其物质种类、大小、形状各不相同；中间层，一般称角质层，由一种角质型硬质蛋白构成，形状不固定，具有抗酸碱作用，保护珠核不受破坏；次外层，又称棱柱层，这一层比较厚，一般主要由细晶方解石和少量文石组成，颗粒比较粗糙，呈角柱状，达到一定厚度后只增加生长面积；最外层，又称珍珠层。主要由文石和少量的方解石组成，结晶颗粒比较细腻，表面光滑并具有珍珠光泽，这一层的厚度和质量决定了珍珠的质量，层越厚，珍珠的质量越佳。

结构层之间被贝类无数次分泌出的有机质紧紧黏结在一起，形成以珠核为中心的整个珍珠结构特征。

（4）硬度，珍珠硬度主要取决于方解石和文石的硬度和结合层之间的致密程度，一般 HM=2.5~4。

（5）相对密度，珍珠的密度主要取决于珠核的组成、大小和珍珠层的厚度及致密程度，也与形成的产地与环境有关。一般情况下相对密度在 2.6~2.9 之间。天然珍珠的密度相对较小，养殖珍珠的密度相对要大。

（6）折射率，珍珠的折射率一般在 1.530~1.680 之间，与文石的折射率 1.530~1.690 几乎完全相同。这是因为构成珍珠外层的物质成分主要是文石，所以珍珠的折射率也就近似为文石的值，点测法测到的值为 1.60。

（7）光泽，由于珍珠的结构具有以珠核中心为坐标，呈放射状。当光线进入珍珠结构层时产生了良好的干涉漫反射效应，形成了珍珠特有的光泽，即珍珠光泽。按珍珠层的薄厚又将光泽分为强珍珠光泽，珍珠层厚；中等珍珠光泽，珠层中等；弱珍珠光泽，珍珠层薄。

（8）透明度，珍珠大多数情况下呈半透明—不透明状，并且随珍珠层的薄厚发生变化，一般珍珠层越厚，珍珠呈半透明状；珍珠层越薄，珍珠呈不透明状。

（9）弹跳性，一粒正圆形的珍珠从 1 m 高度自由落下于玻璃板上，可向上弹跳约 40 cm 高度。珍珠质量越好，弹跳高度越大。

（10）发光性，在紫外光下，黑色珍珠在长波下呈现弱中等的红色、橙红色荧光；

其他珍珠呈现无—强的浅色、黄色、绿色、粉红色荧光。在X射线光下，唯澳大利亚产的银白珠有弱荧光，其余天然海水珍珠无荧光。养殖珍珠呈弱—强的黄色荧光。

（11）磁性，将正圆形珍珠垂直放入磁场中，珍珠会发生旋转。无核珍珠无此现象。

（12）加热性，珍珠加热燃烧会变成褐色，表面触摸有砂糖感。

（13）X射线衍射照片，在X射线衍射下，天然珍珠呈现六次对称衍射图像；有核养殖珍珠呈现四次对称衍射图像，在特殊方向上也可呈现六次对称衍射图像。在X射线衍射照片上天然珍珠从中心至外壳均显同心层结构；无核养殖珍珠显示空心结构及外部同心层结构；有核养殖珍珠则显示中心明亮的核与核外的暗色同心层结构。

（14）显微特征，显微镜下可见覆盖珍珠的结晶物或含有珍珠层的小型板状物，呈各种形态的花纹，有平行线状、平行圈层状、不规则条纹、旋涡状，像地图上的等高线。在电子显微镜下可见清晰台阶状的碳酸钙结晶层，每层都由六方板状的结晶体和胶状物质平行连接而成，其间有许多小空隙。

（15）溶解性，珍珠遇酸会分解起泡。

（16）颜色，珍珠的颜色由三部分构成，它包括：体色，珍珠本身颜色，为珍珠对白光选择性吸收所产生的颜色，它取决于珍珠本身所含各种微量元素种类、含量和具有的其他结构因素；拌色，漂浮在珍珠表面的一种或几种颜色，为珍珠表面珠层对光的反射、干涉等综合作用所形成的特有色彩；晕彩，珍珠表皮或皮下形成的可漂移的彩虹色；珍珠颜色是这三种色综合作用的结果。

根据珍珠体色，将其分为以下几种。

浅色组，珍珠体色呈粉红色、白色、奶油色，且多具有玫瑰色或蓝色、绿色的拌色。

黑色组，珍珠体色多呈紫色、绿色、蓝绿色、黑蓝色、黑色、灰色，具有金属色拌色，如青铜珍珠。

有色组，珍珠体色呈浅—中等的黄色、绿色、蓝色、紫罗兰色，同一体色珍珠表面颜色分布不均匀的珍珠，又称为双色珍珠。（图6–2）

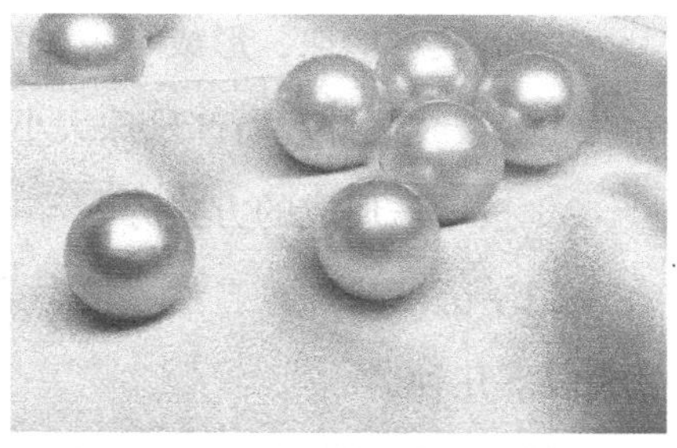

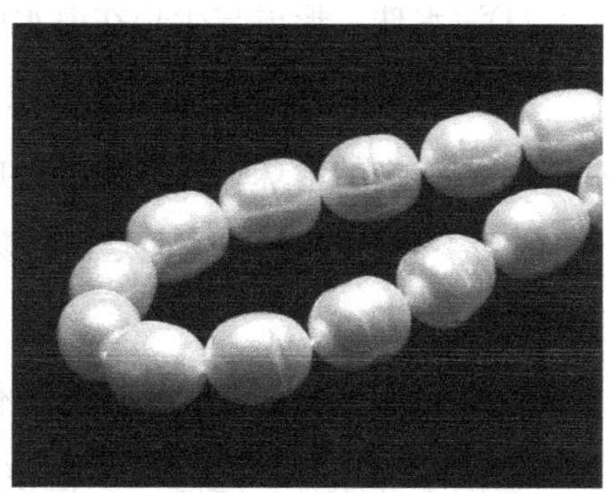

图6–2 珍珠

2. 珍珠的分类

自然界中形成珍珠的贝类可达70余种，但产珠多、产珠优质的贝类有六种，它们分别是马氏珠母贝、白蝶珠母贝、黑蝶珠母贝、企鹅珠母贝、三角帆蚌、皱纹冠蚌。人们对珍珠按不同的目的、依据，采用不同的分类体系。一般常采用的分类体系如下。

1）按形成珍珠的水域分

（1）海水珍珠，形成与生长在海洋中由贝类育成的珍珠，又因贝类不同可细分为以下三种。

①海水珠，主要产自日本、中国、越南、缅甸。在我国又称为“合浦珠”。一般所产珍珠个头小，珍珠直径大都小于10 mm，主要产自马氏珠母贝。

②南洋珠，主要产自白蝶珠母贝的珍珠，形成与生长在水温高的海域。一般所产珍珠个头大，珍珠直径大都大于10 mm，主要产在巴林岛、澳大利亚、印度尼西亚、菲律宾、马来西亚、中国海南岛等地。

③黑珍珠，主要产自黑蝶珠母贝的珍珠，形成与生长在水温特高的海域，一般所产珍珠个头大，珍珠直径大都大于7 mm，主要产在玻里尼西亚群岛塔希提（大溪地）、塞舌尔群岛等地。

（2）淡水珍珠，形成与生长在江河湖泊中由蚌类育成的珍珠，最常见的蚌类是三角帆蚌、皱纹冠蚌。所产珍珠大小差异较大，直径在1~20 mm之间。

2）按珍珠形成的方式分

（1）天然珍珠，自然界贝类或蚌类自己形成、生长的珍珠。根据形成环境又可细分为以下几种。

①海水珠，形成与生长在海水中，由贝类发育的珍珠。

②淡水珠，形成与生长在淡水中，由蚌类发育的珍珠，又可分为：湖珠，形成与生长在湖泊中的珍珠；江河珠，形成与生长在江、河中的珍珠。

（2）养殖珍珠，通过人工植核作用而生长成的珍珠，按生长环境又可细分为以下几种。

①海水养殖珠，通过人工植核作用在海水中生长成的珍珠。

②淡水养殖珠，通过人工植核作用在淡水中生长成的珍珠。又可细分为：湖珠，通过人工植核作用在湖泊中生长成的珍珠；江河珠，通过人工植核作用在江河中生长

成的珍珠；池塘珠，通过人工植核作用在池塘中生长成的珍珠。

（3）仿制珠（珍珠赝品），通过人工作用仿造出来的、与珍珠相似的替代品，即赝品。它包括以下几种。

①塑料珠，通过在塑料核周围涂上一层珍珠粉或贝壳粉的制品。

②玻璃珠，通过在玻璃核周围涂上一层珍珠粉或贝壳粉的制品。

③涂料珠，通过在人造核周围涂上一层珍珠精液的制品，又称马约里卡（Majorica）珠。

3）按珍珠形成的区域地理位置分

（1）东方珠，产在波斯湾地区的珍珠。

（2）南洋珠，产在菲律宾、新加坡地区的珍珠。

（3）东珠，产在日本地区的珍珠。

（4）南珠，产在我国广西合浦地区的珍珠。

（5）太湖珠，产在我国太湖地区的珍珠。

（6）北珠，产在我国黑龙江地区的珍珠，又称“老光珠”。

4）按珍珠在贝类体内的赋存状态分

（1）游离珠，生长在贝类体内不与贝壳相粘连的珍珠。这类珍珠不管形状如何，四周均被珍珠层包裹，呈完整珠。

（2）附贝珠，与贝壳紧密相粘连的珍珠，又称为“象形珠”或“半边珠”。

（3）聚合珠，由两个或两个以上的珍珠被有机质层、棱柱层和珍层混合连聚在一起或包裹在一起形成的珍珠团。

5）按珍珠的颜色分

（1）浅色珠，颜色呈白色、奶白色、粉红色的珍珠。

（2）黑色珠，颜色呈紫色、黑蓝色、黑色、古铜色的珍珠。

（3）有色珠，颜色呈黄色、绿色、蓝色及双色的珍珠。

3. 肉眼鉴别特征

（1）天然珍珠，珍珠质地细腻，结构均一，珠层均厚，有凝重透明感，光泽强烈，手摸有凉爽感，牙咬珠表面感到凹凸不平，有砂糖感，无牙痕。表面有天然肌理纹（看似地图上的等高线）。呈珍珠光泽，颜色不均一，珠形圆度不太一致，哈气呈气雾状，密度小，手掂有轻飘感。

（2）养殖珍珠，珍珠一般形状大，个头圆，珠层薄，光泽弱。重液中下沉。珠层表面有凹坑，不紧密，质地松散，强光照射可见珠核。

（3）海水珍珠，珍珠一般为圆形，颜色呈白色、黄色的多。珠层较透明，发光层次深，光泽强烈，质量好。

（4）淡水珍珠，珍珠一般为非圆形，颜色呈粉红色者多，珠层较薄，发光层次浅，光泽不强烈，质量差。

4. 处理珍珠鉴别特征

染色黑珍珠，表面刮下的粉末为黑色，颜色均一，光泽差。珠颜色呈纯黑色，珠光和晕彩差而呆板，碎布擦有黑色污迹，粒度大，细微的褶皱上具有不自然斑点，黑色沿裂隙分布。

5. 主要赝品鉴别特征

（1）塑料珠，珠色泽单调呆板，个头大小均一，手感轻，有温感，珠层容易脱落，表面为均一分布的粒状结构。

（2）玻璃珠，手摸有温感，珍珠层容易脱落，珠核呈玻璃光泽，可见旋涡纹和气泡。

（3）马约里卡珠，珠表面光泽强烈，光滑面具有明显强烈的彩虹色，手摸有温感和滑感，珠层容易脱落，无等高线生长纹，牙咬有滑感。

（4）贝壳仿珠，无等高线生长纹。

6. 质量评价与市场

珍珠的质量评价应在晴天上午利用朝北窗子所射进的自然光进行观察评价，评价标准包括以下几点。

（1）光泽，优质珍珠珠层厚，具有均匀强烈的珍珠光泽，有彩虹般的晕色。珠圆润，能显示出周围物体的影子。

（2）颜色，珍珠颜色以白色、粉红色者多。颜色以带粉玫瑰红色和白色带玫瑰色者最佳。但不同民族和地区对颜色有特殊爱好，选择的标准有所不同。一般黑珍珠价值大于粉红品，也大于无色品。在黑珍珠中，具有孔雀蓝晕彩者属上品。同时由于彩色珍珠如金色珠、紫色珠、红色珠、蓝色珠比较稀少，因而价值也比较昂贵。

（3）形状，珍珠的外观形状是各种各样的，按市场规律和人们喜好，价值以正圆珠最高，并依圆形珠—椭圆珠—异形珠—畸形珠价格逐渐降低。在市场上最好的是走盘珠（即正圆形的珍珠与圆盘的接触面小，磨擦力小，放入盘中，沿盘边缘滑动的距离很远，滑动时间较长，因而被称为走盘珠）。

（4）大小，对同一等级的单粒珍珠，一般直径越大者价值越高。对于串珠，如项链，则要求组成的珍珠之间大小、形状、光泽、光洁度、颜色等方面具有协调性，若协调性好，则价值高。

（5）坚实度，优质珍珠应该光滑、洁净，珍珠层厚，在珍珠的表面应该无瑕、无黑痣、无裂纹且坚实凝重。

（6）加工工艺，珍珠的加工与组合是一种美的创造，要求独特、新颖，特别对于异形珠要通过艺术加工来体现价值，当异形珠被构思、加工成独特艺术品时价值也相对很高。

7. 市场交易特点

珍珠的市场交易特征与其他宝石一样，即进行拍卖与一般市场买卖。

（1）拍卖品，一般质量特别优等的珍珠稀有品、孤品及其艺术品进行公开拍卖竞争，其价值往往会创造奇迹。

（2）一般品，大多数质量一般的珍珠通过各种各样市场进行贸易，价值随市场的变化而起落。这些珍珠为大多数消费者服务，是珍珠贸易的主体。

8. 保养

珍珠是有机宝石，它的物理性质决定了它不能与酸、碱、有机溶剂（特别是化妆品）、汗水接触，这些物质会破坏珍珠的结构，改变其性质和颜色，也就降低了珍珠的质量。珍珠为有机宝石，同时也含有一定量的水，所以特别怕高温，遇高温环境会失水造成干裂，甚至会变成粉末，应适宜保持在有水的环境下。珍珠为有机物品，其硬度相对比较小，当与硬度大于自己的物品接触时会被擦伤而遭到破坏，所以不要将珍珠首饰或艺术品与质硬饰品放在一起，防止擦伤。珍珠为有机品，随时间推移有机品会出现老化现象，表现在珍珠颜色会发黄，人老珠黄就是这一规律的形象描述。

9. 珍珠的用途

珍珠的用途多种多样，可呈现出和其他宝石不相同的用途。它的主要用途如下。

（1）首饰和艺术品，珍珠的用途首先作为首饰，用于装饰与打扮，是人类历史上利用最早的装饰品，直到今天依然是人们重要的首饰种类。同时珍珠可以制造多种工艺品。珍珠来自生物的肉体，是与生命相连的宝石，是融于社会最深、人文色彩最丰富的珠宝。

（2）药材，珍珠中含有有机质、多种人类需要的微量元素和20余种氨基酸，因而具有医疗、养生、美容等作用。

10. 产地特征

（1）世界上最大的天然珍珠销售中心在巴黎，市场上90%以上的天然珍珠来自波斯湾地区，并以巴林岛产珠质量最佳。

南洋珠，主要产于印度、缅甸、菲律宾等；阿拉伯海岸、伊朗、阿曼、沙特、马纳尔湾、印度、斯里兰卡均生产珍珠。委内瑞拉生产各色珍珠；塔希提岛、夏威夷、大溪地是黑珍珠产地；美国因纳西生产白色珠及其他珠；澳大利亚生产银白珠；日本沿海和琵琶湖为养殖珍珠产地。

（2）我国珍珠产出特征，我国为世界上最大养殖珍珠生产国，也是发现和使用珍珠最早的国家。我国的海水养殖珍珠产地主要集中在广西合浦、南海、海南岛、湛江等地。淡水养殖珍珠主要集中在浙江的太湖地区。

（3）珍珠产量特点，目前淡水珍珠世界年产量约1 000 t，我国占99%，其他国家占1%。海水珍珠世界年产量约40 t，我国占45%，日本占45%，其他国家占10%。南洋珠世界年产量约6 t，主要产自澳大利亚、印度尼西亚、菲律宾。黑珍珠世界年产量20~30 t，主要产地是波利尼西亚。

11. 文化

自古以来，钻石、红宝石、蓝宝石、祖母绿、金绿宝石与珍珠，一直被誉为珠宝界中的“五皇一后”，它们深受人们的偏爱。

据地质学家考证，距今2亿年前的三叠纪时代已有大量贝类开始繁衍。自从珍珠被发现的那一刻起，人类就对它的天生丽质爱不释手，不但将其视为天赐之物，奉若神明，而且将其视作财富与华贵的象征。古代的许多统治者为满足自己的私欲，纷纷发起掠夺珍珠的战争。

第一批职业采珠人出现在4 000多年前的古波斯。潜水员手动从海底和河底采出牡蛎，并单独检查它们是否有珍珠。为了安全地回到水面，珍珠潜水员会将绳索系在腰带上，但能否活着回到采珠船上，全靠潜水员天生的水性及憋气能力。

在欧洲，1530年之后，许多国家开始为珍珠立法，规定人们必须按照社会地位以及身份等级佩戴珍珠。16世纪到17世纪被称为“欧洲的珍珠时代”，珍珠和其他宝石一样，成为贵族男女炫耀财富与地位的标识。这一时期，涌现出许多与珍珠有关的传奇人物，如有“童贞女王”之誉的英格兰和爱尔兰女王伊丽莎白一世，将珍珠看作是忠贞与纯洁的象征，经常在发髻中编入珍珠和佩戴及膝盖的长珍珠项链等。在那个时期，珍珠作为奢华首饰和华丽礼服上的装饰，数量大大超过了其他珠宝。同时，众多精美的珍珠饰品在那个时代以及更晚的18—19世纪陆续被创造出来，最令人瞩目的是不同形式的王冠。

19世纪末期，珍珠正是当时的时尚潮流，深受人们的追捧。而日本作为世界上最大的珍珠出口国，由于过度捕捞母贝采集珍珠，导致母贝数量急剧减少，珍珠产量大幅下滑。于是日本品牌MIKIMOTO的创始人御木本幸吉脑海中出现了一个大胆的想法——养殖珍珠，而他也的的确确将这一想法实现了，他在1893年培育出了第一颗人工养殖的海水珍珠，“Akoya”这个词随后成了高品质珍珠的代名词。此后玛丽莲·梦露、摩纳哥王妃格蕾丝、英女王伊丽莎白二世等等明星，皇室贵族皆是Akoya珍珠的追捧者。

第三节　中档有机宝石

中档有机宝石指一类在价值档次上处于中等的有机宝石品种，在自然界产出量较大，优质品产出较多，产地丰富。它包括的有机宝石种类主要有琥珀、珊瑚，这些有机宝石具有不同特征，其价值也各不相同。

一、琥珀（Amber）

琥珀是一种千百万年前的针叶类树的树脂形成的化石，它是一种几乎全由有机物组成的物质，为琥珀酸和琥珀树脂组成的混合物。

它也是一种深受市场欢迎的有机宝石种类，深得珠宝界人士的青睐。

1. 基本性质

（1）宝石名称，琥珀为一种树脂化石，在珠宝界被称为琥珀。

（2）化学成分，琥珀是由碳、氢、氧组成的一种有机化合物，其化学式为$C_{10}H_{16}O$，可含少量H_2S。主要元素含量：C（75%~85%）；H（9%~12%）；O（2.5%~7%）。

其他元素含量：S（0.25%~0.35%）；N（0.04%~0.52%）；Fe_2O_3（0.58%~0.97%）。微量元素有 Cr、Mg、Ca、Si、Mn、Cu 等。

（3）化学有机物组成，琥珀中琥珀脂酸占 69.47%~87.3%；琥珀松香酸占 10.4%~14.93%；琥珀脂醇占 1.2%~8.3%；琥珀酸盐占 4.0%~4.6%；琥珀油占 1.6%~5.76%，它是一种有机物的混合体。

（4）结构构造，琥珀为非晶体，具有结核状、瘤状、小滴状等形态，表面可具有放射状纹理。产在砾石中一般呈圆形，可有一层不透明的薄膜，常呈块状构造。

（5）硬度，琥珀硬度一般不大，HM=2~3，用小刀可以刻划，具有贝壳状断口，性脆。

（6）相对密度，琥珀的密度特别小，是最轻的宝石种类。其相对密度在 1~1.10 之间，平均值为 1.08 左右。

（7）折射率，琥珀折射率在 1.539~1.545 范围内，平均值为 1.54。

（8）光泽，琥珀原料呈典型的树脂光泽，具有滑腻感，抛光后呈树脂光泽—玻璃光泽。

（9）透明度，琥珀呈透明至半透明状。

（10）发光性，琥珀在长波下呈浅白蓝色、浅黄色、浅绿色荧光。

（11）电特性，琥珀为电的良绝缘体，摩擦后产生静电效应，可以吸附细小纸片、碎屑。

（12）导热性，琥珀导热性极差，手摸有温感，加热易软易燃，在 150℃软化、分解，250℃熔融产生白色蒸气并具有松香味。

（13）溶解性，琥珀易溶于硫酸和热硝酸中，部分溶于有机溶剂中。

（14）内含物，琥珀的内含物，即包裹在琥珀内部的各种杂质，常见有以下几种。

动物包裹体，主要有甲虫、苍蝇、蜘蛛、蜻蜓、马蜂、蚂蚁等动物，但完整动物躯体少见，多为残肢断腿躯体。

植物包裹体，主要有伞形松、种子、果实、树叶、草茎、树皮等植物碎片气液包体，主要为圆形、椭圆形气泡或气液两相包体。

旋涡纹，分布在动物或植物包裹体周围的动态纹。

裂纹，琥珀中常有形态各样的被黑色碳质或褐色铁质充填的裂纹。

杂质，在琥珀中也可见到有被褐色或褐黑色的泥土、砾石、碎屑等充填的裂隙、空洞等。

（15）颜色，琥珀的颜色比较丰富，主要为黄色、橙黄色、棕黄、金黄色、橙红色、血红色、暗红色、棕色及浅红色、浅绿色、黑色、蓝色等。（图 6–3）

图 6–3　琥珀

2. 琥珀的品种

琥珀按不同划分依据可分成不同的品种。

（1）按颜色可划分为血珀（红珀）、金珀、黄珀、蓝珀、绿珀。

（2）按性质可划分为香珀、灵珀、花珀、蜡珀、水珀、蜜珀、骨珀、蜜蜡、石珀等。

（3）按包裹体可划分为虫珀、树珀等。

（4）按形成环境可划分为砂珀、砾珀、煤珀、坑珀、海珀等。

3. 肉眼鉴别特征

（1）天然品，琥珀呈透明状，具树脂光泽，质轻，硬度低，颜色均匀，常有黄色调，内部可见流动的旋涡纹和圆形气泡，常有不完全的动、植物包体，性脆，加热有松香味，摩擦带电。

（2）处理品，琥珀处理方式不相同，得到的产品特征也不相同，其鉴别标志也不相同。

①热处理品，将云雾状的琥珀放入植物油中加热。鉴别特征如下：琥珀透明度更高，具有“睡莲叶”或“太阳光芒”裂纹是琥珀受热后小气泡膨胀爆裂所致。琥珀颜色变深，裂纹少，内部清洁干净。

②再造琥珀，将琥珀碎屑在适当的温度、压力下烧结形成较大块的琥珀，又称压制琥珀、熔化琥珀、模压琥珀。鉴别特征如下：早期品常含定向排列的扁平拉长状气

泡及流动构造，有清澈与雾相间的条带，可见颜色比较深的表面氧化层；现代品透明度极高，具有糖浆状的搅动构造，含有未熔物，具有粒状结构，抛光面可见相邻碎屑因硬度不同而表现出的凹凸不平界限，密度更低，荧光性更强。

③染色品，染色琥珀在空气中长时间暴露后变红，且颜色只集中在裂隙中。

④涂层品，琥珀上常有磨损或脱落。

⑤燃烧品，燃烧弧形琥珀宝石底面，使其呈绿色。

（3）琥珀主要赝品鉴别。

①硬树脂，又称柯巴树脂（小于200万年的树脂），容易裂开，易受化学熔剂腐蚀，脆性更强，摩擦有松香味。

②松香，现代树脂，淡黄色，树脂光泽，质轻，硬度小，表面有许多油滴状气泡，导热性差，燃烧具有芳香味。

③喀乌里树胶，化工材料，通体透明，呈黄色或橙色。

④塑料类，制品密度稍大，手掂重，塑料韧性强，可切片，有裂纹，可嗅到刺鼻的辛辣味。

⑤玻璃制品，手摸微有凉感，密度大，手掂重，硬度大，呈贝壳状断口，内部有圆形气泡和回旋纹。

⑥玉髓，手摸有凉感，密度大，手掂重，硬度大。

4. 质量评价与市场

琥珀质量评价依据包括块度、颜色、透明度、包体、杂质等方面，评价要求如下。

（1）块度，琥珀作为宝石要求具有一定块度，且块度愈大愈好，则价值越高。

（2）颜色，琥珀颜色以色正浓艳者为佳品。颜色种类依血红色（血珀）、金黄色（金珀）、祖母绿色（绿珀）、蓝紫色（蓝珀）的顺序价值依次降低，市场上最常见的是透明的鲜黄色者。

（3）透明度，琥珀越透明，质量越好。晶莹透明者则价值比较高。

（4）包体，琥珀常含动植物包裹体，以包裹体完整者为佳品。

（5）杂质，琥珀常含杂质、裂隙，裂纹越少，则价值越高。

（6）特异性，由于某些琥珀具有特殊的性质，如含昆虫的虫珀、具有香味的香珀、具有蜡状光泽的蜜蜡则价值比较昂贵。

总之，琥珀质量要求块度大、颜色正、瑕疵小、杂质少。

5. 产地特征

世界上琥珀的产地比较广泛，历史上欧洲波罗的海沿岸国家如波兰、德国、丹麦、俄罗斯、多米尼加等产出优质琥珀。现在世界上主要的产出国家有罗马尼亚、捷克、意大利西西里岛、挪威、英国、新西兰、缅甸、美国、加拿大、智利等。我国琥珀主要产自辽宁抚顺的第三纪煤田中，那里有大量的优质虫珀出产。此外，河南的西峡、南阳，云南保山、丽江、永平及哀牢山一带，福建璋浦一带也出产琥珀。

6. 文化

琥珀五颜六色，玲珑剔透，在现代宝石学中被归入有机宝石类。而在漫长的历史中，人们逐渐认识并喜爱琥珀，形成特有的琥珀文化。早在 3 000 多年前的三星堆出土文物中就有一枚心形琥珀坠饰，其一面阴刻蝉背纹，一面阴刻蝉腹纹，这枚文物的出土也同时说明琥珀的雕刻技术在我国至少有上千年的历史。

而关于琥珀最早的文字记载见于《山海经·南山经》：“招摇之山，临于西海之上，丽麂之水出焉，西流注于海，其中多育沛，佩之无瘕疾。”育沛是古人对琥珀的称呼，这里提到琥珀产于海中，并且佩戴它可无疾病，可见那时人们对琥珀就已有了一定的了解。而琥珀一词有正式文字的记载则见于汉代初期。

明代李世珍的医学巨著《本草纲目》中有云:“虎死则精魄入地化为石，此物状似之，故谓之虎魄，俗文从玉，以其类玉也。”古代有一种取类比象的观察方法，古人观察到老虎的皮毛金黄有黄白花纹，与琥珀近似，又认为其是树的精魄，故以虎和魄来描述。合起来就是“虎魄”。之后，据其音，改“虎魄”为“琥珀”。

二、珊瑚（Coral）

珊瑚是一种重要的海洋有机宝石，它分为两种类型，一种是钙质型珊瑚；另一种是角质型珊瑚。它们既可作为首饰，也可作为天然的具有观赏价值的工艺品。

1. 基本性质

（1）宝石名称，是取自珊瑚虫的名称。

（2）化学成分，珊瑚由于具有两个不同类型，其化学组成也不相同。钙质型珊瑚，主要由无机组分、有机组分和水等组成，其中 $CaCO_3$ 为 82%~87%；$MgCO_3$ 为 6%~7%；Fe_2O_3 为 0.04%~1.7%。有机质为 1.3%~2.5%；H_2O 为 0.55%。还含有少量的硫酸盐、氧化物及 Sr、Si、Al、Pb、Mn 等十几种微量元素。有机组分主要由角质蛋白、有机酸、谷氨酸等十几种氨基酸构成。角质型珊瑚，几乎全部由有机质组成，含有少量的 Cl、I、Br、Fe 等元素。

（3）结构，珊瑚横切面呈同心圆层结构及放射状构造，纵切面呈直线状的细腻脊状构造。黑珊瑚呈相似于年轮的同心环状构造；金黄色珊瑚呈同心环状构造加独特的小丘疹状外观。

（4）形态，珊瑚多呈树枝状、扇形状、蜂窝柱状。

（5）硬度，珊瑚的硬度随类型变化明显，钙质型珊瑚硬度较大，HM=3.5~4，遇酸剧烈起泡；角质型珊瑚硬度较小，HM=1.5~2，遇酸不起泡。

（6）相对密度，珊瑚的密度随类型不同而变化：钙质型珊瑚的相对密度值在 2.60~2.70 之间，平均值为 2.65；角质型珊瑚的相对密度值在 1.30~1.50 之间，平均值为 1.40。

（7）折射率，珊瑚的折射率随类型不同而不同：钙质型珊瑚的折射率在 1.486~1.658 之间，点测法值为 1.65；角质型珊瑚的折射率为 1.56。

（8）光泽，珊瑚常呈蜡状—油脂光泽，抛光面呈玻璃光泽。

（9）透明度，珊瑚多呈微透明—不透明状，断口平坦。

（10）发光性，在紫外线下钙质型珊瑚无荧光或呈弱白色荧光；角质型珊瑚无荧光。

（11）热效应，钙质型珊瑚受热或在火焰中会变黑；角质型珊瑚则会散发出蛋白质味。

（12）颜色，珊瑚常见的颜色有白色、红色、蓝色、紫色、金色、黑色等。（图 6–4）

图 6–4　珊瑚

2. 分类与品种

1）珊瑚按成分分类

珊瑚按成分可分为钙质型和角质型两种。

（1）钙质型珊瑚依颜色不同可细分成不同的品种，各品种特征如下。

①红珊瑚，又称贵珊瑚。依颜色差异可再细分为辣椒红、蜡烛红、孩儿面、牛血红等品种，颜色呈各种色调的红色，主要产于太平洋海域。红珊瑚主要组成矿物为方解石。

②白珊瑚，可再细分为白色、灰白色、乳白色、瓷白色等品种，呈各种色调的白色，常用作盆景工艺。其主要产于中国南海澎湖海域、菲律宾海域和日本九州西岸等，产出比较广泛，产量大。白珊瑚主要组成矿物为文石。

③梅花珊瑚，呈白、红相间的珊瑚品种。

④蓝珊瑚，可分为浅蓝色、蓝色品种，曾在非洲西海岸发现过，现已绝迹。

（2）角质型珊瑚依颜色不同可细分成不同品种，各品种特征如下。

①黑珊瑚，可分为灰黑色、黑色品种，几乎全部由有机质组成，价值极高。中国海南三亚、广西涠洲岛等海域有产出。

②金珊瑚，可分为金黄色、黄褐色品种，有时金黄色珊瑚表面有斑点。

2）珊瑚以生长特征进行分类

（1）活珊瑚，正在生长的珊瑚品种。

（2）死珊瑚，已经死亡的珊瑚品种。

（3）倒珊瑚，生长方式倒置的珊瑚品种。

3）珊瑚以形成年代及生长方式进行分类

（1）古代珊瑚，已经成为地质化石的珊瑚品种。

（2）现代珊瑚，正在生长的珊瑚品种。

（3）合成珊瑚，人工参与生产的珊瑚品种。

（4）再生珊瑚，重新生长的珊瑚品种。

3. 肉眼鉴别特征

（1）天然品鉴别，红珊瑚，颜色红润，差异较大，色泽深红油亮。珊瑚具有微透明的蜡状光泽，手摸有凉感，手掂重，可找到虫蛀的洞穴，遇酸起泡，声音清脆，具有平行条纹，同心圈层构造。

宝石学与宝石文化

（2）珊瑚主要赝品鉴别。

①染色骨制品，为牛骨、驼骨等大型动物骨头染色或涂层而成。骨制品横切面具有圆孔状结构；纵切面具有断续的平直纹理；颜色表里不一，会出现掉色、颜色变浅等特征；性韧，断口呈参差不齐的锯齿状，声音沉闷浑浊。

②染色大理岩，无珊瑚结构构造，颜色分布于颗粒边缘，擦洗会掉色，与酸反应溶液呈红色。

③贝珍珠，具有珍珠光泽，有一定的方向性，可见到火焰状图案，具有明显成层的粉红色和白色图案，密度大，手掂重。

（3）珊瑚处理品鉴别。

①漂白品，珊瑚颜色呆板，不自然，一般颜色比较浅，结构松散。

②染色品，珊瑚颜色单调，外深内浅，表里不一，会出现掉色。颜色分布于颗粒边缘或裂隙中，着色不均匀，容易失去光泽或光泽暗淡。

③充填品，珊瑚密度太小，手掂有轻飘感，热针接触可有液体流出。

（4）珊瑚仿制品鉴别。

①吉尔森珊瑚，制品由方解石粉加染料在高温高压下粘制而成。颜色常呈红色，颜色变化较大，分布均匀。无珊瑚结构构造，呈微粒结构，密度低，手掂有轻飘感。

②塑料，制品呈红色，手摸有温感，摩擦后带电，遇酸不起泡，热针接触具有辛辣味，铸模痕迹明显，常有气泡包裹体。

③玻璃，颜色均匀，具有玻璃光泽，可见圆形气泡，遇酸不起泡，密度大，手掂有重感，硬度大，常具有贝壳状断口。

4. 评价、分级与市场

（1）质量评价，珊瑚的质量评价依据为颜色、块度、质地、造型、加工工艺等。评价要求如下。

①颜色，珊瑚的颜色对价值的影响是依红色—蓝色—黑色—白色顺序，价值依次降低。红色包括鲜红色、红色、暗红色、玫瑰、粉红色，以鲜红色者价值最高。白色包括纯白色、瓷白色、灰白色，以纯白色者价值高。珊瑚优质品对颜色要求要鲜艳、纯正、美丽、色调均匀，比较少见的金黄色珊瑚、黑色珊瑚的价值比较高。

②块度，珊瑚块度以单体特大、完整、高大，具有盆景特征者构成佳品；大而完整者为珍贵品；残、断枝者只能制作小件饰品而价值比较低廉。总之越大越好，高大

完整者价值比较昂贵。

③致密度，佳品珊瑚要求质地致密、坚韧，呈明显的油脂光泽。有蛀洞或多孔者质量比较差，则价值比较低。

④工艺造型，佳品珊瑚要求树枝形态完整，单体造型美观、栩栩如生，造型工艺则要求技艺精细、工艺高超、巧夺天工。

（2）质量分级，红珊瑚的质量分级及要求如下。

①特级品，珊瑚颜色呈深红，鲜艳、均匀，质地致密，块度大而完整，高度大于1 m，做工精致、奇巧。

②一级品，珊瑚颜色呈红色，艳丽、均匀，质地比较致密，块度较完整，高度在0.6~1 m之间，做工较精细、巧妙。

③二级品，珊瑚颜色呈粉红色，不均匀，质地比较粗糙，有蛀洞，块度不完整，高度在0.15~0.6 m之间，做工较细，较微妙。

④三级品，珊瑚颜色呈浅红色、褐红色，不均匀，质地明显粗糙，有较多蛀洞，多为残、断枝者，高度小于0.15 m，做工一般。

⑤其他珊瑚一般不做质量分级要求。

5. 保养

珊瑚性脆，抗腐蚀性差，硬度低，易碎，应避免摩擦与碰撞；也怕汗水，应避免与酸和挥发性药物接触；要避免高温暴晒、香烟熏。

6. 产地特征

珊瑚产于热带、亚热带海区的岩岸与沙岸交汇处，产出的海域均相当广泛，产量十分大，世界上代表性产出海域有以下几种。

（1）太平洋海域，主要出产白珊瑚和红珊瑚。

白珊瑚主要产自中国南海和澎湖海域、菲律宾海、九州西岸等地，产出海水深100~200 m。

红珊瑚主要产自中国台湾、日本等，其中中国台湾所产红珊瑚占世界红珊瑚总量的60%以上，产出海水深100~1 000 m，而呈群体者产出。

（2）大西洋海域，主要为地中海沿岸国家，包括意大利、阿尔及利亚、突尼斯、西班牙、法国等，为世界红珊瑚的重要产地，世界上最优质的红珊瑚产自阿尔及利亚、突尼斯、西班牙等国家沿海地区，意大利的那不勒斯为世界红珊瑚最有名的加工区。

（3）夏威夷群岛海域，美国夏威夷西北中途岛附近也是红珊瑚的重要产地，同时也是粉色珊瑚的重要产地。

7. 用途

珊瑚为珊瑚虫的骨骼石化产物，其形态除呈树枝状外，还可呈笠状、扇状、蜂窝状等，珊瑚种类多达 2 500 种以上，珊瑚的用途可分为以下几种。

（1）宝石材料的珊瑚，作为宝石材料，主要是生长在深海环境下的红珊瑚，它生长在海深 100~1 000 m 之间，温度在 0~20℃的海底环境下，其生长速度慢，质量高，采摘困难。红珊瑚主要作首饰制品，款式有别针、胸花、项链、戒指等，也可用来雕刻人物、花鸟等工艺品。

（2）盆景材料的珊瑚，这种珊瑚生长海域相对浅，是造礁珊瑚。它主要生长在海深小于 100 m，温度在 25~30℃的海底环境下，其生长速度快，质量比较差，采摘容易，价值比较低，主要做盆景。

（3）珊瑚其他用途，珊瑚是佛教七宝之一，是我国藏族同胞的崇拜之物，也是一味重要的药材，可用于接骨。珊瑚也是研究地质时代和地质历史的重要证据材料之一。

8. 文化

古希腊人将珊瑚称为“Gorgeia”，源自希腊神话中的英雄珀尔修斯的故事。帕尔修斯砍下了 Gorgon（蛇发三女妖，也是 Gorgeia 的辞源）中美杜莎的头颅。美杜莎本是一位美丽的少女，自恃长得美丽，竟然不自量力地和智慧女神比起美来，而被雅典娜诅咒，雅典娜一怒之下将美杜莎的头发变成毒蛇，而且给她施以诅咒，任何直望美杜莎双眼的人都会变成石像。

古罗马人认为珊瑚有与邪恶对抗的力量，常常让小孩子佩戴珊瑚，以护佑他们平安。他们还把珊瑚作为药物使用，更神奇的是珊瑚被认为可以占灾祥：红珊瑚会适应佩戴者的健康状况而改变色调，随着佩戴者的日渐老去而慢慢失去原有的光泽。

伴随航运贸易的发展，15 世纪中叶那不勒斯的珊瑚加工工业全面复兴。16 世纪，繁荣的资本主义经济将那不勒斯的珊瑚带往全世界，销往远东和亚洲各国，珊瑚制品供不应求。

至今 Torre del Greco 为首的那不勒斯城市依旧在珊瑚工业中占有重要地位，这里仍然处理这世界将近一半的珊瑚原料，其中大部分成品销往了日本和中国。

第四节 低档有机宝石

低档有机宝石指一类价值档次较低的有机宝石品种，在自然界产出量特别大，品种质量不是很好，市场供应量特别大。它包括的有机宝石种类主要有贝壳、龟甲等，这些有机宝石具有不同特征，但总的价值比较低廉。

一、贝壳（Shell）

贝壳是贝类动物的外壳，是自然界常见的物体。目前首饰、贝雕工艺品、贝壳上的附壳珠、人工佛像、异形珠的发展对贝壳在珠宝方面提供了新的用途，使价值有了提高。

1. 基本性质

（1）宝石名称，贝壳是贝类动物的外壳，珠宝界称为贝壳。（图 6–5）

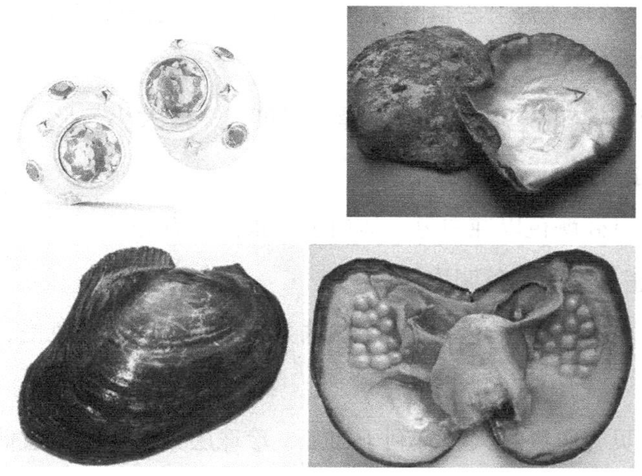

图 6–5 贝壳

（2）化学成分，贝壳由无机成分、有机成分和水等组成。无机成分中以 $CaCO_3$ 为主，还含有 $MgCO_3$、Fe_2O_3、Al_2O_3 及 Sr、Si、K、P、Mn 等十几种微量元素；有机质主要是有机酸、谷氨酸等十几种氨基酸。

（3）矿物组成，贝壳的矿物组成主要是文石，次要是方解石。

（4）结构与形态，贝壳分壳外层、中层和内层结构，常呈半圆形形态。

（5）硬度，贝壳的硬度较低，HM=3.5~4。

（6）相对密度，贝壳的密度变化明显，相对密度在 2.70~2.89 之间，平均值为 2.80。

（7）折射率，贝壳的折射率在 1.486~1.658 之间，点测法值为 1.65。

（8）光泽，贝壳表层呈土状光泽，中层呈瓷状光泽，内层呈珍珠光泽。

（9）透明度，贝壳少数呈微透明状，多数呈不透明状，断口平坦。

（10）发光性，在长波下，贝壳呈蓝白色荧光。

（11）热效应，贝壳不耐热。

（12）抗酸碱性，贝壳不抗酸，溶解时冒气泡；不耐碱，常溶于有机溶剂。

（13）颜色，贝壳外层颜色呈白色、棕色、黑色、黑褐色、褐色；中层颜色呈白色、灰白色、银白色等；内层颜色丰富多彩，主要呈蓝色、玫瑰色、绿色、粉红色、浅褐红色等。

2. 肉眼鉴别特征

贝壳颜色分层，内外层颜色差异较大。光泽也内外有别，外层光泽差或无光泽；内层光泽强烈，呈珍珠光泽。手摸有凉感，手掂微重，遇酸起泡。

3. 质量评价与市场

贝壳的质量评价依据包括颜色、光泽、厚度、个体大小与形状致密性、加工工艺等方面。评价要求如下。

（1）颜色，贝壳颜色以纯白色、洁白色、银白色者好，以纯白色者价值最高。颜色要求鲜艳、纯正、美丽、色调均匀。

（2）光泽，贝壳呈珍珠光泽，火焰状珠光越强越好，彩虹色艳、色浓、色全者为佳品。

（3）厚度，贝壳厚度越大越有利于加工，珍珠层太薄者则价值低。

（4）个体，贝壳单体大、完整者为佳品；大而完整者为珍贵品；残、断者只能制作小件饰品，因而价值比较低廉。总之，越大越好越完整者价值比较昂贵。

（5）致密度，佳品贝壳要求质地致密，内层光滑坚韧，光滑如镜能照出物像。残缺者质量比较差，则价值比较低。

（6）工艺性，佳品贝壳要求完整，单体造型美观，工艺要求技艺精细。

4. 产地特征

贝壳产于热带、亚热带的浅海区，产出海域相当广泛，产量十分大。世界上代表性产出海域有太平洋海域、大西洋海域。

二、龟甲（Tortoise-shell）

龟甲为海龟的壳，玳瑁海龟的壳可以做珠宝材料。它是一种人们喜爱的有机宝石，具有装饰、收藏和欣赏价值。

1. 基本性质

（1）宝石名称，龟甲是以海龟壳制作的一种有机宝石，在珠宝界也被称为玳瑁宝石。

（2）化学成分，龟甲是由碳、氢、氧组成的一种有机化合物，主要元素组成 C 占 55%~60%；H 占 6%~8%；O 占 20%~25%；N 占 16.0%~18.0%。其他元素含量 S 占 2.25%~3.5%；Fe_2O_3 占 0.58%~0.97% 及微量元素 Cr、Mg、Si、Mn、Cu 等，氨基酸有 17 种之多，占总含量的 90% 以上，少量吸附水。

（3）硬度，龟甲硬度一般不大，HM=2.5，用小刀可以刻划，具有不平坦状断口，色暗淡，性韧。

（4）相对密度，龟甲的密度比较小，其相对密度为 1.29，是最轻的宝石种类之一。

（5）折射率，龟甲的折射率为 1.55。

（6）光泽，龟甲为典型的树脂光泽，具有滑腻感，加工后呈强树脂光泽。

（7）透明度，龟甲呈微透明—半透明状。

（8）发光性，龟甲大部分无荧光性，但其中黄色部分在长波下呈蓝白色荧光。

（9）导热性，龟甲的导热性极差，遭受高温颜色变暗，燃烧时会发散出类似头发被烧焦的气味，在沸水中龟甲会变软。

（10）溶解性，龟甲易溶解于硝酸中，但与盐酸不反应。

（11）显微特征，放大镜下可见龟甲色斑呈微小的红色圆形素小点。

（12）颜色，龟甲的颜色比较复杂，底色在黄褐色基础上有褐色、黑色、绿色斑点。（图 6–6）

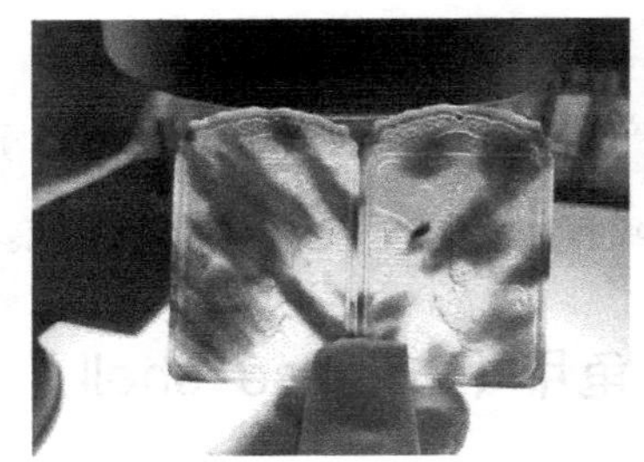

图 6–6　龟甲

2. 品种

龟甲按形成环境可划分为海龟甲、湖龟甲、河龟甲、陆龟甲；龟甲按生长方式可划分为天然龟龟甲、养殖龟龟甲。

3. 肉眼鉴别特征

（1）天然品鉴别，龟甲呈微透明状，具树脂光泽—蜡状光质轻，硬度低，颜色常有红色圆形并呈颗粒状分布的色斑，斑纹透，在热水中会变软。

（2）处理品鉴别，龟甲处理的方式不同，得到的产品效果也同，其鉴别标志也不同。

①压制玳瑁，将碎片或粉末状的龟甲加热、加压黏合在一起，龟甲颜色变深，纹斑不通透，没有天然图案。

②拼合玳瑁，二层石或三层石的拼合，侧面观察发现具有黏合痕迹，接缝处有气泡。

（3）龟甲主要赝品鉴别。

塑料，颜色呈条带状，色带间有明显的界限，具有铸模痕迹，有气泡，密度微大，手掂有些重，与硝酸反应，塑料韧性强，可切片，加热可嗅到刺鼻辛辣味。

4. 质量评价与市场分级

（1）质量评价，龟甲质量评价依据包括颜色斑纹、透明度、厚度、奇特、活板、龟龄、工艺等方面，评价要求如下。

①颜色斑纹，龟甲颜色斑纹以对比明显者为佳品，斑纹多为上品。

②透明度，龟甲越透越好，价值比较高。

③奇特，龟甲呈透明的白底黑斑或黄底褐斑都是珍品。少色斑者，质量差，价值低。

④活板，龟甲取的时间越短，则质量越佳，价值越高。

⑤龟龄，龟龄越长，则龟甲的品质越好，价值越高。

⑥工艺要求，龟甲经精细加工制作，黏结拼合严密，抛光效果好，则质量好，其

价值也越高。

（2）市场分级，市场按龟甲的特征将其分为五级，其要求如下。

①特级品，龟甲厚度大于 5 mm，具有透明—半透明状，白底黑斑，工艺精致漂亮。

②一级品，龟甲厚度 4~5 mm 之间，具有半透明状，黄底褐斑，色艳，底色丰富，加工较好。

③二级品，龟甲厚度 3~4 mm 之间，具有半透明状，黄底无斑，晶莹透亮，加工一般。

④三级品，龟甲厚度 2~3 mm 之间，具有半透明—不透明状黑底褐斑，斑纹少，不光亮，加工较差。

⑤四级品，龟甲厚度不均匀，具有不透明状，灰黑色，无斑，不光亮，加工差。

5. 产地特征

龟甲主要生活在热带和亚热带的海域中，水深 15~18 m 的潟湖内。世界上龟甲的产地比较广泛，主要产出在印度洋、太平洋、加勒比海等海域。

6. 文化

在经典文言文《孔雀东南飞》中，有这样一句有关于女主角外貌打扮的描写，“足下蹑丝履，头上玳瑁光”，其中提到的“玳瑁”，我们似乎对其有些陌生，如今已经没有多少人了解这种装饰品。但是在古代，玳瑁做成的装饰品深得历代贵族和商贾富客之宠爱，被视为传世之宝，它是一种极为昂贵的珍惜资源，是由一种海洋生物背后的甲壳制成。

从千年前的唐代开始，玳瑁就被人们捕捉利用，成了配饰珠串折扇乐器等工艺品的生产材料。玳瑁身后的壳色泽明亮，斑纹错乱格外有质感，非常契合皇室追求的高贵典雅风格。除此之外，人们也会将其制作成辟邪祈福带有玄幻色彩的工艺品。玳瑁其实并不单单是一种装饰品材料，还是可以入药的珍贵宝物。

玳瑁既能装饰，又能清热解毒治疗中风惊厥，也难怪人们将其视若珍宝，给它赋予丰厚的意象内涵了。

三、煤精（Jet）

煤精是褐煤的一个种类，是一种黑色有机岩石，它由树木深埋地下转变而来。人类使用煤精作为首饰历史悠久。考古发现，我国是世界上最早使用煤精作首饰的国家，直到今天，也是一类珠宝市场上常出现的工艺品，深受人们的喜爱。

1. 基本性质

（1）宝石名称，煤精是一种有机岩石，在珠宝界被称为煤玉、黑碳石、黑宝石、雕漆煤、黑琥珀等。（图 6–7）

图 6–7 煤精

（2）化学成分，煤精主要由碳、氧、氢组成的一种有机岩石。主要元素含量：C（76%~95%）；H（5%~7%）；O（10.5%~14%）。其他元素含量：S（0.4%~0.66%）；N（1.04%~1.52%）；Fe_2O_3（0.58%~0.97%）。微量元素有 Cr、Mg、Ca、Si、Mn、Cu 等。此外还含有少量的石英、长石、黏土、黄铁矿等杂质矿物。

（3）结构构造，煤精是半结晶体，可具有无定形形态，集合体呈致密块状构造。

（4）硬度，煤精硬度一般不大，HM=3~4，用小刀可以刻划。具有平坦或贝壳状断口，性脆，但不污手。

（5）密度，煤精的密度比较小，相对密度值在 1.30~1.34 之间，平均值为 1.32，属于比较轻的宝石种类。

（6）折射率，煤精折射率用点测法得到的值为 1.66。

（7）光泽，煤精呈典型的沥青光泽、树脂光泽，油黑闪光，抛光后呈玻璃光泽。

（8）透明度，煤精呈不透明状。

（9）电性，煤精为电的良绝缘体，用力摩擦可产生静电效应，可以吸附细小纸片、碎屑。

（10）导热性，煤精具有可燃性，可呈烟煤状火焰，加热到 100~200℃时，质地变软弯曲，热针接触发出煤燃烧时的气味。

（11）溶解性，酸可以使煤精表面发暗。

（12）内含物特征，煤精的内含物主要是植物包裹体，主要为伞形松、种子、果实、树叶、草茎、树皮等植物碎片。在煤精中也可见到有褐色或褐黑色的泥土、砾石、矿物等存在。

（13）颜色，煤精的颜色深暗，主要呈黑色、褐黑色，条痕呈褐色。

2. 肉眼鉴别特征

（1）天然品，煤精呈黑色不透明状，具树脂—沥青光泽，硬度低，性脆，加热有煤燃烧味，摩擦带电。

（2）主要赝品鉴别。

黑玉髓，玻璃光泽，密度大，手掂重，手摸具有凉感，贝壳状断口。

黑色石榴石，密度特大，手掂特重，硬度大，手摸具有凉感，贝壳状断口，玻璃光泽。

玻质黑曜岩，玻璃光泽，密度大，手掂重，手摸具有凉感，贝壳状断口。

辉石玻璃，密度特大，手掂特重，硬度大，手摸具有凉感，贝壳状断口，玻璃光泽。

黑玻璃制品，手摸具有凉感，密度大，手掂重，硬度大，贝壳状断口，内部有圆形气泡和回旋纹。

黑珊瑚，手摸具有温感，具有树枝状生长年轮。电木，密度小，手掂轻，不透明，热针接触具有辛辣味。

胶木，密度小，手掂轻，不透明，热针接触具有橡胶味。

塑料，密度小，手掂轻，不透明，热针接触具有辛辣味。

（3）相似煤鉴别。

褐煤，一般呈褐色、黑色，光泽暗淡，密度低，手掂轻。

烛煤，颜色呈灰褐色，质轻，暗淡，沥青光泽，致密、坚硬且韧性大，显层理，燃点低。

烟煤，黑色，呈油脂光泽、沥青光泽、玻璃光泽、金刚光泽，具有黏结性，燃烧有烟，易污手。

无烟煤，灰色—钢灰色，深黑色条痕，金属光泽，硬度大，质地致密，易污手。

3. 质量评价与市场

煤精质量评价依据包括颜色、光泽、质地、瑕疵、块体等方面，评价要求如下。

（1）颜色，煤精色黑、纯正者，为佳品。颜色种类按照黑色—褐黑色—褐色者的顺序，价值依次降低。市场上最常见为不透明的褐黑色者。

（2）光泽，煤精以明亮的树脂光泽或沥青光泽为佳品；光泽弱者，其价值也低。

（3）质地，煤精质地细腻者，为上品。

（4）杂质，煤精的杂斑、裂隙、裂纹越少越好，则价值也越高。

（5）块度，煤精作为宝石应具有一定块度，且块度愈大愈好，价值则越高。总之，煤精质量要求块度大、颜色黑正、瑕疵小、杂质少。

4. 产地特征

世界上煤精的产地比较广泛，如英国的约克郡费特比，法国的朗格多克，西班牙的阿拉贡、加利西亚、阿斯图里亚，美国的科罗拉多、犹他州，德国符腾堡，加拿大的斯科舍省皮克图等产出优质煤精。

我国煤精主要产自辽宁抚顺的第三纪煤田中，该产地有大量的优质煤精出产。其次是陕西的鄂尔多斯盆地，山西的浑源、大同，山东枣庄等地也出产属于烛煤的煤精。

5. 常见饰品

煤精饰品主要有戒指、手链、项链、佛珠、耳坠、胸坠等。工艺品有章料，烟嘴，人物、鸟、兽等摆件。

第五节　其他有机宝石材料

自然界目前还有一些其他种类的有机宝石材料，这些材料档次不太高，价格相对比较低廉，但比较受消费者的欢迎。这些材料主要有百鹤石、角料等。

一、百鹤石

百鹤石，又名百鹤玉，为一种含海百合茎化石的石灰岩。产于湖北省鹤峰县生物质灰岩中，主要由海百合茎化石的碎屑组成，靠石英粉砂和碳酸盐岩胶结在一起形成生物碎屑灰岩。（图 6–8）

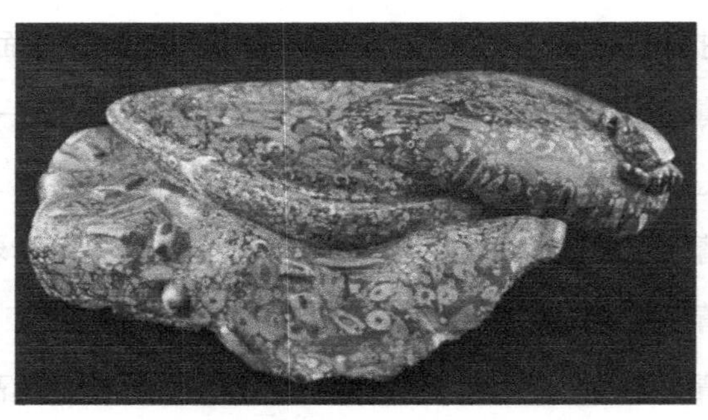

图 6–8　百鹤石

百鹤石颜色呈白色、灰色、褐色、红色等及其过渡色、混合色。一般海百合茎化石清晰可见，质地致密、细腻，抗拉、抗折强度大，加工后一般光泽好，花纹图案清晰漂亮。根据颜色可分为黑百鹤石、灰百鹤石、褐百鹤石、红百鹤石。

百鹤玉亦名百鹤石，又称“五花石”，产于湖北省鹤峰县，是湖北的驰名特产。这一闪光的名字由专家们给出：“百鹤”谐“百合”之音，即含大量古生物百合之遗骸；“鹤”字代表产地鹤峰；“玉”字证实了这一石材的品质。

经中外专家考察鉴定，百鹤玉大理石是世上罕见的富含生物的彩色石材，主要由海百合茎、珊瑚类、苔藓虫、层孔虫等古生物化石组成，形成于距今4.36亿年前的浅海环境中，再现了浅海相生物的自然生态之美。费孝通先生曾挥毫题赞百鹤玉为“稀世珍宝”。

百鹤玉属于珍稀生物型大理石，集科学美和艺术美于一体，经过工艺美术家的精心设计施工，使沉睡了亿万年的古生物化石焕发了新的艺术生命：其结构致密，质地坚实细腻，加工性能良好，被加工后高雅古朴，酷似青铜器，花纹清晰、新颖、别致，图案精致美观，色彩鲜艳（颜色有红色、白色、绿色、褐色，也有奶白等色彩交相辉映），形态各异（有圆形、椭圆形、圆锥形、长条形等）。

由百鹤玉大理石制成的工艺美术品主要有条石、方石、圆石、玉雕动物、玉镜、玉器等。适宜制作金钱豹、梅花鹿等动物摆件或是香炉、宝塔、花瓶等仿古玉器。

二、角料

角料主要指的是牛角料，是一种比较常见的有机材料饰品，也是目前市场上比较流行的一种篦梳材料。（图6–9）

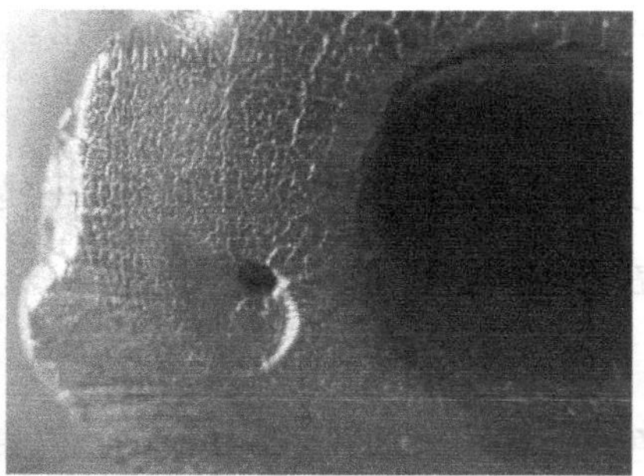
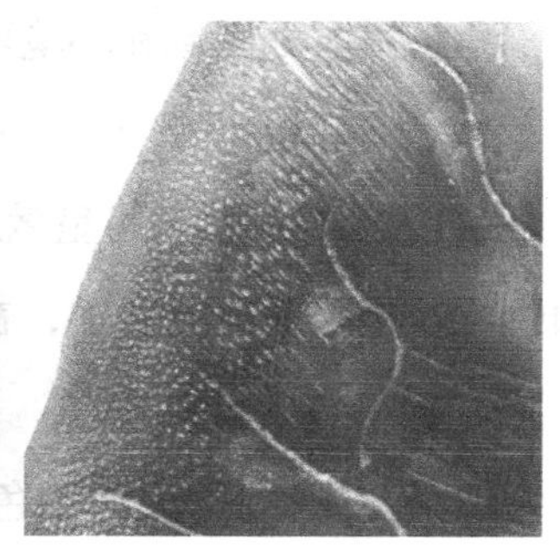

图6–9　角料

1. 基本性质

（1）宝石名称，角料为一种有机材料，在珠宝界称为角饰品。

（2）化学成分，角料是由碳、氢、氧组成的一种有机化合物。有机物组分主要是角质蛋白、氨基酸等，总含量大于98%。含少量吸附水。此外还含有多种微量元素。

（3）结构构造，角料的结构为纵截面呈近于平行的波纹条带；横截面呈分叉的波纹状管道纹理线，在正交镜下二者呈明暗不同的纹理线图案。

（4）硬度，角料硬度一般不大，HM=2.5，用小刀可以刻划，具有不平坦状断口，色暗淡，性韧。

（5）密度，角料的密度比较小，相对密度在1.29~1.31之间，是最轻的宝石种类之一。

（6）折射率，角料的折射率为1.54。

（7）光泽，角料为典型的树脂光泽、蜡状光泽，具有滑腻感，加工后多呈树脂光泽。

（8）透明度，角料呈不透明状。

（9）发光性，角料在长波下呈蓝白色荧光。

（10）导热性，角料的导热性极差，受高温颜色变暗，燃烧时会发出头发被烧焦的气味，在沸水中角料会变软，热塑性和挠性都良好，易加工和抛光。

（11）溶解性，角料易溶解于酸、碱中，加温可变形。

（12）显微特征，放大镜下可见角料呈明暗不同的纹理线图案。

（13）颜色，角料的颜色呈黑色、褐色、白色、浅黄色及花色。

2. 角料的品种

角料按所处区域和环境可分为水牛角、黄牛角、牦牛角。

3. 肉眼鉴别特征

（1）天然品，角料呈微透明—不透明状，具树脂光泽—蜡状光泽，质轻，硬度低，颜色比较丰富，斑纹通透，在热水中会变软。

（2）主要赝品鉴别。

塑料，颜色为条带状，色带间有明显的界限，具有铸、模痕迹，有气泡。密度微大，手掂有些重。可与硝酸反应。塑料韧性强，可切片，加热可呈刺鼻辛辣味。

4. 质量评价与市场分类

（1）质量评价，角料质量评价依据有颜色、光泽、透明度、质地、大小等方面，评价要求如下。

①颜色，角料颜色呈白色，花色、浅色者为佳品；浅棕色、淡黄色者为上品；黑色、深黑色者价值较低。但呈黑白相间的条带者价值较高。

②光泽，角料颜色呈灰色者，光泽不强者，价值较低。

③透明度，角料越透明越好，价值较高；否则价值低。

④质地，角料质地细腻、光滑、润泽者，为佳品。无霉变、腐烂、利用率高者价值高。

⑤大小，角料有空心、实心部分，实心部分越长质量越佳，价值也高。肉厚的角比薄的角价值高。

⑥角龄，角料生长越长，则角的品质越好，其价值也越高。

⑦工艺要求，角料经精工制作，抛光效果好，质量好，价值也高。

（2）市场分类，角料的工艺品分类如下。

①角雕工艺品有船、山水、人物、动物等。

②角雕实用品有烟嘴、笔筒、印章、花插、梳篦等。

③角雕装饰品有项链、手链、胸坠、耳坠、戒指、发夹等。

5. 产地特征

角料按其来源可分为以下几种。

水牛角，分布在我国南方地区，主要产地有广西、广东、云南等省区。

黄牛角，分布在我国北方地区，主要产地有内蒙古、青海、陕西、山西等省区。

牦牛角，分布在我国青藏高原地区，主要产地有青海、西藏等省区。

6. 文化

牙角并称，由来已久。在文物古玩界，牙，专指象牙；角，则特指犀角。

我国早在殷周时期就有用犀角制觥的记载。据《诗经》引《寒诗》说，“兕觥，以兕角为主，容五升”。“兕”汉语词典解释为“雌的犀牛”，“觥”字解释为“古代用角做的酒器”。从这一文献记载，我们不仅知道了兕觥最初是犀角做成的，还了解了它的容积大小。我国商代有青铜盛酒器兕觥，由此我们可以想象犀角所做兕觥的形状。犀角雕螭虎纹杯，杯口的造型曲线与青铜酒器颇为相似。

商周青铜酒器种类颇多，除觥外，还有觯、觚、觞，这些字都有“角”字旁，推测“觥”“觯”“觚”“觞”这些酒器最初的制作材料应与角有关系。还有一种青铜饮酒器名曰“角”，这又给我们一个信息：原始先民最早用于饮酒的器皿可能就取自动物的角。犀角较之羊角、牛角色泽更美丽，先民在使用羊角、牛角、鹿角的同时，应不会放弃犀角的使用，相反，可能利用得更多。

《韩诗外传》载：“太公使南宫适至义渠，得骇鸡犀以献纣。”《汉书》：“尉佗献文帝犀角十。”这表明早在商代、汉代犀角已是进贡皇帝的宝物了。当时的酒文化异常发达，用宝物制成时尚的酒具顺理成章。

现存的犀角艺术品都为传世品，藏于日本正仓院的唐代素身犀角杯是存世较早的器物，而明以前的犀角制品尚无出土记载，这可能是犀角的角质结构所至，埋于地下易于腐朽。

唐代，犀角的用量急剧增加，当时犀角除药用外，大部分用来制作唐代盛行的腰间饰物“带銙”。带銙的材料有金、银、玉、铜、铁、木，而最贵重的是犀。宋朝亦是把犀角看作与金银、珊瑚一样珍贵。明洪武二十一年成书的《格古要论》把犀角列入珍宝类，甚至被统治者用作等级制度的象征。《明史舆服志》载：“其带一品玉、二品花犀、三品金银花、四品素金……”只有二品的官员方能配带犀角刻花的官带，显示出犀角的高贵地位。

元、明以前的犀角制品，只饰以简单的纹饰或干脆光素。明以后，随着犀角、象牙进口的增多，各种雕刻技法汇于犀角之上，使犀角雕刻艺术得到高度发展。国内目前见到的多是明清两代的传世犀角作品，正如朱家溍先生在《中国美术全集》工艺美术篇，竹木牙角器概述中所言：“自宋以来的犀、象制品，还有待于今后的地下发掘。”因此，专家一致的看法是：至明代，犀角的雕刻工艺逐步进入了繁荣时期，清代中期则达到历史的鼎盛。

第六节　骨类工艺

骨类工艺品主要指用动物骨骼制成的艺术品，是目前市场上比较流行的一种饰品材料。

1. 基本性质

（1）宝石名称，骨类工艺品是以动物骨类为原料，即骨料制作一种有机饰品，在珠宝界被称为骨饰品。

（2）化学成分，骨料是由碳、氢、氧、磷组成的一种无机、有机混合物，含有少量吸附水。此外还含有多种微量元素。

（3）结构构造，骨料纵截面呈近于平行的暗色条带；横截面呈许多圆形或椭圆形断面，具有哈氏系统结构特征。

（4）硬度，骨料硬度一般不大，HM=2.0~2.5，用小刀可以刻划，具有不平坦状断口，色暗淡，性韧。

（5）密度，骨料的密度比较低，其相对密度在 1.5~2.5 之间。

（6）折射率，骨料的折射率在 1.55~1.56 之间。

（7）光泽，骨料呈典型的油脂光泽—蜡状光泽，具有干涩感。

（8）透明度，骨料的透明度差，呈不透明状。

（9）导热性，骨料的导热性极差，受高温颜色变暗，燃烧时会发出腐朽的气味。

（10）溶解性，骨料不易溶解于酸、碱中。

（11）显微特征，放大镜下可见骨料呈哈氏系统结构特征。

（12）颜色，骨料主要呈白色、浅黄色，但可染成各种颜色。

2. 品种

骨料按动物种类可分为象骨、牛骨、驼骨、马骨、驴骨、狗骨等。

3. 肉眼鉴别特征

（1）骨料，呈不透明状，具油脂光泽—蜡状光泽，颜色比较单调，具有哈氏系统结构特征。

（2）骨料主要赝品鉴别。

塑料，颜色呈条带状，色带间有明显的界线，具有铸模痕迹，有气泡，密度微大，手掂有些轻，与硝酸反应，塑料韧性强，可切片，加热可呈刺鼻辛辣味。

4. 骨料质量评价与市场分类

（1）质量评价，骨料质量评价依据有光泽、质地、大小等方面，其评价要求如下。

①光泽，骨料颜色呈浅黄色、光泽不强者，价值较低。

②质地，骨料质地细腻、光滑、润泽者，为佳品。无霉变、腐烂、利用率高者，

价值则高。

③大小，骨料有空、实心部分，实心部分越厚质量越佳，价值也高。骨壁厚的比薄的价值高。

④工艺要求，骨料经精工制作、内容搭配，色彩美丽、工细、纹饰漂亮、光亮者，其价值也高。

（2）市场分类，骨料的工艺品分类如下。

骨雕品摆件包括山水、人物、动物、花鸟、屏风等。

骨雕装饰品包括镂空的项链、手镯、胸花、耳坠、耳环、戒指、发夹、花插、梳篦等。

骨首饰品主要包括项链、手链、胸坠、耳坠、戒指、发夹等，多为牛骨制成。

5. 产地特征

骨料分布在我国各地十分广泛。

6. 文化

骨雕，又称“骨刻”，雕刻艺术之一，按材料分类的雕塑品种，指在动物骨头或骨制品上雕刻的花纹及物像。始于原始社会，为中国最古老的雕刻，是介于绘画与雕刻的一种艺术。近几年中国多次发现六七千年以前新石器时代的骨刻（骨的质地细密坚实，适于雕刻精美的形象），是形式多样的小型雕刻，以阴纹线刻，薄浮雕及圆雕饰物为多。

骨雕的历史悠久，在1982年于陕西西乡县何家湾出土的骨雕人头像距今6 000多年，是目前中国发现年代最早的骨雕作品，它为研究中国骨雕艺术提供了珍贵实物。该骨雕人头像比较完整，五官位置比较准确，制作手法古朴、粗犷，神态憨厚庄重。新石器时代的先民们以极其落后的生产力，在同严酷的大自然进行搏斗，从而谋求生存时，就地取材，创造了这件作品，尽管稚拙古朴，却表达了一种对祖先的崇拜。

在距今约10万年的旧石器时代，北京周口店龙骨山的山顶洞遗址内发现了钻孔的骨坠，是以鱼骨制成，有的用赤铁矿染上红色。陕西临潼新石器时代姜寨墓葬出土的雕刻花纹的骨笄（束发用）以及8 577颗骨珠，打磨光滑，造型圆满规整。在山东宁阳大汶口遗址（约公元前25世纪），出土了镂雕的骨筒、骨梳等，刀法流畅，技艺精巧。

随着历史的变迁，骨雕从日用品逐渐演变为装饰品，古人早就把骨利用，做成针、刀并把文字和图案刻在骨上。我们现在看到的骨雕已是非常精美的工艺品，它不仅在骨上刻有文字还通过不同的刀法雕出栩栩如生的立体人物、花鸟等作品。以牛骨、骆驼骨、乌贼鱼骨等动物骨骼为原料进行雕刻和磨制，通常也指雕刻和磨制成的雕塑工艺品。

第七节　红豆

红豆也称相思豆、鸳鸯豆，是红豆树的果实。外表呈鲜艳红色，也有呈半红半黑者。内核呈板栗黄色、蜡黄色。形状有正圆、椭圆，个别有扁平状、鸡心状。红豆的大小在 0.5 cm × 0.8 cm × 1.0 cm 与 0.4 cm × 0.5 cm × 0.7 cm 之间。不透明，蜡状光泽，表面较光滑。

主要饰品有项链、手链、胸坠、耳坠等。

产地有广西南宁、北海、海南、广东、云南等地。

红豆，又名相思豆，鲜红浑圆如红玉。生长于丹霞山红色沙砾上的红豆，尤为圆润红艳，深得热恋男女喜爱。中国人以此物象征相思，唐朝的诗人王维就有“红豆生南国，春来发几枝，愿君多采撷，此物最相思”的诗句。红豆手工饰品不仅是佩戴之物，更是贴心之物，它蕴涵着浓浓的相思情愫。

相传，古时有位男子出征，其妻朝夕倚于高山上的大树下祈望，因思念边塞的爱人，哭于树下。泪水流干后，流出来的是粒粒鲜红的血滴。血滴化为红豆，红豆生根发芽，长成大树，结满了一树红豆，人们称之为相思豆。日复一日，春去秋来。大树的果实，伴着姑娘心中的思念，慢慢地变成了地球上最美的红色心型种子——相思豆。红豆，有着极其深厚的文化底蕴，大自然赋予它一种特质：质坚如钻、色艳如血、形似跳动的心脏，红而发亮，不蛀不腐，色泽晶莹而永不褪色。

第七章

珠宝玉石的美学与文化

珠宝玉石属性为工艺美术品，起着装饰、美化人们生活，满足人们精神文化需求的作用。它虽然不是人们生活的必需品，即实用的意义不是很大，但价值却十分昂贵。它的价值既来源于人类的智慧和创造，也来源于人类文化的沉淀，它为人类提供了更高层次上的精神享受。

美丽是珠宝玉石最重要的条件，它的美丽除了自然界本身生成和提供的客观内容外，还体现在人们开采、加工、使用和收藏过程中所赋予的思想、感情和愿望，这使得珠宝玉石在表现自然美的同时也增加了人类的思想美、智慧美的内涵，即体现了珠宝的文化内涵。珠宝玉石的美丽表现在许多方面，美丽漂亮的颜色展现了自然界生机勃勃、丰富多彩的魅力，使人与自然融合在了一起；它的款式、艺术表现形式与内容的丰富新颖则体现了艺术美，给人带来了精神上极大的享受。另外不同的民族和地区对不同珠宝品种特有的偏爱也体现了不同民族文化的特征。总之，珠宝玉石的美丽与它表现的思想感情、文化内涵是紧密联系的。

第一节　珠宝玉石的自然美

珠宝玉石的自然美是其属性，也是珠宝玉石本身美丽的一种自然表现形式，它表现在许多方面。

一、颜色美

珠宝玉石首先表现出来的是它美丽的颜色，不同的珠宝玉石以不同的颜色在人们的心中激发起不同的感受。珠宝首饰能够凸显一个人张扬的个性和自我，现在越来越多的人喜欢佩戴彩色珠宝，展现个人魅力，用珠宝的色彩去诉说自己的故事。在时尚领域中，色彩是最能够展现设计元素的，可以跨越不同的文化和领域。

红宝石以鲜艳的红色给人们以温暖、热情和喜庆的感受，如红宝石。当说起绿色的珠宝时很多人想到的都是祖母绿，绿色宝石有幽静深邃的气质，与男人是非常符合的，佩戴以后也更能显示出一个男人的稳重和干练，是最能展现男士风采的一种彩色宝石。蓝色宝石代表着友谊、爱情、智慧、幸运等，蓝宝石有很多种寓意，会给人神秘幽幻的感觉，又会给人大海的感觉。紫色一直以来都是迷人并且独特的，紫色宝石深浅不一，一直都是神秘的代表。在每个女人的内心其实都是住着一个少女的，而粉色很能代表女孩的内心，很多女孩都会有发自内心地喜欢粉色宝石，市面上大部分粉色的宝石其实都是碧玺和尖晶石。

二、光泽美

宝石之所以千百年来为人们衷爱，是因为它们的材质自身不但稀有而且美丽。人们常说“珠光宝气”，其实“光”和“气”在宝石上是一个意思，就是指宝石的光泽。珠宝玉石的光泽美也是自然美的表现形式之一，不同的珠宝玉石的光泽所表现的特征各不相同，给人以不同的感受与享受。如钻石以灿烂闪烁的金刚光泽给人以光彩夺目的效果；大多数宝石会有像玻璃表面的那种光泽，如祖母绿、电气石等；琥珀断面上呈现的是树脂光泽；虎睛石类纤维状集合体呈现的是丝绢光泽；而软玉以温润的光泽给人以亲切舒服的感觉；珍珠以特有的彩虹般的光泽给人以梦幻般美丽的享受；绿松石反射面不平坦呈现的蜡状光泽。

三、透明美

珠宝玉石的透明美也体现着自然美的特性，给人的心灵以不同的体验。钻石、水晶以纯净无瑕的透明美净化人们的心灵；而具有朦胧状半透明的翡翠玉石则会引发人们的遐思与联想。宝石中的杂质有时会作定向排列，使宝石的透明感降低，但却使宝石呈现出神奇的光彩，如红宝石的星光变化和金绿宝石的猫眼变幻，都会给人们带来特有的吸引力与心灵体验。

四、天然造型美

珠宝玉石有时会以独特的天然造型，给人们以极大的惊喜，自然界的观赏石，常以其独有的造型让人们惊叹自然界鬼斧神工般的艺术魅力。如水晶晶体一柱擎天的气派给人以气壮山河的感觉；水晶晶簇晶芽的交相辉映给人以勃勃生机的生态竞争感触；钟乳石、象形石使石头展现出自然生物般的美丽与艺术生命力。

五、感觉美

珠宝玉石除了带给人们视觉上的美丽外，还会带给人们触觉上美的享受。如钻石以其极高的导热性给人们带来冰凉、清澈的享受，促使人们冷静、安详；而导热差的软玉则让人感觉到温润亲切，这均是珠宝玉石受到人们喜爱的主要原因。

六、坚韧美

珠宝玉石中的大多数具有抗击天然破坏的能力，这种能力带给人们一种坚韧感和不屈感。人们欣赏钻石的高硬度美，形成宝石刻面的线条美；欣赏翡翠等玉石的韧性美和加工后表现的艺术形象美；欣赏象牙的柔韧性，即可以做到展开如平面，弯曲如卷尺的特性，这些特性培养了人们战胜自然，与自然抗争的坚韧性和不屈性。

七、声音美

珠宝玉石以其组成的致密感和坚韧感，使其具有清脆的声音，也使人们得到极大的享受，从而得到人们的喜爱。大多数珠宝玉石的声音都清脆悦耳，历史上人们曾用玉石来制作编钟，用来演奏美妙的音乐。

总之，珠宝玉石具有大自然赋予的各种奇特的美丽，这些美丽一方面是自然带来的；另一方面也靠人们的发掘与创造。

第二节　珠宝玉石的联想美

人类在生存与生活的过程中，会对外界环境赋予思想感情，往往把个人的思想感情与环境结合而产生一种美好的联想与想象，并产生出丰富、生动的审美感觉，这种感觉也最富有创造性和思想性，会进入美学的最高层次。当珠宝玉石的自然美激起人们的感觉时，人们会产生丰富的联想与想象，给珠宝玉石赋予更加丰富多彩的思想内涵，从而带给人们更高层次的享受。珠宝玉石的联想美表现如下。

一、颜色联想美

颜色是珠宝玉石带给人们的直接感受，会激发起人们的联想和想象。人们在享受珠宝玉石颜色带来美的感觉的同时，会对其用各种美好与喜爱的事物进行形容和评价，如给石榴石颜色以石榴红形容；给红宝石颜色以鸽血红形容；给祖母绿颜色以苹果绿形容；给绿松石颜色以天蓝色或海蓝色形容。一些珠宝玉石，人们还给予了生动、丰富、美好的名称，如使用翡翠鸟的名字来命名达到玉石级的硬玉集合体；用羊脂玉来命名质量最好的软玉；用虎睛石、猫眼来形容与命名具有特殊光学效应的宝石。这些名称均反映了人们的思想感情与美好的想象，使人的感受、享受更加丰富，更加生动。

另外，人们还给珠宝玉石的颜色给予许多象征的意义，如红色的宝石象征着热情；白色的宝石象征着纯洁；绿色的宝石象征着青春美丽活泼；黄色的宝石象征着温和；蓝色的宝石寄予着希望；紫色的宝石象征着高贵；金黄色的宝石象征着崇高；橙色的宝石象征着活泼可爱；黑色的宝石带有肃穆悼念的意义等。人们对宝石颜色赋于思想感情，反映了人们对宝石颜色、对自然的热爱。

二、形状联想美

宝石的形状有天然形成的，但大多数是由人们加工造成的。人们在创造其艺术造型时，对其赋予了思想感情。当然，不同的国家、地区和民族对珠宝玉石形状所产生的联想内容和赋予的思想感情是不相同的，但有一点是共同的，即在珠宝玉石的造型上都会寄托美好的愿望，如世界上一些地区把选择方形宝石的人喻为具有事业心；选择三角形宝石的人则表示其个性活泼可爱；选择椭圆形宝石的人则反映出其稳定成熟；选择桃形宝石的人则喻为希望获得美好的爱情;选择心形宝石的人则喻示其富于幻想。

另外，珠宝玉石的艺术表现形式与其所表达的主题内容是密切相关的，其表现形式也反映着民族的思想、历史、文化、社会的特征，如宝石的面、直线棱、角顶之间结合的表现形式是从西方国家传入我国的，这种表现形式则体现西方民族开朗、直截了当的性格；而玉石的圆、曲线的表现形式则是中华民族的传统，这是由我国民族的含蓄、谦虚的性格所形成的。

三、钻戒形状与新娘性格

钻戒原本是西方国家男女订婚、结婚的信物，在今天已传入我国，并得到迅速的传播与普及，也常常作为新郎送给新娘的结婚信物。现在一些人把钻戒的形状与新娘的性格联系起来，如把挑选橄榄形钻石的新娘喻为“事业型”；把挑选梨形钻石的新娘喻为“理想型”；把挑选方形钻石的新娘喻为“渐进型”；把挑选心形钻石的新娘喻为“艺术型”；把挑选圆形钻石的新娘喻为“贤良型”；把挑选椭圆形钻石的新娘喻为“个人主义型”。必须说明，这些象征和比喻所代表的意义，均来自西方国家，往往是传统的思想与后来商业利益相结合的产物。但到今天，已为我国人民所接受，成为中国珠宝玉石文化的一个组成部分。

四、生辰石

20 世纪初受商品大潮的影响，人们将宝玉石种类与人们的生辰月份联系起来，以示纪念和期求吉祥，这种思潮很快风靡全球，带动了全球珠宝玉石文化与珠宝商品的极快发展。以下是美国（1952 年）提出的十二生辰石的种类和含义。

元月生辰石——石榴石或变色蓝宝石，象征真诚、友爱、忠实，幸运宝石。

二月生辰石——紫晶或紫色蓝宝石，象征纯洁、心静与诚实，也代表平和、善良与和气，表示人与神结合的颜色。

三月生辰石——海蓝宝石或蓝色尖晶石，象征沉着、勇敢、智慧与聪明，也代表着海水的蔚蓝色。

四月生辰石——钻石或无色锆石，呈现晶莹剔透、光辉灿烂象征纯洁无瑕与高贵，代表着美丽、富裕与权力。

五月生辰石——祖母绿或黄绿色尖晶石，是神的石头，象征着爱情、幸运与幸福。

六月生辰石——珍珠或合成锡兰蓝宝石，珍珠是美人鱼的眼泪，天之甘露，海中之宝，象征着健康、长寿与富贵。

七月生辰石——红宝石或合成红宝石，代表燃烧中的爱，闪耀出火红的光芒，象征着爱情、热情与仁爱、尊严。

八月生辰石——橄榄石或蓝绿色合成尖晶石，用黄绿色表示安宁、平和，代表着夫妻合欢、幸福美满。

九月生辰石——蓝宝石或合成蓝宝石，闪耀着楚楚动人的光芒，代表着慈爱、诚实、德望与贞洁。

十月生辰石——欧泊或粉色合成蓝宝石，欧泊颜色华丽，是彩虹的化身，能带来浪漫与永恒爱情，代表欢喜、忠诚、安乐与祥和，能去祸得福。

十一月生辰石——托帕石或金黄色合成蓝宝石，象征着友情、友爱与希望。它可以抚平悲哀换来勇气，可以驱怯邪恶。

十二月生辰石——绿松石或蓝色锆石，大海与蓝天的象征，代表着成功、繁荣与胜利的保证。

这些生辰石及所赋予的含义都是人类对自然、对自己、对亲人最美好的祝愿与祝福，目前也为我国人民所接受，成为我国珠宝文化中一个重要组成内容。这不但促进了珠宝玉石的商业贸易，更给人们带来了丰富多彩的精神享受。

五、婚姻纪念宝石

婚姻是人生中最美好的一种事物，是人类走向文明的标志与象征，也是人类社会美好的产物。婚姻在人的一生中扮演着特别重要的社会作用，婚姻幸福美满也是一个人幸福的标志。在我国曾经用金、银来表示对婚姻的祝福，即金婚、银婚的表述。今天，用珠宝玉石来对婚姻进行纪念、评价和祝福是最普遍的方式之一，已为我国大多数人逐渐接受。以下将婚姻的年限与珠宝的种类、价值结合，来反映婚姻的持久、美满与幸福。结婚 12 年被称为玛瑙婚；结婚 13 年被称为月光石婚；结婚 14 年被称为象牙婚；结婚 15 年被称为水晶婚；结婚 16 年被称为托帕石婚；结婚 17 年被称为紫晶婚；结婚 18 年被称为石榴石婚；结婚 19 年被称为锆石婚；结婚 20 年被称为白金婚；结婚 23 年被称为蓝宝石婚；结婚 25 年被称为银婚；结婚 26 年被称为星光蓝宝石婚；结婚 30 年被称为珍珠婚；结婚 35 年被称为翡翠婚；结婚 39 年被称为猫眼石婚；结婚 40 年被称为红宝石婚；结婚 45 年被称为变石婚；结婚 50 年被称为金婚；结婚 52 年被称为星光红宝石婚；结婚 55 年被称为祖母绿婚；结婚 60 年被称为钻石婚；结婚 65 年被称为星光蓝宝（灰）石婚；结婚 67 年被称为星光蓝宝（紫）石婚；结婚 75 年被称为钻石（白）婚。

从以上可以看出，随着婚姻年限的增加，用来纪念所使用宝石的价值也就越高，反映了人们期求婚姻稳定、幸福、美满的愿望，也代表了人类对婚姻的称赞、祝福与歌颂。长久美满的婚姻是人类永远追求的目标与期盼。

六、国石

用珠宝玉石作为自己国家的国石也代表国民的一种美好愿望，希望自己的国家像珠宝玉石一样永远长久、美丽及生机勃勃。国石使珠宝玉石倍增庄严、神圣的感觉。目前世界上有许多国家根据自己国家的传统、资源特征、民族文化传统等在珠宝玉石中评选出了自己国民喜爱的国石。

以钻石为国石的国家有英国、南非、纳米比亚、荷兰，这些国家中英国以贸易钻石最早而著名，而全球最大的钻石贸易商戴比尔斯公司的总部就设在英国伦敦，全球最大的成品钻石就收藏在英国王室的皇杖与皇冠上，形成了权利与威严的象征，自然钻石会成为英国的国石；南非与纳米比亚则是钻石重要的产出国，国家的国民经济与钻石密切相关,所以钻石在民众中享有很高的声望,自然会选钻石作为自己国家的国石;荷兰是钻石最重要的加工地,并以加工全球最大的钻石而闻名,因而会选钻石作为国石。

红宝石被评为缅甸的国石，因为缅甸是世界唯一的优质红宝石产地。

蓝宝石被评为美国、希腊的国石则是二者应用蓝宝石的量最大，美国曾用蓝宝石雕刻过林肯总统的像。

金绿宝石被评为斯里兰卡、葡萄牙的国石，因为斯里兰卡是世界上优质金绿宝石的产地。

祖母绿被评为哥伦比亚、秘鲁、西班牙等国家的国石，同样因为是优质品产地或使用量的普及而得到人们的喜爱。

水晶被评为日本、瑞士的国石则是由于水晶参与了这些国家工业化的发展而带来了巨大的经济效益，如石英表的研制与发展。

珍珠被评为法国、菲律宾的国石，前者是世界最大珍珠消费地，后者是世界上著名珍珠产地之一。

在中国选国石，和田玉当之无愧，因为由和田玉所引领的中国玉文化已经延续了几千年，形成了中华民族对玉特有的喜爱和审美观。

七、其他美好的联想

珠宝玉石能使人们产生美好的联想，有时它能给人们带来满足、欢乐、快感及认同感。一种珠宝玉石或一种珠宝款式的流行和盛行可能与某种文化的传播、某个民族、某个阶层、某种团体有关，这就给人们带来了认同感和安全感。如流行的男戴观音女戴佛的信念则具有很大的广泛性。某些人甚至借助珠宝的身价来抬高和维护自己的身价等。

希望珠宝玉石的持有能给自己消灾避难、带来幸运是珠宝玉石的另一文化传统与观念。如果某人持有某种宝石躲避过某种灾难或获得某种成功等使他终生难忘，一般他会将此归功于此件珠宝，这件珠宝成为他内心美好的一部分，有时会导致他终生喜爱这件珠宝，以至于将之视为他生命的一部分。历史上这样的例子比比皆是。

使用珠宝玉石进行纪念活动表达了人们无限怀念与祝福，这也造成人们用珠宝玉石作为新生儿、生日、成人、结婚、节日、重大活动的纪念品，这种用珠宝玉石来纪念的行为则给珠宝玉石漂亮美丽的外表又增添了更加丰富的思想内涵。

第三节　珠宝玉石的艺术美

珠宝玉石的加工属于工艺美术的范畴，它的美丽是由自然界提供比较佳的材质和通过人们智慧和劳动创造后所展现出来的。人的劳动创造不但使优良材质的珠宝玉石变得更加光彩夺目，而且使一些带有这样那样瑕疵的珠宝玉石材料也能成为精美的艺术品。因此，所有珠宝玉石的美丽都是人们挖掘、创造出来的。珠宝玉石工艺品的艺术美体现在以下方面。

一、珠宝加工后展现的工艺美

珠宝玉石主要分为宝石和玉石，二者的材质属性差异极大，加工后所展现的美丽的内涵也有所不同。

宝石，由于它是单晶体，加工目的主要表现它的颜色、纯净、剔透和光彩夺目。加工主要采取去除杂质或利用定向排列的杂质，利用面型切磨抛光等来增加它对光的反射效果和“淬火”效果。宝石加工注重形式美，通过形式美来表现内容美，主要反映在颜色、形状、平面、线条以及这些线条、平面在空间的排列组合上的对称、协调、对比等方面，通过镶嵌丰富这些内容。如加工红宝石表现美丽通透的艳红色；加工钻石则表现丰富多彩的淬火效果；加工祖母绿则表现纯净春天般的俏绿色；加工具有光学效应灵活生动的猫眼、星光及朦胧状的月光石等以展现出不同宝石的不同美丽的内容与效果。

玉石，很多是隐晶集合体，它所含的杂质远远高于宝石，造成颜色五彩缤纷，人们通过各种不同的加工手法，充分利用俏色来设计雕刻内容，利用复杂的表现形式来体现玉石工艺品的思想内容和艺术内涵。玉石加工，从工艺上讲，其加工过程和加工手法要比宝石加工复杂程度高，其难度也要大得多，所表达思想内容更广泛，它所表现的内容无论是花鸟虫鱼、飞禽走兽、人物神仙，还是世俗民风，可以做到无所不能。在加工特征上，呈现自由加工，自由表现，既可加工成重达数吨的工艺摆件、陈设品，如加工成重达6 t的《大禹治水图玉山》，也可加工成各种小型的首饰件，如手镯玉佩等。玉石加工的自由性也为工艺师创造出各种不同玉石工艺品提供了舞台，它所展现的艺术美丽和思想内涵要比宝石所表现的深刻得多，广泛得多，宏伟得多，这是中华民族对世界文化艺术所作的杰出贡献。

二、珠宝玉石作品欣赏

珠宝玉石是一种特殊的工艺品，它既体现工艺美术家的智慧与创造的价值，也反映艺术家的思想感情与社会背景意义。欣赏一件珠宝玉石作品，也是一种美的享受、美的教育与熏陶。一般欣赏加工好的珠宝玉石艺术品，可以从以下几方面开始。

1. 加工的机巧与工艺

珠宝玉石作品，就是一件艺术品。珠宝工艺品欣赏首先观察工艺品加工所采用的手段、方法与难易程度，有无创新的工艺技术，制作的精细程度，包括加工细腻、抛光程度。一般手工精心制作的作品要比使用现代化机器生产的产品美学价值要高，因而其价值也要高得多。因此欣赏者要具有识别手制与机制的能力。

2. 作品的构思与创意

一件珠宝玉石艺术品，集中地表现了工艺师的构思与创作意图。艺术品反映的题材内容和表现形式代表工艺师的创作目的。欣赏珠宝玉石工艺品主要观察理解工艺师在进行相同题材或不同题材的创作时所采用的表现形式和手法。观察工艺师怎样巧妙地利用原料，怎样处理各种不利因素，怎样设计与加工所要表达的主题内容。当一件艺术品具有深刻思想，构思新颖奇巧，选题恰当，内容广阔，匠心独具时，就已构成精品要素，其欣赏价值就很高，则价值也比较高。如《岱岳奇观》翡翠艺术品的设计，选题宏伟、大气，表现内容丰富，处理合情合理，这些就构成精品的要素。一般来说，珠宝玉石作品，尤其是玉石，构思好就成功了一半，其美学价值、欣赏价值就较高，就能得到市场和消费者的认可、欢迎与喜爱。

3. 作品的风格与流派

珠宝玉石是工艺美术品，和其他美术品一样，既体现着工艺师的思想感情和表现方法，同时也表现着工艺师的风格。这种风格既有工艺师本人形成的个人风格，也有流派风格，即以某一位或某几位代表人物所形成的独特风格。当然这种风格也会受到工艺师所处的地域或民族的限制，明显地带有地域和民族的烙印。欣赏珠宝玉石工艺品，也是欣赏工艺师的思想与表现能力。在欣赏其独有的加工表现风格的同时，也是欣赏一个地域，乃至一个民族的艺术创造力。这种典型的风格与流派是一个民族的艺术灵魂，蕴藏着极高的和极其深厚的美学价值。这种艺术品的生命力极强，具有千秋万代的光辉，因而其欣赏价值极高。

4. 作品反映的思想情感

珠宝玉石是艺术品，它所反映的内容与题材及所表现的形式是集中体现工艺师的思想感情的，是工艺师一种思想倾诉和感情交流的表达方式。欣赏这类艺术品首先要了解工艺师的经历、所处社会环境、创作时的心情、创作所花费的人力与物力这些背景，这样才能理解艺术品所反映的思想内容，才能体会工艺师通过作品所要反映的思想感情。如欣赏我国工艺美术特级大师潘秉衡先生的“奥运印”与和田玉作品，这是在我国北京获得举办第 29 届奥运会的资格后为北京奥运会所创作的会徽。工艺师在我国改革开放取得巨大成就，中华民族扬眉吐气的时代环境下，为中华民族的今天而感到自豪的背景下创作这件艺术品，艺术品反映了中华民族悠久的历史文化，中国人豪迈的心情，积极向上、朝气蓬勃的精神面貌和积极投身健身运动的心情。这就是这一艺术品所反映的思想感情和时代背景。

5. 作品的时代背景、民族风情

珠宝玉石是艺术品，是工艺师创造出来的物质与精神财富，因而具有历史、时代的烙印，民族的特征。这是因为艺术品的创作受工艺师所处时代背景限制，又与工艺师的民族、出身、文化底蕴、审美观等有关，这是欣赏珠宝玉石作品最基本的常识。

不同的时代背景下创作出的艺术品的内容与特征不同，如现存北京故宫博物院的制作于清乾隆年间的《大禹治水图玉山》，该艺术品气势宏伟、博大，工艺精湛。这与创作时处于乾隆盛世有关，即只有乾隆盛世的时代环境才会制成如此宏伟的艺术品。欣赏这部玉石作品，也是回味、感慨、赞叹乾隆盛世。

6. 艺术品的社会意义、时代价值

珠宝玉石是艺术品，是工艺师创造出来的物质与精神财富。作为艺术品，必然体现工艺师的思想感情和对社会、时代的感受。往往工艺美术家水平越高，思想境界越深刻，艺术作品所反映出时代内容越真实，则其艺术生命力越强，大多数会经得起时代、历史的考验，成为人类文化艺术的精髓，欣赏价值极高。这是珠宝玉石艺术品创作中所要达到的最高境界。

三、材质美、形式美与思想美相结合构成宝石的工艺美

形式美与思想美相结合是任何艺术品所追求的最高艺术标准，珠宝玉石艺术品也不例外，这也是达到美丽的基本要求。但对于珠宝玉石，不仅要求具有形式美与思想美，还要求具有材质美。由于珠宝玉石的材质来自自然界，其形成环境受各种客观条件的限制，很难使材质达到理想要求，这就要求工艺美术师首先进行选材，要做到因材施艺，因材致用，充分利用材质，挖掘材质的美丽，利用材质来确定形式和要表达的艺术内容。所以珠宝玉石的加工比其他任何艺术品的加工要求都高，也是最苛刻的艺术加工与创造。这是因为自然界形成的佳材非常难得，无法进行复制。

好的珠宝玉石艺术品一般是材质美、形式美与思想美相结合的产物，是工艺美术师精心利用材质创造出来的艺术品，该艺术品往往形成后就构成独有的物件，无法进行复制，这是珠宝玉石艺术品区别于其他艺术品的不同之处，因而显得特别的珍贵与稀有。

四、宝石镶嵌的工艺美

宝石的加工是形式美与内容美的结合，是为了追求宝石最大最美的光学效果。但是要将加工好的宝石光学效果最大最有效地展现出来，给人们带来美的享受，则必须对宝石进行镶嵌。宝石的镶嵌最早是为了人们佩带方便而设计制作的，但今天宝石的佩带则是一种享受和艺术，也是一种思想美的体现与表达。这样使得宝石的镶嵌要与宝石形式美紧密结合，既要充分表现宝石自身的美丽，又要对宝石起着绿叶扶红花的

作用，所以宝石的镶嵌也就成了一门艺术。宝石经过艺术镶嵌后会更加美丽，价值也会相应提高。最近几年，人们发展了镶嵌艺术，提出并实施了宝石群镶艺术。宝石的群镶艺术是一种复合的美学工艺，即把单个宝石与多个宝石结合起来，形成宝石的艺术美、工艺美及组合美，使宝石的美丽更加生动、完满和艺术化，也增强与丰富了思想艺术表现的魅力。如这几年风靡香港及东南亚的“情人指”“连理指”的戒指。这种可聚可分的戒指体现相思与相聚的情怀，戒指相聚可合围一体，体现了情人、爱人的欢聚；戒指相分则可表达情人、爱人的相互思念。所以宝石的镶嵌也是一种不断创造的工艺美。

五、中国玉雕的工艺美

中国的玉雕工艺已有悠久的历史，据科学考证，最早的玉雕饰品在距今已有 8 000 年的兴隆洼文化遗址中发现。以后随着社会的发展，科学的进步，使得这一工艺得到不断流传、改进、完善与发展，直到今天，玉雕工艺在华夏大地上充满生机，不断地发展和完善。这一工艺特征充分体现了中国人民的智慧、创造与创新，是中华民族立于世界文化艺术之林的象征，也是中华民族对世界工艺美术做出的杰出贡献。

中国的玉雕工艺品，充分体现了工艺美术品的构思美、工艺美、时代美、创意美与材质美相结合这一永恒的主题。它通过工艺美术师的智慧、创造与创新，使得玉雕工艺不断发展、不断前进。这种创造性的劳动，不但创作和制作出了优质的玉雕艺术品，而且也使得一些带有瑕疵、质量不佳的甚至极为普通的石头变成稀世珍宝。这些玉雕工艺从最早的平雕阴刻工艺，发展到今天的百花齐放、百家争鸣的工艺制作。玉雕工艺品所反映的思想内容覆盖了社会的各个方面和各个阶层，题材无论是佛教、神话、传说，还是世俗民风等无所不雕，构成一幅幅丰富多彩的世俗风情历史画卷。

六、中国玉雕的俏色工艺美

俏色工艺是中国玉雕工艺中特有的一种，是我国劳动人民在从事玉器制作过程中发明和创造的一种特有的工艺表现方法。这种俏色工艺为工艺师们在治玉的过程中，巧妙地利用玉石中天然不同的色彩、色形、色调的变化来安排雕刻的内容与题材，使得玉雕艺术品上的花鸟虫鱼、飞禽走兽、人物神仙等借助天然材质的颜色各得其所，产生妙趣天成的效果，使得原本价值不高、颜色纷乱的玉石原材发生了脱胎换骨、身价倍增的变化。俏色工艺技术在制作玉雕艺术品中具有独特性与稀有性，它是中华民族特有的绝技，是中华民族优秀的民族文化传统与丰富创造力相结合的典范，也是中国玉雕艺术品在世界珠宝行业中能够傲视群雄的资本。俏色工艺是中国玉雕业中独树一帜的旗帜，值得我们欣赏、赞美、研究和发扬光大。

第四节 珠宝玉石文化

文化是人类物质文明和精神文明的综合体现。人们在欣赏珠宝玉石的过程中，欣赏它的自然美、艺术美，也就是欣赏文化美和社会美。因为只有美好的社会环境才能创造出美好的珠宝玉石艺术品；只有具有丰富文化内涵的艺术家才能创作出艺术价值高的珠宝玉石工艺品。珠宝玉石的文化特征在不同的历史时期、不同的环境和不同的领域中表现特征各不相同，这就丰富了珠宝玉石的历史与文化内涵。

一、珠宝玉石文化是历史文明和历史文化的代表

在世界珠宝玉石形成的文化历史中，以中国玉文化历史最悠久、最丰富。中国的玉器在上万年的历史发展演化过程中，形成了自己独特的玉文化，这一文化成了中华民族优秀文化的典型代表。一部玉文化的历史，也就是中华民族文明的社会发展史。玉文化随着社会的发展与进步，其文化内涵越来越丰富。玉器从最早作为生产工具，便开始创造人类文明，到后来作为装饰品、祭器、殓葬器、吉祥物、药物、生活用具、工艺美术品及收藏品，其用途逐步发生变化，这均体现出玉石工艺品的社会、文化观念与历史进步，而且它一直是社会文明的载体，成为不同社会、不同历史阶段文明的见证物，也构成不同社会阶层，不同人们追求美好希望的象征。

二、珠宝玉石文化价值来源于社会价值与历史价值

文化价值是一种上层建筑领域的思想体系，它是社会发展的文明标志。珠宝玉石的价值从最早作为普通首饰、货币到作为珍宝观念的形成，是与社会的价值、文明一同发展而形成的。在历史的长河中，玉文化的形成发展与中国的发展、中华文明的形

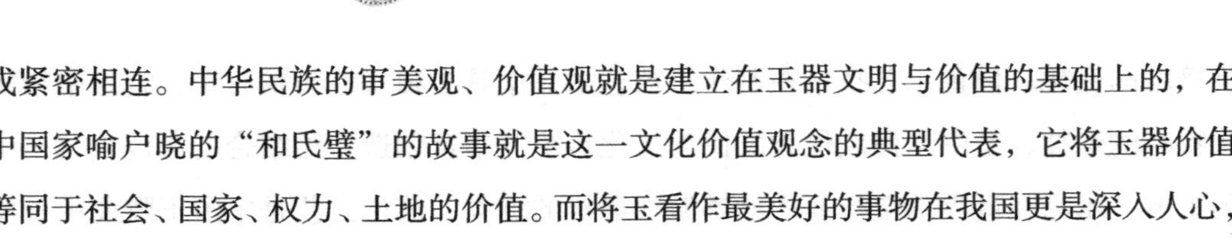

成紧密相连。中华民族的审美观、价值观就是建立在玉器文明与价值的基础上的，在中国家喻户晓的“和氏璧”的故事就是这一文化价值观念的典型代表，它将玉器价值等同于社会、国家、权力、土地的价值。而将玉看作最美好的事物在我国更是深入人心，形成了珠宝玉石与我国的人名、地名、语言文化分不开的文化渊源。这种文化特征在我国最著名的古典小说“红楼梦”中得到最充分的展现。

三、珠宝玉石文化是医药文化、服饰文化、旅游文化、商业文化的宝贵资源

在历史上，珠宝玉石最早可能起源于装饰，是服饰美的点缀。直到今天珠宝玉石的佩戴与服饰搭配一直是其主要表现形式，并形成了珠宝玉石服饰文化。如在珠宝玉石的佩戴中要求珠宝的颜色、款式要与人体形态、服饰的颜色、款式等相结合，形成一定的文化美学规律，构成服饰美的标准，从而给人以美的享受。

在人类历史长河中，珠宝玉石，尤其是玉石，以千年不朽、万世永存曾经一度被认为是长生不老的灵丹妙药，得到社会各界，尤其是皇权贵族们的追捧、崇拜与追求，以至于在中国汉—隋间的各朝各代形成了吃玉成风而追求长寿的社会风气。虽然这是毫无科学道理的做法，但却推动珠宝玉石与医药的结合，形成独特的医药文化。在中药的药典中，珠宝玉石是重要组成部分。不同的珠宝玉石作为不同的药物起着不同医疗效果，如珍珠的美容效果已得到科技界的公认；佩戴玉石可以进行科学理疗等观念深入人心，这样促使了中药的发展，使珠宝玉石走出神秘之处，形成了珠宝医药文化，为人类造福。

珠宝玉石从发现之日起，就是一种寿命比较长的宝贵财富。每件珠宝玉石的发现、加工、持有、传递过程无一不充满着神奇神秘的特点，并随历史的发展，持有者的变更而带来了浓厚历史文化背景。一件珠宝玉石的传递历史就是一幅社会历史的画卷。珠宝玉石作为财富引起人类不断追求、抢夺、拥有、失去，再不断地重新追求、抢夺、拥有、失去，这样的过程就是历史的进程，珠宝玉石永存，而拥有者难永存。这样的历史、这样的故事值得人们永远欣赏、探索、回味，如中国“和氏璧”的故事成为千古绝唱，引起人们的联想。这些组成了珠宝玉石的历史文化基础，而这些基础是构成旅游文化的题材。

珠宝玉石本身就是商品。作为商品，它既有自己独特的商品文化，如用来做重大

事件的纪念标志、结婚纪念石、生日纪念石、国石等，这些均是这一特殊文化的表现。这种文化已经脱离了纯粹商品的内涵，带给人们一种更深层次的联想、怀念。如2008年北京奥运徽宝（俗称“中国印”），不仅仅是一种和田玉的印章石，而是中国举办奥运会的历史见证，也成为中国古老的玉文化与当代奥林匹克人文精神和谐发展的见证，也成为古老而年轻的中国玉文化与现代世界文明相结合的有力证据。

珠宝玉石在展现自己魅力的同时，与其他的商品结合，如服饰、家具、钟表等结合，不但宣传提升自己的商业文化，同时也促成其他商品文化的发展，这样使得珠宝玉石文化五彩缤纷，更加生气勃勃。

四、珠宝玉石文化多彩、深厚、清纯，展示自然神奇美，给人以无限的遐思

今天，珠宝玉石已揭开了神秘的面纱，摆脱了历史上皇权、神权、达官贵人拥有的束缚，呈现出一片生机勃勃的姿态，恢复了它本来的面目，以各种形式走入千家万户，展现着大自然的神奇造化，带给人们的是无限享受、情思、遐想。挖掘珠宝玉石文化，享受珠宝玉石文化，促使人们的生活更加美好，则构成珠宝玉石文化的永恒主题。

后记

完成本书之际，感慨万千。写作是一项艰巨而充满挑战的任务，也是从教数年自己最热爱的事情之一。通过这本书，我希望能与读者共赏宝石之美，共品宝石文化之粹，共思中华传统宝玉石文化之传承。

写这本书的过程中，我受到了许多人的帮助和鼓励，我想借此机会向他们表示衷心的感谢。

感谢我的同事们、领导们，他们一直以来信任我，支持我，帮助我。感谢那些和我一样，热爱宝石的人，希望本书能给你们带来一些思考和启发，成为你们人生旅途的一部分。

本书得到了陕西国际商贸学院学术著作出版基金和合作企业中维集团的资助，在此一并感谢。“中维、维众、众维”是中维集团企业文化，这一文化在多年校企合作之方方面面时时体现。2010 年至今，我们校企联合育人，先后成立冠名班，共建实习实训基地，制定人才培养方案，申报陕西省宝石学实验教学示范中心，申报本科宝石及材料工艺学专业，联合进行科学研究，到现在的联合出版专著（教材），企业为珠宝人才培养作出了巨大贡献。未来，我们校企仍将携手，为珠宝教育事业添砖加瓦。

再次衷心感谢所有提供帮助的你们！前路漫漫，让我们继续携手前行。

作者

2023 年 9 月

了解中维检验检测认证服务有限公司